Liebe Leserin, lieber Leser,

das Konzept zu diesen Magazinen beruht auf drei Maximen: Erstens sollte ein umfassender Überblick über die gesamte Sportwagenproduktion der vergangenen 100 Jahre gegeben werden. Zweitens sollten alle Fahrzeuge aus ungefähr gleicher Perspektive abgelichtet werden, um eine optimale Vergleichbarkeit der verschiedenen Modelle zu garantieren. Und schließlich sollten Fahrzeug- und Fotoqualität sowie die präzise Druckwiedergabe ein bisher unübertroffenes Niveau erreichen.

Um die Magazine aber auch einem weltweiten Publikum nahe zu bringen, sollten sie nicht zuviel kosten. Deshalb wurden sie trotz aufwendiger Machart messerscharf kalkuliert. Auch neue Vertriebswege sollten zu einem extrem günstigen Verkaufspreis beitragen.

Es sollten die ersten und umfassendsten Sportwagen-Gesamtwerke der Welt werden. Mehr als 400 Traumsportwagen auf fast 500 Seiten mit über 1000 Abbildungen in Kunstdruckqualität. Alle großen Marken, alle bedeutenden Modelle. Ein Jahrhundertwerk für interessierte Sammler und Enthusiasten. Bitte bilden Sie sich selbst ein Urteil.

Sie halten jetzt ein Standardwerk in den Händen. Ein übersichtliches, chronologisch geordnetes Nachschlagewerk. Ein Magazin, das viel Wissen vermittelt und noch mehr Freude bereitet. Ich wünsche Ihnen Spaß beim Blättern, Schauen, Lesen, Staunen und Träumen.

Ihr Hein Gericke.

Hein Gericke

MERCEDES
BENZ
4
MORGAN
4
FIAT
TR
3
JAGUAR CARS LTD
COVENTRY
MASERATI
Austin-Healey
3000 MkII
Dino
MONTEVERDI
LAMBORGHINI
FACEL
F
ACEL
VEGA
PARIS
AC
DAVID BROWN
ASTON MARTIN
Thunderbird
FORD
MG
ALFA-ROMEO
MILANO
LANCIA
CHEVROLET MOTOR DIVISION
CORVETTE
Ferrari
JENSEN
TVR
ENGLAND
BMW
MILANO
Iso
RIVOLTA
PORSCHE
LOTUS

Mercedes Simplex, Bj. 1903. Vierzylinder-Reihenmotor. 9235 cm³. 60 PS. 120 km/h. Leihgeber: Berthold Rückwarth

Die Ästhetik des Automobils", schrieb 1903 der vielgelesene Autor Otto Julius Bierbaum, "steckt noch im Anfangsstadium. Man kann sagen: Seine Schönheit leidet augenblicklich daran, daß seine Konstrukteure noch nicht völlig das Pferd vergessen haben – das Pferd vor dem Wagen. Ein Laufwagen soll aber Selbstgefühl genug haben, auszusehen wie eine Maschine. Und die kann schön sein. Organisch aus dem Mechanismus und Chassis muß das wachsen."

Da hatte sich das Auto eigentlich schon emanzipiert, in Gestalt des Mercedes Simplex, so genannt, weil er so simpel zu bedienen war. Begonnen hatte alles mit dem Daimler Sport- und Tourenwagen 35 PS. Der k.u.k. österreichische Generalkonsul in Nizza Emil Jellinek, ein schillernder Gesellschaftslöwe und Hansdampf in allen Côte-Gassen, hatte in einer kühnen Blanko-Bestellung 36 Exemplare bei Wilhelm Maybach (1846-1929) in Auftrag gegeben, der seit dem Tod Gottlieb Daimlers im März 1900 die alleinige technische Verantwortung in der Daimler-Motoren-Gesellschaft zu Cannstatt trug. Leicht und schön und schnell müsse er sein, der Neue, hatte sich Jellinek ausbedungen.

Am 25. März 1901 stand Maybachs reife Leistung in gleißendem Weiß – der künftigen deutsche Rennfarbe – am Start zum Rennen Nizza-Salon-Nizza. Er entsprach den Vorgaben des umtriebigen Konsuls in allen Stücken. Sein aus Stahlblech gepreßter Rahmen war um ein Viertel leichter als die bisherigen Gebilde aus Holz und Winkeleisen. Der Reihenvierzylinder des viersitzigen Phaetons mit stämmigen 5,9 Litern wog nur 350 kg, da sein Block aus Aluminium gefertigt war. Dieser bildete eine Einheit mit dem Kopf, und jeweils zwei Zylinder waren zusammengegossen. Vor der Vorderachse stand der Bienenwabenkühler, ein Dickicht aus fast 9000 eckigen Röhrchen, das fortan gestattete, die Motorleistung ohne thermische Probleme beliebig zu steigern. Gleichwohl konnte die Kühlwassermenge erheblich eingedampft werden: 1898 wurden für einen Wagen mit fünf Pferdestärken noch 18 Liter benötigt, Maybachs weißes Wunderauto begnügte sich mit neun. Das fossile Lebenselixir teilte ein Spritzdüsenvergaser zu, das Vierganggetriebe hatte eine Kulissenschaltung.

Mit einem Schnitt von 51 km/h ließ Daimler-Pilot Wilhelm Werner alle anderen und zugleich die gute alte Zeit weit hinter sich. Zwei Tage später düste er die Promenade des Anglais in einem Rekordversuch über den fliegenden Kilometer mit 86,1 km/h herunter. Die Schickeria hatte ein ergiebiges Gesprächsthema und einen Traumwagen, und Jellinek forderte ein, das attraktive Automobil aus dem Schwabenland solle den Namen seines Töchterchens Mercedes tragen. Die Folgen sind bekannt.

Werners Riviera-Renner wurde zum Ahnherrn des weitverästelten Simplex-Clans zwischen 1902 und 1910. Mit Maschinen zwischen 28 PS (bei 5315 cm³ Hubraum) und 60 PS (Hubraum 9235 cm³) sowie diversen Radständen und Aufbauten verankerte dieser den Ruhm der Marke mit dem Stern in aller Welt. So wurde etwa Simplex Numero fünf am 14. März 1902 in Cannstatt dem amerikanischen Millionär William K. Vanderbilt ausgehändigt, der sich mit dem 40-PS-Mobil spornstreichs auf den Weg nach Paris machte, dort am Abend des folgenden Tages eintraf und am 3. Mai auf der Landstraße zwischen Ablis und Chartres den fliegenden Kilometer mit 111,8 km/h durcheilte. Markante Merkmale waren die gestreckte Form, der niedrige Schwerpunkt und die Leichtigkeit. Vor allem bei den nun 185 kg schweren Motoren hatte man angesetzt, und das Fahrgestell brachte nur noch 1000 kg auf die Waage.

Wilhelm Maybach aber sah sich plötzlich mit der gewichtigen Frage konfrontiert, ob am Automobil überhaupt noch etwas zu verbessern sei.

Morgan Super Sports Aero, Bj. 1932. V2. 1096 cm³.
25 PS. 130 km/h. Leihgeber: Karl-Heinz Gombert

In einer Verbreitung von über 40 000 Exemplaren in den 42 Jahren zwischen 1909 und 1951 bildeten sie schon beinahe ein Paralleluniversum zu dem der konventionellen Vierradler. Und das Lächeln, das jemandem beim Anblick eines Mor-

gan Threewheelers um die Mundwinkel spielen mochte, verging ihm spätestens, wenn er den flotten Dreier auf einer historischen Rennveranstaltung in Aktion sah.

Denn da die skurrilen Geschöpfe des Harry Frederick Stanley (kurz H.F.S.) Morgan klein und leicht und stark waren, waren sie auch flink. Das war ein Teil des Credos, die der dynamische Sohn eines Domherrn in sie hineinbuk und auch persönlich vorlebte. Zwei andere bestanden darin, daß man in der Morgan-Garnison Malvern Link in der Grafschaft Worcestershire viel Gegenwert fürs Geld bieten wollte und daß alles solide finanziert zu sein hatte – Schulden verabscheute H.F.S. Und: Bewährtes und einmal für richtig Erkanntes gab man nicht so rasch preis, wie das unerbittliche Festhalten an der Einzelradaufhängung vorn mit senkrechten Führungsrohren bis auf den heutigen Tag belegt. Fortschritt wurde lediglich in homöopathischen Dosen verordnet, 1926 der elektrische Anlasser und die serienmäßige Vierradbremse, 1929 ein Untersetzungsgetriebe für die bis dahin gnadenlos direkte Lenkung, 1931 drei Gänge statt der zwei bislang und eine Trockenkupplung anstelle der Kegelkupplung mit Lederelementen.

Aber der Reihe nach: Zur Gelenkstelle in der Vita des H.F.S. Morgan wurde das Jahr 1912. Er heiratete Hilda Ruth Day, die ihm fünf Mädchen und den künftigen Thronfolger Peter gebären sollte, gründete die Morgan Car Company Ltd., umrundete den Kult-Kurs von Brooklands mit einem Schnitt von 96 km/h im ersten Cyclecar-Rennen, das dort jemals stattfand, und erwirtschaftete 1300 Pfund Profit. Die Präsentation zweier Threewheeler auf der Londoner Olympia Show, vor allem aber der Rennerfolg des Journalisten Gordon McMinnies beim Cycle Car Grand Prix in Amiens ein Jahr später lösten eine solche Lawine von Nachfragen aus, daß man von den bloßen Anzahlungen Werkzeugmaschinen anzuschaffen und die Baulichkeiten an der Pickersleigh Road zu erweitern vermochte.

Der Renner von Amiens wurde zum Ahnherrn der Behendesten unter den Minimal-Mobilen aus Malvern Link wie dem Modell Grand Prix bis 1926 und später dem Aero und dem Super Sports, dessen Reserverad das Heck paßgerecht als Rammschutz nach hinten absicherte. Aber auch eben des Mannes mit mäßigen Mitteln gedachte H.F.S. Im Jahr der Rezession 1932 zum Beispiel spreizte sich die Palette vom Family (95 Pfund Sterling) über den Sports Famiily und den Sports bis hin zum Super Aero (145 Pfund). Im Exil jenseits der Vorderachse und häufig ohne die schützende Hülle der Karosserie randalierten zahlreiche Motorrad-Twinmotoren von Zulieferanten wie J.A.P., Anzani und Matchless mit Luft- oder Wasserkühlung, seitlichen und hängenden Ventilen oder gar Vierventilköpfen wie beim Schweizer Fabrikat M.A.G.

1933 stellte sich am F-Type ein Vierzylinder von Ford ein, deutlich gesitteter, aber längst nicht so dynamisch wie die üblichen V2-Aggregate. Mit ihm kam ein neuer Preßstahl-Zentralrohrrahmen mit längerem Radstand und breiterer Spur für den 33 PS starken Family "Four". Doch da lag das Rekordjahr 1923 mit 2400 Einheiten schon eine Dekade zurück. Ein neues Steuergesetz von 1935 grub den motorradnahen Trikes das Wasser ab wie

auch Konkurrenz aus dem eigenen Haus in Gestalt des 4/4 mit vier Rädern und vier Zylindern, wie schon der Name sagte. Aber erst am 29.Juli 1952 verließ ein F Super als letzter Threewheeler das Werk. Er hatte dort schon eine ganze Weile herumgestanden.

Bugatti Typ 13 - Brescia, Bj. 1922. Vierzylinder-Reihenmotor. 1496 cm³. 55 PS. 130 km/h.

Für Ettore Bugatti, den "Zauberer von Molsheim" (1881 -1947) stellten seine Geschöpfe – rund 7800 an der Zahl – mechanische Kunstwerke dar. Nicht nur in diesem Punkt ähnelte er dem Zauberer von Maranello Enzo Ferrari in der zweiten Hälfte des vorigen Jahrhunderts. Und noch etwas teilten die beiden: ihre italienischen Ursprünge. Aber während Ferrari, diesen in zäher Bodenständigkeit verhaftet, das magische Quadrat um seine Geburtstadt Modena zeit seines Lebens kaum je verließ, war Bugatti ein Nestflüchter. Er empfand sich als Franzose und betrachtete seine Mailänder Herkunft trotz besten Einvernehmens mit Vater Carlo und Bruder Rembrandt Bugatti als "kleine Panne" ("un petit accident").

Bei seiner Wahlheimat, einem elsässischen Städtchen unweit Straßburg, wo er am 1. Januar 1910 die Automobiles E. Bugatti, Molsheim, Bas-Rhin ins Leben rief, handelte es sich gleichwohl bis zum Ende des Ersten Weltkriegs noch um deutsches Territorium. Als Produktionsstätte diente eine ehemalige Färberei, als Bugattis Residenz das majestätische Château St.Jean ganz in der Nähe, wo er Hof hielt im Stil eines Feudalherrn.

Von seiner früheren Anstellung als Chefingenieur bei der Gasmotorenfabrik Deutz in Köln hatte "Le Patron", wie er bald achtungsvoll genannt wurde, ein kleines Meisterstück aus eigener Fertigung mitgebracht, das er in einer Art persönlichem Köchelverzeichnis Typ 10 nannte. Diesem hatte er die besten Ideen aus einem leichten Isotta-Fraschini an-verwandelt, den die Mar-ke aus Mailand für den Grand Prix des Voiturettes 1908 in Dieppe ge-baut hatte. Als Typ 13 – opus 11 und 12 waren auf geheimnisvolle Weise verschüttgegangen – sollte er nach sorgfältiger Überarbeitung in Serie gehen, ein kleines Vollblut ("pur-sang"). Denn dies war der Maßstab, an dem der Pferdenarr Ettore Bugatti künftig sein Schaffen ausrichtete.

Das bemerkenswerte Produkt war beim Pariser Autosalon 1910 in einer Nische eher versteckt als den Blicken der Besucher preisgegeben. Die obenliegende Nockenwelle des Vierzylinders mit angegossenem Kopf (Bohrung 65 mm, Hub 100 mm, Volumen 1327 cm³) wurde aufwendig mittels einer Königswelle angetrieben. Gekrümmte "Bananenstößel" hielten die acht (ab 1920, als der Motor auf 1368, 1453 oder 1496 cm³ aufgebohrt wurde) 16 Ventile zur Arbeit an.

Der Aufbau, bis 1923 vor allem von Widerkehr und Durr in Colmar sowie von Fossier in Straßburg gefertigt, ruhte auf einem simplen Leiterrahmen. Die Räder waren an einer Starrachse und Halbelliptikfedern aufgehängt, die hinteren ab 1913 an umgedrehten Viertelelliptikfedern. Im gleichen Jahr wurden dem Triebwerk eine Ölpumpe und dem ganzen Auto der berühmte hufeisenförmige Kühler spendiert. Da hatte sich der Typ 13 bereits im Rennsport einen Namen gemacht, vor allem durch einen zweiten Platz beim Großen Preis von Frankreich 1911 in Le Mans hinter Victor Hémery auf einem viel größeren Fiat. Am Lenkrad saß Bugattis getreuer Paladin Ernst Friedrich. Dieser gab dem zügig sprießenden Nimbus der Marke sowie den Verkäufen des T13 und seiner Derivate nach dem Krieg weiteren Auftrieb durch Siege bei den Grand Prix für Voiturettes in Le Mans 1920 und in Brescia ein Jahr später, wo er mit einem Schnitt von 116 km/h eine Phalanx von drei weiteren Bugatti an-führte.

Anschließend wurden ungefähr 40 "Brescia"-Modelle mit dem kurzen Radstand von 2000 mm, rollengelagerten Kurbelwellen, zwei Magnetzündern und Torpedo-Karosserien an Privatrennfahrer veräußert, weitere Ableger als "Brescia modifiée" an Bürger, die sich etwas Besonderes gönnen wollten. Bis 1926 war die Modellfamilie mit 2435 Exemplaren zum Bugatti-Bestseller überhaupt avanciert.

Der "Patron" aber hatte in grandiosem Stil den Prolog geschrieben zu einer Legende in Französischblau.

Hispano-Suiza Alfonso XIII, Bj. 1912. Vierzylinder-Reihenmotor. 3620 cm³. 64 PS. 128 km/h. Leihgeber: Automobil-Nationalmuseum-Mülhausen

Am 14. Juni 1904 gründete der begabte Genfer Ingenieur Mark Birkigt (1878-1953) die Firma La Hispano-Suiza de Automóviles in Barcelona, wohin ihn ein unbezähmbarer Drang in die Ferne verschlagen hatte. Möglich machte diese kühne Initiative sein Geschäftspartner Damian Mateu. Das Startkapital betrug 250 000 Peseten, und mit Namen und Kühlerabzeichen seiner Produkte unter dem stilisierten fliegenden Storch, den geflügelten Wappen Spaniens und der Schweiz, setzte Birkigt der alten und der neuen Heimat ein ehrenvolles Denkmal.

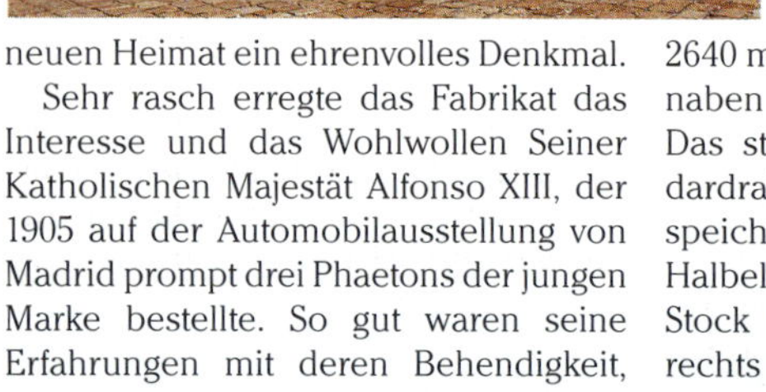

Sehr rasch erregte das Fabrikat das Interesse und das Wohlwollen Seiner Katholischen Majestät Alfonso XIII, der 1905 auf der Automobilausstellung von Madrid prompt drei Phaetons der jungen Marke bestellte. So gut waren seine Erfahrungen mit deren Behendigkeit, Charisma und Fertigungsqualitäten von Anbeginn an, daß Birkigt fortan auf des Royals Loyalität zählen konnte: Dieser verleibte seinem königlichen Fuhrpark in den nächsten 40 Jahren an die 30 Hispano-Suiza ein. Nachdem ihm seine Gattin Victoria-Eugenia 1909 einen Prototyp zum generösen Geburtstagsgeschenk gemacht hatte, erteilte Alfonso dem bekennenden Eidgenossen huldvoll die Erlaubnis, seinen T15 nach ihm zu benennen.

1912 machte der in seiner endgültigen Gestalt seine Aufwartung, mithin der erste Seriensportwagen der Welt. Er wirkte filigran bis zerbrechlich, wies aber durchaus jene Robustheit auf, mit der sich Hispano-Suiza fortan einen Namen machen würde. Es gab ihn in zahlreichen Ausprägungen mit einem Kurzchassis von 2640 mm und einer Variante, deren Radnaben 3000 mm auseinanderstanden. Das stabile Rückgrat bildete ein Standardrahmen, und die dünnen Drahtspeichenräder waren an Starrachsen mit Halbelliptikfedern aufgehängt. Der lange Stock für die Handbremse war nach rechts außen neben dem Piloten angesiedelt, wo er zwischen dem Hebel für die Kulissenschaltung und der Bordwand auf kleine Trommeln an den Hinterrädern einwirkte. Das Fußpedal für die Getriebebremse hingegen fand sich an der üblichen Stelle rechts von der massiven Lenksäule. Bei seinem Monoblock-Vierzylinder – der Kopf konnte nicht demontiert werden – handelte es sich um das Derivat einer Wettbewerbsmaschine mit einem Volumen von 3620 cm³ und markigen 64 PS bei 2300/min. Daß sich der Hub mit 180 mm auf mehr als das Doppelte der Bohrung von 80 mm belief, war das Relikt einer zeitgenössischen Rennformel, verhalf dem Triebwerk indessen zu einer außerordentlichen Elastizität. In seinem Inneren oszillierten Graugußkolben mit rohrförmigen Pleueln, und die Kurbelwelle rotierte in vier Gleitlagern. Eine Ölpumpe sowie eine Ölreservetank standen im Dienst der Niederdruckumlaufschmierung, während ein riemengetriebener Ventilator Schützenhilfe leistete für den ungemein üppig dimensionierten Bienenwabenkühler und eine Zentrifugalpumpe. Im Gegensatz zu den meisten Zeitgenossen waren Motor und Getriebe, zunächst mit drei, später mit vier Fahrstufen, zu einer Einheit verblockt. Zunächst wurden Konus-, dann ausschließlich Mehrscheibenkupplungen eingebaut. Mit lediglich 660 kg Wagengewicht war der Alfonso XIII in seinen sportlichsten Spielarten zu fast 130 km/h fähig. Damit zählte er auf

den Rennstrecken der Zeit nicht unbedingt zu den Schnellsten, aber auf Grund seiner exemplarischen Handlichkeit zu den Flinksten.

Bereits 1910 war Mark Birkigt auf der Standortsuche für ein Tochterunternehmen nach Paris gereist. Fündig wurde er unweit der Metropole in Levallois-Perret, wo man im Rhythmus eines Dreijahresvertrages ein ehemaliges Tramdepot leaste. Im Juli 1911 montierte in dessen antikischem Gemäuer die Sté des Automobiles Hispano-Suiza den ersten von 769 Alfonso XIII bis 1913.

Alfa Romeo RL SS, Bj. 1927. Sechszylinder-Reihenmotor. 2996 cm³. 83 PS. 130 km/h. Leihgeber: Reinhard Hermes

Am Anfang stand ein Rennmotor entsprechend der von Indianapolis übernommenen Grand-Prix-Formel, ein Sechszylinder mit drei Litern Hubraum. Entworfen hatte ihn Alfa-Romeo-Konstrukteur Giuseppe Merosi.

Doch dann machte die Motorsport-Legislative AIACR (für Association Internationale des Automobile Clubs Reconnus) der SA Italiana Ing. Nicola Romeo & Cia, Milano, einen fetten Strich durch die Rechnung und grenzte das Volumen der Premiumklasse für die vier Jahre ab 1922 auf zwei Liter ein. Das im Mailänder Stadtteil Portello ansässige Unternehmen mochte gleichwohl auf Merosis schönes Stoßstangen-Triebwerk nicht verzichten und erschloß es in besänftigter Form der Serie. Der Tipo RL wurde am 13. Oktober 1921 in der Alfa-Ausstellung in der Mailänder Via Dante offiziell eingeführt.

Er trug den Ruhm der noch jungen Firma in alle Welt, als RLN (für Normale) mit 3440 mm Radstand, 2916 cm³, einem Vergaser, 56 PS und 109 km/h Spitze, als RLS (für Sport) mit einem Radstand von 3140 mm, 2996 cm³, zwei Vergasern, 71 PS, Trockensumpfschmierung und einer Höchstgeschwindigkeit von 120 km/h. Den N erkannte eine rasch wachsende Schar von Jüngern am glatten, den S am gespitzten Kühler mit dem Marken-Emblem an beiden Schrägen.

Gemeinsam waren ihnen das mit der Maschine verblockte Vierganggetriebe sowie der zentrale Gangwechsel rechts. Die frühen Modelle ließen sich nur an den Hinterrädern verzögern, die späteren von der dritten Serie ab September 1923 auch vorn. Da hatten sich die Alfa-Werbetexter, nicht zuletzt beflügelt durch die zahlreichen Sporterfolge der scharfen RL-Variante Targa Florio unter den "drei Musketieren" Antonio Ascari, Giuseppe Campari und Ugo Sivocci sowie einem gewissen Enzo Ferrari in seiner Sturm-und-Drang-Phase, bereits sozusagen zu einer stehenden Ovation für sich selbst erhoben und feierten die S-Klasse als "feinste Sportwagen der Welt, ... unübertrefflich und unübertroffen".

Noch mehr Anlaß zu Euphorie lieferte die sechste Serie ab 1925. Die bürgerliche Version wurde mit einem leicht verlängerten Fahrgestell, dem größeren Triebwerk und fünf Mehr-PS aufgewertet, die sportive bot mit 83 Pferdestärken ebenso viele auf wie ein zeitgenössischer Bentley.

Soviel Fortschritt war den Mailändern neue Namen wert: Der RLN mutierte zum RLT, für Turismo, der RLS zum SS, für Super Sport. Dessen Kurbelgehäuse bestand aus Aluminium. Für den Zugewinn an Stärke war unter anderem eine steilere Nockenwelle verantwortlich. Zwischen den Pedalen für Bremse und Kupplung befand sich ein weiteres zwecks Aktivierung der Vergaser von Solex oder Zenith. Zur Choreographie des Starts zählte, durch Pumpen Druck im 72-Liter-Tank des Modells aufzubauen, bevor bei laufendem Motor eine von der Nockenwelle angetriebene Pumpe die Treibstoffzufuhr besorgte.

Die Rezeption des Typs war glänzend: Die Maschine sei einfach phantastisch, frohlockte etwa SS-Kunde Benito Mussolini voll vaterländischer Begeisterung. Während bei identischen Chassis zahlreiche Aufbauten für bunte Vielfalt sorgten, blieben die Stückzahlen für das Modell überschaubar: 2631 RL insgesamt, davon 1315 RLN, 387 RLT, 537 RLS und 392 RLSS.

Als Enzo Ferrari 1923 mit dem TF ein Rundstreckenrennen in Savio gewann, waren die Eltern des im Einsatz verblichenen italienischen Kampffliegers Francesco Baracca so angetan, daß sie ihm dessen Emblem vermachten – ein tänzelndes Pferdchen.

O.M. 665 Superba MM, Bj. 1927. Sechszylinder-Reihenmotor. 1990 cm^3. 80 PS. knapp 140 km/h.

Warum muß die Nockenwelle unbedingt ins obere Stockwerk?" titelt der englische Veteranen-Papst Lord Montagu in seinem Buch über vielversprechende, aber letztlich gescheiterte Unternehmen in der Geschichte des Automobils ("Lost Causes of Motoring") das Kapitel über das italienische Fabrikat O.M. Das Kürzel stand von 1918 bis 1928 für die SA Officine Meccaniche, Brescia, die dann in O.M. Fabbrica Bresciana di Automobili umgewidmet und 1933 von Fiat geschluckt wurde.

Nach einer Vergangenheit in der Kutschenbranche und, seit 1899, mit dem Bau von Lokomotiven hatte sie sich 1917 ihrerseits den ebenfalls in Brescia angesiedelten Hersteller Brixia-Züst einverleibt und bis 1923 dessen Vierzylinder 25/35 PS weitergefertigt. Zum Stab von Züst zählte der Veroneser Ingenieur Ottavio Fuscaldo. Ganz offensichtlich bewahrender Denkungsart, machte sich dieser alsbald daran, einen Sechszylinder in die Welt zu setzen, dessen Stoffwechsel sich nach Art der Pioniere über seitlich stehende Ventile vollzog. Eingebaut wurde er 1923 zunächst in den Typ O.M. 665 mit 1991 cm^3 Hubraum (ab 1930 gab es den 667 mit 2220 cm^3). Das Zahlenbündel gab darüber Aufschluß, es handele sich um einen Motor mit sechs Verbrennungseinheiten und 65 Millimeter Bohrung. Gekrönt wurde die Baureihe vom dem sportiven 665 Superba. Für Erstaunen sorgte bereits der Blick unter die lange vordere Haube der Zagato-Karosserie – unter der hinteren verbarg sich ein ungemein unbequemer zusätzlicher Sitz, auf dem der Mitreisende völlig schutzlos den Schikanen der Elemente ausgesetzt war

– buchstäblich. Dem Betrachter offenbarte sich nämlich zunächst gähnende Leere. Ganz tief unten kauerte lang gestreckt der Seitenventiler und erinnerte nach einem gewissen Alterungsprozeß an ein verkohltes Toastbrot.

Trotz antikischer Denkansätze wußte der Ingegnere Fuscaldo offenbar, was er tat. Er versetzte das simpel aufgebaute Aggregat mit einer ganzen Reihe von leistungsfördernden Mittelchen. So sparte zum Beispiel das Kurbelgehäuse aus Aluminium Gewicht, und der Graugußzylinderkopf ließ sich abnehmen, was damals wegen notorischer Dichtungsprobleme keine Selbstverständlichkeit war. Für erhöhte Füllung der Brennräume sorgte ein Kompressor, der auf der Kurbelwelle saß. Diese rotierte in drei Lagern. Das mittlere war zur besseren Wärmeableitung wasserumspült, und eine Thermosyphon-Kühlung machte eine kraftfressende Wasserpumpe überflüssig. Dieser Aufwand summierte sich zu 80 PS, von denen der Langhuber schon bei Leerlaufdrehzahl etliche zur Verfügung stellte. Aktiviert durch das mittig plazierte Gaspedal und im Einvernehmen mit dem gut gestuften unsynchronisierten Vierganggetriebe stachelten sie den nur 825 Kilogramm schweren Superba zu recht munteren Fahrleistungen auf, wobei seine an halbelliptischen Federn aufgehängten Starrachsen auf den Straßen jener Zeit nicht immer in der Lage waren, alle vier schmal bereiften Speichenräder zugleich am Boden zu halten.

Über diese und andere Schwierigkeiten setzte sich das Superba-Gespann Nando Minoja/Giuseppe Morandi auf der allerersten Mille Miglia am 26. und 27.März 1927 souverän hinweg, als es die 1018 Meilen lange Riesenrunde durch den italienischen Stiefel in 21 Stunden,

vier Minuten und 48 Sekunden absolvierte, also mit einem Schnitt von 77,328 km/h gleichsam über Stock und Stein. Sehr zum Ergötzen der vier Väter des Rennens Franco Mazzotti, Aymo Maggi, Renzo Castagneto und Giovanni Canestrini sowie der Bürger der O.M.-Heimat Brescia, wo es begann und endete, belegten zwei weitere O.M. die nächsten Plätze. Noch heute ist auf der Mille Miglia Storica die Startnummer 1 jeweils für einen O.M. 665 Superba reserviert.

Allein schon deshalb ist Lord Montagus Frage berechtigt.

Bentley 3-litre Sports Red Label, Bj. 1924. Vierzylinder-Reihenmotor. 2996 cm³. 115 PS. 160 km/h. Leihgeber: Peter Godehardt

Wollte man nationale Identität festmachen an Autos als Galionsfiguren eines Wir-Gefühls, stünden Mercedes-Benz für die Deutschen, Ferrari für die Italiener, Bugatti für die Franzosen und Bentley für die Engländer.

Der Mann hinter Fahrzeug und Idee war Walter Owen Bentley (1888-1971), von jedermann nur Dabbelju Ou gekürzelt, von Hause aus Eisenbahningenieur, später Londoner Händler des unbekannten französischen Fabrikats DFP (für Doriot, Flandrin et Parant), während des Ersten Weltkriegs erfolgreicher Konstrukteur von Flugmotoren für die britische Admiralität und immer beredter Anwalt des Aluminiumkolbens.

1919 eröffnete er in der Londoner New Street Mews unweit Baker Street ein Geschäft und gründete im August jenes Jahres die Bentley Motors Ltd., um mit seinen Partnern F.T. Burgess und Harry Varley ein Auto mit seinem eigenen Namen auf die Räder zu stellen. Angekündigt wurde dieses in der Mai-Ausgabe der Fachzeitschrift Autocar. Auf der ersten London Motor Show nach dem Krieg im Oktober 1919 kündete ein keineswegs fahrfertiges Chassis von den Dingen, die da kommen sollten. Und um die Weihnachtszeit lärmte ein Triebwerk auf dem Prüfstand, begleitet von den Protesten einer erzürnten Matrone, die in der Nachbarschaft eine Privatklinik leitete. Es war ein Dreiliter, und 3-litre sollte das Modell heißen – das erste Mal, daß ein britisches Auto nicht nach seiner Leistung benannt wurde.

Es handelte sich um eine Langhuber mit den Maßen 80 x 149 mm für seine vier Zylinder – die Steuer auf der Insel wurde nach der Bohrung bemessen. W.O. machte überhaupt keinen Hehl daraus, daß er sich an den Mercedes-Renntriebwerken von 1914 orientiert hatte. Eines davon, 1915 in der Daimler-Niederlassung in Long Acre requiriert, hatte er studieren können und verwandelte dessen manifeste Qualitäten seinen eigenen Maschinen an, Monoblock-Vierventilern mit jeweils zwei Zündkerzen und einer Königswelle vorn im Block, fünffach gelagert wie auch die Kurbelwelle. Der trutzige Rahmen wurde gebildet durch U-förmige Längsträger mit vier Querstreben und zwei rohrförmigen Stützen. Die Achsen waren aufgehängt an Halbelliptikfedern mit Reibungsstoßdämpfern. Die Bremsen wirkten zunächst nur auf die Hinter-, bald jedoch auf alle vier Räder.

Der erste Kunde hatte sich bis zum September 1921 gedulden müssen, nicht zuletzt, weil das ehrgeizige Unternehmen an chronischer Geldnot krankte und man etwa für die Einrichtung des Werks in Cricklewood eine mächtige Hypothek aufnehmen mußte.

Dann aber kamen die Dinge rasch ins Rollen, gefördert durch die Le-Mans-Siege der Marke 1924 (durch John Duff und Francis Clement) und 1927 (mit Dudley Benjafield und Sammy Davis am Volant). 21 der 1622 Three Litres insgesamt wurden noch 1921 abgesetzt, 122 ein Jahr später, 204 im Folgejahr, und 1924 waren es bereits 402, zumeist von Vanden Plas und Gurney Nutting karossiert.

Rasch bürgerte sich die Benennung nach der Farbe ihres Markenzeichens ein. So trug die Version Speed mit einem Radstand von 2982 mm und – bei einer Kompression von 5,3 : 1 – bis zu 85 PS gegenüber der Standard-Ausgabe von 72 PS Rot. Sie steuerte zwischen 1924 und 1929 das ihrige zum höheren Ruhm der Marke bei. Dies tat erst recht die Variante Super Sport (Green Label) von 1924 bis 1926, eine Rarität in nur 15 Exemplaren. Ihr Radstand war auf 2741 mm verkürzt, die Kompression auf 6,3 : 1 erhöht worden und das Erreichen der magischen Grenze von 100 Meilen pro Stunde wurde dem Käufer mit Brief und Siegel zugesagt. Dies geschah allerdings um den Preis einer auf zwölf Monate verringerten Garantie, während sonst fünf Jahre gewährleistet wurden.

Amilcar CGSs, Bj. 1926. Vierzylinder-Reihenmotor. 1074 cm³. 35 PS. 130 km/h. Leihgeber: Automobil-Nationalmuseum – Mülhausen

Amilcar – das wohltönende Wort war ein Amalgam aus den Namen Lamy und Akar. Bei Joseph Lamy handelte es sich um den Verkaufsleiter, bei Emile Akar um den Präsidenten der 1921 gegründeten Société Nouvelle pour l'Automobile Amilcar zu St. Denis, Seine, im Weichbild von Paris. Sie finanzierten das Unternehmen, die technischen Parameter und Denkanstöße kamen von André Morel und vor allem Edmond Moyet.

In der tosenden französischen Metropole der Zwanziger wurde Amilcar bald synonym mit Lifestyleprodukten für die Jungen, klein, sportlich, flink, erschwinglich und ganz einfach der dernier cri. Moyets Erstling war der CC, ein winziger Tourer mit einem kurzen Fahrgestell und Viertelelliptikfedern vorn und hinten und ohne Differential. Sein seitengesteuerter Vierzylinder von 903 cm³ und 18 PS wurde im Gegensatz zu den Gepflogenheiten vieler Konkurrenten im eigenen Hause gefertigt. Beflügelt von seinem Erfolg in etlichen Bergrennen, überzeugte Moyet den eher zögerlichen Lamy, einen Sportwagen ins Programm aufzunehmen. Das war der CS mit einem etwas größeren Triebwerk von 985 cm³ und 23 PS, die sich herrlich geräuschvoll Luft machten. Dazu kam ein längeres Chassis mit einer Maschine von 1004 cm³ und 20 PS, welches wie die sportiven Zweisitzer der Marke vom Pariser Karossier Charles Duval eingekleidet wurde, zumeist mit einem dreiplätzigen Aufbau. Das bekannteste Modell jener Zeit war wohl der Petit Sport mit einem versetzt angeordneten Gestühl, während diverse Tourenwagen für Butter und Brot sorgten: Bis Ende 1924 baute man mehr als 15 000 Autos, 1925 allein 3700, so daß sich die Männer um Edmond Moyet eine größere Fabrik und bessere Werkzeugmaschinen leisten konnten.

1924 krönte der Sportroadster CGS die Produktpalette, mit seinen schmucken Speichenrädern, elegant geschwungenen Kotflügeln, tief ausgekehlten Einstieg und modischen Bootsheck nicht zuletzt ein Genuß für das Auge. Die Bohrung des bekannten Motors war von 57 auf 60 mm und somit der Hubraum auf 1074 cm³ vergrößert, seine Leistung auf 30 PS angehoben worden. Zugleich wurde er durch eine Druckumlaufschmierung besser durchblutet. Die Einführung von Vorderradbremsen bedingte ein verstärktes Fahrgestell vorn, wo nun Halbelliptikfedern zum Einbau kamen. Das Werk garantierte eine Höchstgeschwindigkeit von 120 km/h, wobei den Insassen der Fahrtwind in gerne ertragener Kasteiung fast unbehindert von den knappen Rennwindschutzscheiben ins Gesicht schlug.

1926, als die Amilcar-Produktion in 4800 Einheiten gipfelte, montiert von 1200 Angestellten, fand sich als Gipfelpunkt der Evolution der CGSs ein, auch Surbaissé geheißen wegen seines wesentlich tiefer gelegten und um 75 mm verkürzten Fahrwerks. Auch der Kühler war abgesenkt, der Schwerpunkt ein ganzes Stück niedriger, die Straßenlage erheblich besser als bei seinem Vorgänger CGS, der gleichwohl parallel weiter in die Welt gesetzt wurde und neben dem neuen Familienmitglied mit seinen flotten Motorradkotflügeln plötzlich reichlich alt ausschaute. Mit 35 PS war der CGSs zu 130 km/h fähig, ein eindrucksvolles Tempo angesichts der Landstraßen jener Zeit, die dem Piloten am großen und oft mit Schnur umwickelten Lenkrad alle Aufmerksamkeit abverlangten.

Binnen kurzem wurde das bisherige Dreiganggetriebe durch ein solches mit vier Fahrstufen ersetzt, und gelegentlich sorgte ein Kompressor für einen kräftigen Potenz-Schub. Als Emblem hatte sich inzwischen das in gefälliger Glätte abstrahierte Flügelroß Pegasus eingestellt,

lange bevor die spanische Nobelmarke Pegaso Anspruch darauf erhob. Lizenzbauten gab es in Italien, in Deutschland zwischen 1924 und 1927 unter dem Namen Pluto, in Österreich von 1922 bis 1927 mit der Bezeichnung Grofri. Die Investitionen der Herren Lamy und Akar hatten sich gelohnt.

Mercedes-Benz 630 K, Bj. 1926. Sechszylinder-Reihenmotor. 6240 cm³. 160 PS. 145 km/h. Leihgeber: Peterheinz Kern

1922 vollzog sich bei der Daimler-Motoren-Gesellschaft ein Wachwechsel der technischen Direktoren. Baurat Paul Daimler (1869-1945), Sohn des Firmengründers Gottlieb, ging zum Zwickauer Konkurrenten Horch, Ferdinand Porsche (1875-1951) kam vom Wiener Rivalen Austro-Daimler. Gemeinsam war den beiden ungleichen Männern ein Hang zum Kompressor, für den Porsche reichlich Spielräume bei den Renn- und bei den Repräsentationsfahrzeugen ausmachte.

Zu diesen zählten entschieden die beiden riesigen Sechszylinder, die ab 1924 unter allgemeinem Applaus ins Premium-Segment des Markts eingespeist wurden, der Vierliter mit 15/70/100 PS und der Sechsliter mit 24/100/140 PS, als Sport-Tourenwagen definiert. Die drei Zahlen des Schrägstrich-Kürzels standen jeweils für die Steuer-PS sowie die Leistung mit und ohne Aufladung.

Nach der Fusion von Daimler und Benz anno 1926 wurden sie schlicht in die Modelle 400 und 630 umgeflaggt. Ihre Motoren unterschieden sich nur hinsichtlich ihrer Abmessungen. Erstmals waren Kurbelgehäuse und Zylinder in einem Leichtmetallblock vereint. Die Laufbuchsen waren einzeln eingezogen, der gemeinsame Kopf bestand aus Gußeisen. Über diesem rotierte, von einer Königswelle über leise Schraubenräder zum Schaffen angehalten, die Nockenwelle und wirkte über seitlich angelenkte Schlepphebel auf die senkrecht stehenden Ventile ein.

Vorn trug sie den Flügel, der die Kühlluft durch den bugförmigen Wabenkühler schlürfte, links darunter fand sich das charakteristisch verrippte Roots-Gebläse.

Die Modellreihe geriet zum Dorado der Karossiers. Viele Fahrgestelle wurden mit Sindelfinger Aufbauten eingekleidet, andere mit solchen von Erdmann & Rossi, Reutter, Papler, Balzer, Million Guiet oder Farina, in Holz und Aluminium, als Pullman-Limousinen oder offen. Sie ruhten auf massiven gepreßten U-Profilrahmen mit langen Halbelliptikfedern (hinten Ausleger-Halbfedern) und rollten auf Holz- oder Drahtspeichenrädern.

Als Star der Familie stellte sich 1926 der Typ K (für kurz) ein, grundsätzlich nur in der Form zwei- oder viersitziger Tourer erhältlich. Als Sonderangebot für die sportlichen Herrenfahrer unter den Freunden der Marke fußte er auf dem 630, dessen Radstand von 3750 mm auf 3400 mm beschnitten worden war, und war mit hinteren Underslung-Halbfedern ausgestattet. Diese wurden ab Herbst 1927 auch für den 400 und den 630 übernommen, zugleich mit den drei voluminösen Auspuff-Metallschläuchen, die rechts aus der langen Motorhaube der Variante K wucherten. Erkennbar war diese Generation an einer rechteckigen Klappe dicht oberhalb des Trittbretts vor dem hinteren Kotflügel, welche den Zugang zu den zwei Schmiernippeln der vorderen Federlasche eröffnete. Bereits mit den 140 Kompressor-PS des 630 war der K einer der schnellsten Tourenwagen der Welt. Porsche & Cie. ruhten indessen nicht und rüsteten 1928 noch einmal nach: Mit 110 PS ohne und 160 PS mit Kompressor bei 3100/min erreichte der Zweitonner 145 km/h, und wer sich vornehmlich in diesen Bereichen tummelte, mußte dies schon mit einem Durchschnittsverbrauch von 25 Litern oder mehr honorieren.

Der 630 in allen seinen Spielarten wurde wenig später auf besonderen Wunsch, am Ende indessen ausschließlich mit dem stärkeren Triebwerk geliefert und hieß dann "Typ 630 mit K-Motor". Analog zum 400 versiegte seine Produktion 1929, die der ebenfalls stattlichen Kurz-Variante – wo die Gesamtlänge sonst monumentale 5320 Millimeter betragen mochte, kam der K noch immer mit 4745 Millimetern daher – ein Jahr später. Restbestände, meist Fahrgestelle, waren indessen noch bis 1934 verfügbar.

Alfa Romeo 6C 1500 Mille Miglia Speciale, Bj. 1928. Sechszylinder-Reihenmotor. 1487 cm³. 62 PS. 155 km/h.

Hinter Maschinen stehen Menschen. Im Falle des Alfa Romeo 6C 1500 war das Vittorio Jano, Jahrgang 1891, gleichermaßen begnadet als Konstrukteur und Organisator.

Als ihn 1923 der Ruf Nicola Romeos ereilte, wirkte er als Rennleiter bei Fiat. Zwischen 1924 und 1937 war Jano zuständig für die Rennwagen des Konzerns mit dem Kleeblatt. Sein Erstling, der P2, empfahl sich mit Antonio Ascari am voluminösen Lenkrad umgehend mit einem Sieg in seinem Jungfern-Grand-Prix, dem Großen Preis von Europa in Lyon im August 1924, und mit dem Gewinn der Meisterschaft der Marken 1925. Jano zu Ehren umkränzte fortan stilisierter Lorbeer das Alfa-Romeo-Emblem.

1926 lief Giuseppe Merosi über zu der französischen Automanufaktur Mathis, zweifellos ein Abstieg, und Jano übernahm seinen Posten als Chefdesigner auch im bürgerlichen Bereich der Touren- und Sportwagen. Seine markante Handschrift trug ein erstes Chassis namens 6C 1500, im April 1925 auf der Mailänder Motor Show und später in Paris und London mit Erfolg als Sonde in die Publikumsgunst eingeführt. Die Produktion wurde indessen erst 1927 aufgenommen. Überall stand der Rennsport Pate, vor allem aber bei der Konzeption von Janos properem Sechszylinder-Triebwerk mit 1487 cm³, 44 PS, integriertem Einlaßkrümmer und mit dem Block verquicktem Zylinderkopf, der dem Eigner das Ärgernis durchgebrannter Dichtungen ersparte. Seine obenliegende Nockenwelle wurde von einer Königswelle zum Schaffen angehalten.

Was gut war, mußte für Jano auch schön sein: Er mochte nicht, wenn irgendetwas liederlich herumlag. So wurden etwa die Zündkabel vom Verteiler bis zu den Kerzen von einer geschlossenen Hülle ummantelt. Das Modell war mit Radständen von 3100 und 2895 mm verfügbar und nicht unbedingt von sportivem Flair umfächelt, obwohl die kerngesunde kleine Maschine selbst mit gewichtigeren Aufbauten gut zurechtkam.

Dem schuf man im Herbst 1928 Abhilfe mit dem 6C 1500 Sport auf dem kürzeren Chassis, der bereits vorher sporadisch in die Produktion eingespeist worden war. Eine weitere Nockenwelle half ihm so recht auf die Sprünge, so daß er sich als offener Zwei- und Viersitzer mit 54 PS bei 4500/min auf flotte 128 km/h beeilte.

Sein Grauguß-Zylinderkopf mit hemisphärischen Brennräumen war nun abnehmbar, bildete in einer Kompressor-Variante, die sich bereits 1927 vereinzelt fand, allerdings wieder eine Einheit mit dem Block. Sie wurde zwangsbeatmet durch einen Roots-Lader mit anderthalbfacher Drehzahl der Kurbelwelle. Der nötige Raum dafür entstand, indem der Motor um 200 mm nach hinten verlagert wurde, was auch der Gewichtsverteilung zugute kam. Von legendärer Verläßlichkeit, geriet sie mit 76 PS bei 4800/min und einer Spitze von 155 km/h zum idealen Gerät für den Sportfahrer. Erkennen konnte man sie in der Regel an dem Einfüllstutzen zu einem zusätzlichen Ölbehälter.

Etwa von Janos Mitarbeiter und Alfa-Romeo-Chronisten Luigi Fusi penibel aufgelistet, entstanden zwischen 1927 und 29 insgesamt 1075 dieser Anderthalbliter, 171 davon 6C 1500 Sport. 24 entfielen auf den Mille Miglia Speciale, einige mit, andere ohne Kompressor. Sie waren programmatisch benannt nach dem 1000-Meilen-Rennen von Brescia, 1927 ins Leben gerufen und 1928 bereits von der Mannschaft Giuseppe Campari/Giulio Ramponi auf einem Wagen dieses Typs gewonnen.

Es sollte in den folgenden Jahren immer mehr zum Forum für Alfa Romeo werden.

Bugatti Typ 43 Grand Sport, Bj. 1927. Achtzylinder-Reihenmotor. 2262 cm³. 120 PS. 170 km/h. 10 s 0 - 100 km/h.

Eine kleine, aber feine und zahlungskräftige Klientel verlangte in den zwanziger Jahren nach Fahrzeugen von Format, denen die Nähe zum Rennwagen ins Gesicht geschrieben stand, ohne daß sie sich im automobilen Alltag als ungehobelte Bürgerschrecks aufführten. Mit Angeboten wie dem Vauxhall 30/98 OE (4224 cm³, 120 PS) von 1922, dem Bentley 3-litre Super Sport ein Jahr später oder dem Alfa Romeo 6C 1750 von 1929 war sie gut bedient.

Mit dem Typ 43 begann sich im Frühjahr 1927 auch Bugatti in dieser attraktiven Nische einzurichten und setzte zugleich neue Maßstäbe, schon allein dadurch, daß die verheißene Spitzengeschwindigkeit jenseits der magischen 100 Meilen kein Etikettenschwindel mehr war. Beim T43 handelte es sich um einen nahen Verwandten des Grand-Prix-Bugatti Typ 35B, dessen Reihen-Achtzylinder mit 2262 cm³ praktisch ohne mildernde Eingriffe übernommen wurde. Er gliederte sich in zwei Vierzylinderblöcke mit angegossenen Köpfen. Die obenliegende Nockenwelle betätigte zwei Einlaßventile und ein Auslaßventil pro Brennraum. Ein Roots-Kompressor sorgte mit Motordrehzahl für potenzfördernden Druck.

Sein Durchzugsvermögen war erstaunlich. Ettore Bugatti, mit einem Händchen für Show-Effekte ausgestattet, pflegte es zu demonstrieren, indem er das geräuschvoll sich artikulierende Triebwerk anließ, die vierte Fahrstufe einlegte und mit zurückgestellter Zündung mir nichts, dir nichts davonfuhr.

Die Probleme lagen anderswo: Im Rennbetrieb war Bugattis filigranes Wunderwerk an bekömmliche Temperaturen gewöhnt und wurde überdies häufig gewartet und zerlegt. Im Rhythmus seiner bürgerlichen Verwendung fehlte diese Zuwendung. Kaltes, zähes Öl in der Phase nach dem Start und Kohleablagerungen durch ein fettes Gemisch taten ein übriges, und so wurde der Kunde schon mal mit kostspieligen Schäden an den Kurbelwellenlagern bei der nächsten, nicht immer nahegelegenen Bugatti-Niederlassung vorstellig.

Als Rückgrat diente dem Typ 43 ein neuer Rahmen aus bauchig geschwungenen Längsträgern. Wie bei den Rennwagen der Marke waren die Bremstrommeln mit schönen Achtspeichen-Aluminiumrädern verquickt. Diese hingen vorn an halbelliptischen Blattfedern. Hinten ragten geschobene Viertelfedern aus der sich verjüngenden Heckpartie hervor. In Anlehnung an sein Pisten-Pendant kam der Aufbau des T43 ohne jeglichen Zierrat aus, aber auch ohne eine rechte Tür, was ein Quentchen zu seiner Steifigkeit beitrug. Er war als Dreiplätzer deklariert, da eine dritte Person nach dem Zurückklappen der Lehne am Fahrersitz im Fond eine karge Unterkunft beziehen konnte. Eine gute Figur machte er selbst bei aufgesetztem Verdeck, das ein klug ausgetüfteltes Skelett aus dünnen Rohren in Form hielt. Im kleinen Grenzverkehr zwischen Straße und Rennbahn wurde der Typ 43 seinerseits wieder dem Sport zugeführt, beispielsweise auf dem englischen Extremkurs von Brooklands, wo er sich unter Männern wie Malcolm Campbell und dem Earl How wacker schlug.

Die meisten der 160 Exemplare wurden bis 1930 ausgeliefert. Dann ebbte die Nachfrage merklich ab, obwohl dem Modell in der Version 43A der letzte Schliff verpaßt worden war. Ettore Bugattis talentierter Sohn Jean hatte ihn auf vielfachen Wunsch durch eine schmucke zweitürige Karosserie mit einem noch reichhaltiger besiedelten Armaturenbrett aufgewertet. Aus dem Heck ließ sich der sogenannte Schwiegermuttersitz klappen.

Dem Begriff haftete in diesem Fall ein masochistischer Unterton an: Der Dame wären bei Tempo 170 gewiß Hören, Sehen und die Lust zu weiteren Exkursionen vergangen.

Ford A Typ 40 B de Luxe, Bj. 1931. Vierzylinder-Reihenmotor. 3286 cm³. 40 PS. 100 km/h. Leihgeber: Wilfried Hoffmeyer

Das A stand auch auf dem Planeten Ford für Anfang und Anbeginn, die verheißungsvolle Faszination des ersten Buchstabens im Alphabet. Nach 19 Jahren hatte sich der Charme der Tin Lizzy, zu deutsch Blechliesel und bürgerlich

einfach T, doch ziemlich abgenutzt.

Ohne Kunden kein Produkt: Das Interesse daran beruhte offensichtlich auf Gegenseitigkeit. Als am 1. Dezember 1927 das Modell A erstmalig in der Ford-Niederlassung am New Yorker Broadway gezeigt wurde, standen morgens um neun bereits 15 000 Menschen Schlange vor einer 165 Meter langen Tafel mit der Aufschrift "Hier ist der neue Ford". In den folgenden Tagen strömten zehn Millionen Amerikaner zu den Händlern überall im Land. Vier Jahre Lieferfrist taten sich auf, bald war jeder zweite irgendwo in der Welt zugelassene Wagen ein A-Modell, und zwischen dem Beginn der Produktion im Oktober jenes Jahres und deren Ende im März 1932 hatte Henry Ford 4 849 340 Einheiten unters fahrende Volk gebracht.

Kein Wunder: In ihrer konventionellen und gradlinig-knorrigen Simplizität erinnerte ihre Mechanik an einen Stabilbaukasten. Ihre Holzrahmenkarosserie war mit Blechplatten verkleidet und mit einer Preßstahlstruktur aus U-Profilen vernietet. Die Räder hingen an Starrachsen, halbelliptischen Querblattfedern und Dreieckstreben mit Schubkugeln, vorn geschoben und hinten gezogen. Hydraulische Hebelstoßdämpfer fanden sich an beiden Enden. Der A, frohlockte eine rührige Werbung, sei "schnell und geräuschlos".

Dafür sorgte sein großvolumiger Vierzylinder mit seitlicher Nockenwelle und 3286 cm³. Mit dessen 40 PS bei 2200/min bequemte sich das kantige Mobil in 15 Sekunden von zehn auf 60 km/h und bis in die Nähe von Tempo 100. Eine Schwäche gönnte es sich allerdings: Seine mechanischen Gestängebremsen verdienten ihren Namen nicht. Wie Ettore Bugatti vertrat Ford-Boß Ford nämlich die bedenkliche These, seine Autos seien zum Fahren da und nicht zum Anhalten. Eine Proberunde mit Sohn Edsel in einem Prototyp mit hydraulischen Bremsen hatte mit deren Versagen und einem Unfall von unangenehmer Dynamik geendet, was den Auto-Pionier in seiner stur-rückständigen Einstellung noch bestärkte.

Der Ford A wurde in vier Farben und einer üppigen Fülle von Aufbauten angeboten, als Fordor Sedan (viertürige Limousine), Tudor Sedan (zweitürige Limousine), Phaeton (offener Tourer), Coupé, Sport Coupé, Roadster, Anderthalbtonner und Lieferwagen AA. Überaus reichhaltig war auch seine Serienausstattung. So frohlockte etwa die Badische Presse zur Deutschland-Premiere des A-Modells am 22. Januar 1928, im Kaufpreis des Ford seien "elektrische Beleuchtung, elektrischer Anlasser, fünf Drahtspeichenräder, Scheibenwischer, Benzinuhr, Geschwindigkeitsmesser, Ampèremeter, Scheinwerfer, ein Rückspiegel, Stop- und Schlußlicht, Ölmesser, Zündungssicherheitsschloß und Werkzeugkasten" einbegriffen. Der "Ford-Wagen" repräsentiere "den außergewöhnlichsten Wert, der je dem Publikum geboten wurde". In der Tat: 4110 Reichsmark kostete die gängigste Version Tudor bei deutschen Händlern inklusive Fracht und Zoll und ein Drittel preiswerter als ein vergleichbares Fahrzeug aus heimischer Fertigung.

Am 20. August jenes Jahres lief bei der Ford Motor Company A.G. in gemieteten Lagerhallen am Berliner Westhafen der erste dort zusammengeschraubte A vom Band. Eine Version AF mit 2053 cm³ und rachitischen 28 PS für den europäischen

Gebrauch erfreute sich keiner sonderlichen Beliebtheit.

Am 2. Juni 1931 lud Direktor Edmund C. Heine zur Präsentation des ersten PKW aus Hausmacher Herstellung im neuen Werk Köln-Niehl. Das war ein Bluff, geboren aus Zeitnot: Das Cabriolet am Ende des Bandes war rasch aus den USA herbeigeschafft worden.

Mercedes-Benz S, Bj. 1927. Sechszylinder-Reihenmotor. 6800 cm³.
180 PS. 165 km/h. Leihgeber: Peterheinz Kern

Ganz in Weiß, bildete die erste Startreihe zum Eröffnungsrennen auf dem Nürburgring am 19. Juni 1927 in mancherlei Hinsicht den aktuellen Stand der Evolution ab: Da fand sich noch der 630 K unter dem Rittmeister außer Diensten von Mosch und schon der Typ S in

zwei Exemplaren mit Rudolf Caracciola und Adolf Rosenberger am großen Volant. Bei der S-Klasse handelte es sich bereits um ein Erzeugnis der im Jahr zuvor fusionierten Daimler-Benz AG, beim K-Modell um die fast unverfälschte Mitgift des Teilhabers Daimler.

Unverkennbar war die Ähnlichkeit, aber bei näherem Hinsehen auch, wer Vorgänger und wer Nachfolger war. Geblieben war die klassische Bauweise des Fahrwerks mit einem U-Profil-Rahmen, starren Achsen und Halbelliptikfedern, identisch überdies der Radstand von 3400 mm. Durch kräftiges Hochkröpfen des Rahmens über den Achsen hatten die Daimler-Benz-Ingenieure jedoch einen tieferen Schwerpunkt erzielt und die hinteren Federn unter die Achse verlegt.

180 PS leistete der monumentale Sechszylinder mit 6800 cm³ Volumen, so elastisch, daß er den "weißen Elefanten" nebst Insassen im vierten Gang in kürzester Zeit stotterfrei vom Schrittempo auf 165 km/h zu befördern vermochte. Sein Block bestand aus Silumin, einer Legierung aus Aluminium und 13 Prozent Silicium, mit Laufbüchsen und abnehmbaren Zylinderköpfen aus Grauguß. Ein Roots-Zweiflügelgebläse beschickte mit dreifacher Motordrehzahl die beiden Druckvergaser des S, die ohne Zwangsbeatmung automatisch als Saugvergaser tätig wurden.

Dies wußten allerdings Männer vom Schlage eines Rudolf Caracciola, welcher mit seinem Triumph bei der Nürburgring-Premiere ein weiteres Kapitel seiner Legende schrieb, oder der altgediente Kämpe Otto Merz, der auf dem neuen Eifelkurs vier Wochen später den Großen Preis von Deutschland gewann, schon von Berufs wegen zu verhindern. Im Sportjahr 1928 wurde mit 53 Siegen und 17 Rekorden der Erfolg gleichsam zur S-Gewohnheit. Allein dies schon machte das Modell selbst in seinen verschiedenen Ausbaustufen zum Mythos, in jedem Fall aber zum Meisterstück des genialen Grantlers Ferdinand Porsche während seiner Dienstjahre bei Daimler-Benz.

Nur etwa die Hälfte der 374 Exemplare wurde in Rennen eingesetzt, abgesehen von ihrer gewaltigen Größe uneingeschränkt tauglich für den Alltag und mit Triebwerken von knorriger Robustizität ausgestattet, die auch weiterhin ihre volle Leistung schon bei niedrigen Drehzahlen herausrückten. Den Kürzeln in ihren Typenbezeichnungen wuchs für eine wachsende Gemeinde über die bloße Kombination von Zahlen und Buchstaben hinaus bald Kultstatus zu, obwohl sich nur wenige Glückliche die Gegenstände ihrer Verehrung auch tatsächlich leisten konnten. Das S stand für Sport, das SS ab 1928 – die Maschine hatte jetzt und künftig 7065 cm³ Hubraum – für Super Sport. Das SSK im folgenden Jahr bedeutete Super Sport Kurz, denn der Radstand war auf 2950 mm verknappt worden. Mit dem SSKL (mit L für Leicht) von 1931, wahrscheinlich in höchstens drei Einheiten in die Welt gesetzt, schloß sich ein Kreis. Die Ingenieure Hans Nibel und Max Wagner hatten aus dem SSK Substanz herausgedrillt, wo immer dies vertretbar war, ohne daß dabei mit noch immer 1500 kg Wagengewicht wirklich ein Bruder Leichtfuß herausgekommen

wäre. Und anschließend hatte man den spartanischen Roadster dem Renngebrauch zugeführt wie einst anfänglich den Ahnen S.

Die Eskalation elegant gebändigter Gewalt während der Produktionszeit der Baureihe zeichneten die Zahlen nach, die diesen magischen Buchstaben zugeordnet waren, in der Reihenfolge Steuer-PS und Leistung mit und ohne Kompressor: 26/120/180 (S), 27/170/225 (SS), 27/180/250 (SSK) und 27/240/300 (SSKL).

Für eine hohe Artenvielfalt bei gleicher

Leihgeber: Franz Maag

E S 1927 H

Mercedes-Benz 710 SS, Bj. 1930. Sechszylinder-Reihenmotor. 7065 cm^3. 250 PS. 190 km/h. Leihgeber: Peterheinz Kern

technischer Basis neben den eleganten Sindelfinger Aufbauten sorgten die führenden Karossiers jener Zeit, wie Erdmann & Rossi, Papler, Zietz, Keibl, Saoutchik, Castagna oder die Wiener Manufaktur Armbruster, die zum Beispiel den Privatwagen des Rennfahrers Hans

Stuck einkleidete.

Liebevolle Pflege lohnte die S-Familie mit einer schier unbegrenzten Lebenserwartung. Einer ihrer Angehörigen, der SS mit der Motornummer 76119, der Wagennummer 36356 und der Nummer 923283 für seine viersitzige Sindelfinger Karosserie vom Typ Sport 4, wurde zum Glücksfall für den Chronisten, den Sammler und jeden, der sich einen Sinn für zeitlose Majestät bewahrt hat. Lückenlos über mehr als sieben Jahrzehnte zurückverfolgen läßt sich die Reihe seiner 16 Besitzer, eine Kette ohne fehlendes Glied, allerdings auch ohne jegliche Entwicklung: Außer dem SS, so scheint es, teilten sie die Entschlossenheit, seine historische Bausubstanz weitgehend unangetastet zu lassen.

Am 7. Mai 1930, hielt das Kommissionsbuch pingelig fest, sei er an die British Mercedes-Benz Ltd. London ausgeliefert worden, für den bekannten Rennfahrer Malcolm Campbell in dessen Hausfarbe Bluebird Blau, der Couleur seiner Rekordwagen. Spurenelemente davon sind noch unter dem deutschen Rennweiß zu finden, in dem ihn ein späterer Eigner lackierte. Im Vereinigten Königreich erfreuten sich die statusträchtigen Riesen aus Stuttgart sowieso großer Beliebtheit – immerhin 84 Exemplare wurden über den Ärmelkanal verfrachtet. Sein legendäres Kennzeichen bekam der kostbare Importartikel erst ein Jahr später. Die Chiffre GP 10 enthielt eine Information an die Mit- und die Nachwelt, nämlich daß es sich um den Grand-Prix-Wagen Nummer zehn Campbells handele.

In der Zwischenzeit war der Mercedes auf irischen und englischen Rennstrekken, vor allem im Nationalheiligtum Brooklands, zu einer vertrauten Erscheinung geworden, häufig Tagesschnellster, meist aber kräftig behindert durch die Handicaps, die man großen und starken Autos mit auf den Weg gab und die etwa die flinken MG Midgets entschieden begünstigten. Rivers Fletcher, ein Zeit- und Augenzeuge, erinnert sich an die notorische Bremsenschwäche des Zweitonners. Kurz vor dem Anbremspunkt zu der Fork-Spitzkehre des Brookland-Kurses habe Campbell jedesmal mit Stentorstimme "Jetzt!" gebrüllt und Beifahrer Leo Villa habe dann aus Leibeskräften die Handbremse gezogen, um zusätzliche Verzögerung zu aktivieren. Mit 35 Litern und mehr bei scharfer Fahrt waren die Konsumgewohnheiten des SS durchaus opulent. Beim Boxenstop während Langstreckenveranstaltungen nahm der stämmige Brite eine bedenkliche Praxis vorweg, die bei den Sportwagenrennen der Siebziger fröhliche Urständ feierte: "Eineinviertel Stunden nach dem Start kam Campbell zum Tanken herein. Er benutzte einen Trichter, der wie ein kleiner Wasserturm ausschaute und tatsächlich auf Beinen stand", hieß es in Motor Sport vom August 1930 in einem Bericht über den Irish Grand Prix, den Campbell auf Rang fünf abschloß.

Sportwagen ließen sich damals flugs zum Rennwagen umwidmen – durch Entfernen der Straßenausstattung. Die vorderen Kotflügel wurden bei den S-Modellen gewöhnlich zusammen mit der Stange abgenommen, auf der die voluminösen Scheinwerfer hockten. Nicht so

bei GP 10: Da sind sie gesondert angeschraubt und überdies vermittels einer Diagonalverstrebung durch dicke Drähte festgezurrt. Auch sonst war er ein Unikat wie die meisten seiner Brüder, mit einem ungewöhnlich dimensionierten Hebelverschluß für den Tank, einem Steinschlaggitter, Rechtslenkung, einem tief unten im Armaturenbrett angesiedelten Öldruckmanometer und vier kleinen Hutzen zur Belüftung von Motor- und Tankraum.

Auburn 851 Speedster, Bj. 1935. Achtzylinder-Reihenmotor. 4590 cm³. 148 PS. 155 km/h. Leihgeber: Rosso-Bianco – P. Kaus

Von den Gebrüdern Frank und Morris Eckhardt 1902 ins Leben gerufen, nahm die Auburn Automobile Co., Auburn, Indiana, ein Jahr später die Fertigung eines bescheidenen Produkts auf. Dies war ein Runabout, dessen tuckernder Einzylinder sich scheu unter dem Aufbau verbarg, während die vordere Haube lediglich seinen Benzintank verhüllte. Man schlug sich eher schlecht als recht durch. 1924 aber ging nichts mehr. Der Absatz war auf sechs Autos pro anno abgeflaut, und auf den Fabrikhöfen verrotteten, von niemandem begehrt, mindestens 500 Exemplare der Baureihe Auburn Beauty Six.

Da schlug die Stunde des Errett Lobban Cord (1894-1974). Ein Hansdampf in allen Gassen und von schier unerschütterlicher Dynamik, brachte er die marode Manufaktur flugs an sich und legte damit den Grundstein für ein kleines Auto-Imperium, dem er zwei Jahre darauf das Nobel-Label Duesenberg und 1929 ein nicht minder ambitioniertes Unternehmen mit seinem eigenen Namen sowie Lycoming Motors anfügte, die zweitgrößte selbständige Triebwerkschmiede der USA hinter Continental.

Als erstes möbelte Cord die tristen Restbestände auf, die seine Vorgänger hinterlassen hatten, mit frischen Farben und viel glänzendem Nickel. Dann verhökerte er sie im Hunderterpack an einen Händler in Brooklyn und schuf so einen finanziellen Sockel für eigenes Schaffen. Es ging hurtig bergauf. Ein veritabler Mozart der freien Marktwirtschaft, hatte Cord zwei Dinge erkannt: Stil ist das beste Werbeargument, und die eigentliche Kaufentscheidung trifft die Dame des Hauses. Diese Einsichten und die kluge Entscheidung, sich auf nur ein einziges Modell zu stützen, bewirkten 1931 ein wahres Wunder – mitten in die Depression hinein steigerte Cord die Auburn-Verkäufe auf 34 228 Einheiten, gegenüber den 12 985 des Vorjahres fast das Dreifache.

Ein beredtes Zeugnis von Cords Philosophie legte seit 1928 der Auburn Speedster 8-98 ab, lang, niedrig, mit V-förmiger Windschutzscheibe, einem knappen Barett, das sich voll versenken ließ, und einem markanten Bootsheck. Unter seiner enormen Motorhaube ging ein Achtzylinder von Lycoming mit 4399 cm³ und 98 PS zu Werke.

1931 fehlte der Speedster im Sortiment, um zwölf Monate später als 12-160 triumphal wiederzukehren, befeuert von einem V12 von 6415 cm³ Volumen und 160 PS, den George Kublin konzipiert hatte. Seine waagerechten Ventile wurden von einer zentralen Nockenwelle via Schwinghebeln gesteuert, und die Alimentation übernahmen zwei Doppel-Fallstromvergaser von Stromberg. Den Kastenrahmen versteiften kreuzförmige Verstrebungen mit einer weiteren Verstärkung in A-Gestalt in der vorderen Hälfte. Die Federn waren vorn unterhalb der Achse angesiedelt.

Obwohl dieses Pracht-Stück, nur ein Drittel so teuer wie vergleichbare Konkurrenten, als Preisbrecher galt und vermutlich für 2250 Dollar sogar der billigste Zwölfzylinder aller Zeiten war, schwächelten die Verkäufe. Da schuf auch die letzte Generation von Speedstern (Typ 851 und 852) keine Abhilfe, in denen ein zentraler Kompressor von Switzer-Cummins einem von Augie Duesenberg konstruierten Achtzylinder von 4590 cm³ Inhalt mit sechsfacher Motordrehzahl 148 PS einblies. Auf einer Plakette auf dem Armaturenbrett war jeweils die Höchstgeschwindigkeit eingraviert, die der Rennfahrer Ab Jenkins ermittelt hatte, immer so um die magischen 100 mph herum und mit einer Präzision von zwei Stellen hinter dem Komma.

Böse Zungen behaupteten indessen hartnäckig, das Täfelchen werde bereits während der Fertigung des Speedsters angebracht.

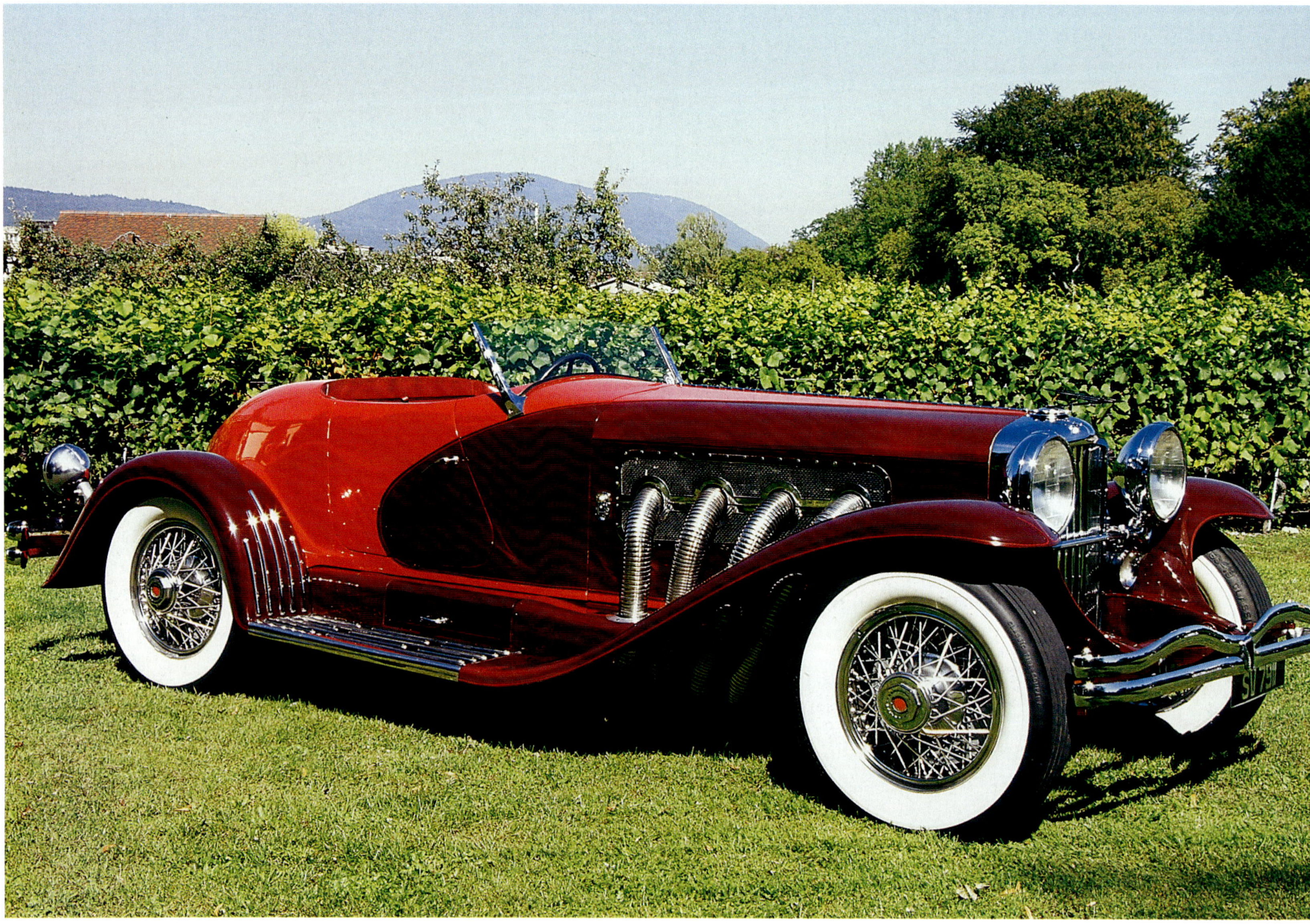

Duesenberg J, Bj. 1932. Achtzylinder-Reihenmotor. 6871 cm^3.
265 PS. 187 km/h. 20 s 0 - 160 km/h. Leihgeber: Collection „Gaston"

Duesenberg – das klingt so deutsch. Und in der Tat wird man bei der Spurensuche im Lipper Land in der Nähe von Detmold fündig, von wo die Familie Düsenberg 1885 hoffnungsfroh nach Iowa in die schöne Neue Welt aufbrach,

im Schlepptau den achtjährigen Fritz, der nun zu Fred wurde, und seinen Bruder August, künftig schlicht Augie geheißen.

Den beiden brannten Ambition und Talent im Nacken und überhaupt ein Feuer, und so machten sie eine atemberaubende Karriere. 1923 gründeten sie in St. Paul, Minnesota, die Duesenberg Motor Co., der fortan der Bau von Triebwerken für Schiffe, Flugzeuge und Rennwagen oblag. Ihre selbstgestellte Zielvorgabe indessen lautete kurz, bündig und unbescheiden: mit dem besten Automobil dieser Erde in die Geschichte einzugehen.

1920 trug man den ersten Weltrekord auf die junge Marke ein: Tommy Milton eilte über eine Meile des Strandes von Daytona mit 251,6 km/h. Ein Jahr später machten die Duesenberg Brothers mit einem kompletten Auto, dem Model A, von sich reden – schon deshalb, weil die 100 PS seines Reihenachtzylinders erstmals in einem amerikanischen Serienwagen von einer hydraulischen Vierradbremse gebändigt wurden. Eine andere Premiere und Europa-Unikat bis zum Erfolg eines Penske beim Großen Preis von Österreich 1976 war der Duesenberg-Sieg im Grand Prix de France 1921 in Le Mans unter Jimmy Murphy. Vier erste Plätze in Indy 1922, 24, 25 und 27 erhärteten den keimenden Ruhm des ehrgeizigen Unternehmens.

Da war man finanziell bereits mächtig in die Bredouille geraten. Doch schon nahte Hilfe, in Gestalt des rührigen Auto-Bosses Erret Lobban Cord. Er arrangierte eine Fusion mit seinen sonstigen Firmen, aus der 1926 scheinselbständig die Duesenberg Inc., Indianapolis, hervorging. Ganz im Sinne des dynamischen Brüderpaars erteilte Cord an Fred und Augie den Auftrag, das größte, schnellste und kräftigste Serienauto aller Zeiten zu konstruieren. Dabei sollen die unsterblichen Worte gefallen sein: "Egal was er kostet – baut ihn."

Das Ergebnis war der Duesenberg J von 1928. Seine Dimensionen erstreckten sich ins Monumentale. Der Radstand der Kurzversion war mit 3620 mm definiert, bei der langen dehnte er sich über 3899 mm, und die beiden Filmstars Clark Gable und Gary Cooper beanspruchten für sich sogar eigene Radstände. Den teuersten Duesy fuhr der Prediger "Devine", der fern jeglicher christlicher Armut und Demut 25 000 Dollar hingeblättert hatte. Das entsprach dem Gegenwert von über 100 000 Reichsmark – ein Mercedes SSK kostete bis zu 40 000.

Für das viele Geld bot der J allen erdenklichen Luxus, ein hervorragendes Fahrwerk mit einem Rahmen aus bestem Molybdänstahl, vor allem aber einen überaus potenten, von der Cord-Tochter Lycoming beigesteuerten Reihenachtzylinder. Sein Leichtmetall-Zylinderkopf zierte sich mit zwei obenliegenden Nockenwellen, die über Tassenstößel 32 Ventile betätigten, und aus 6871 kraftspendenden Kubikzentimetern schöpfte er 265 PS bei 4200 flotten Touren. Den grollenden Donner der acht Verbrennungseinheiten schnitt ein Schalldämpfer von 1370 mm Länge auf ein legales Maß zurück.

Für den zweiten Gang gab man bis zu 142 km/h an, für den dritten 187 km/h, und die Annäherung an Tempo 160 vollzog sich in bemerkenswerten 20 Sekunden.

Noch besser konnte dies ab 1932 die 320 PS starke Kompressorvariante SJ, wobei der Hinweis auf mögliche 208 km/h Spitze nur im Kleingedruckten erfolgte. Die Fertigung beider lief 1937 nach 472 Exemplaren aus. Heute existieren noch 270, davon allein 82 mit einem Roadsteraufbau von Murphy.

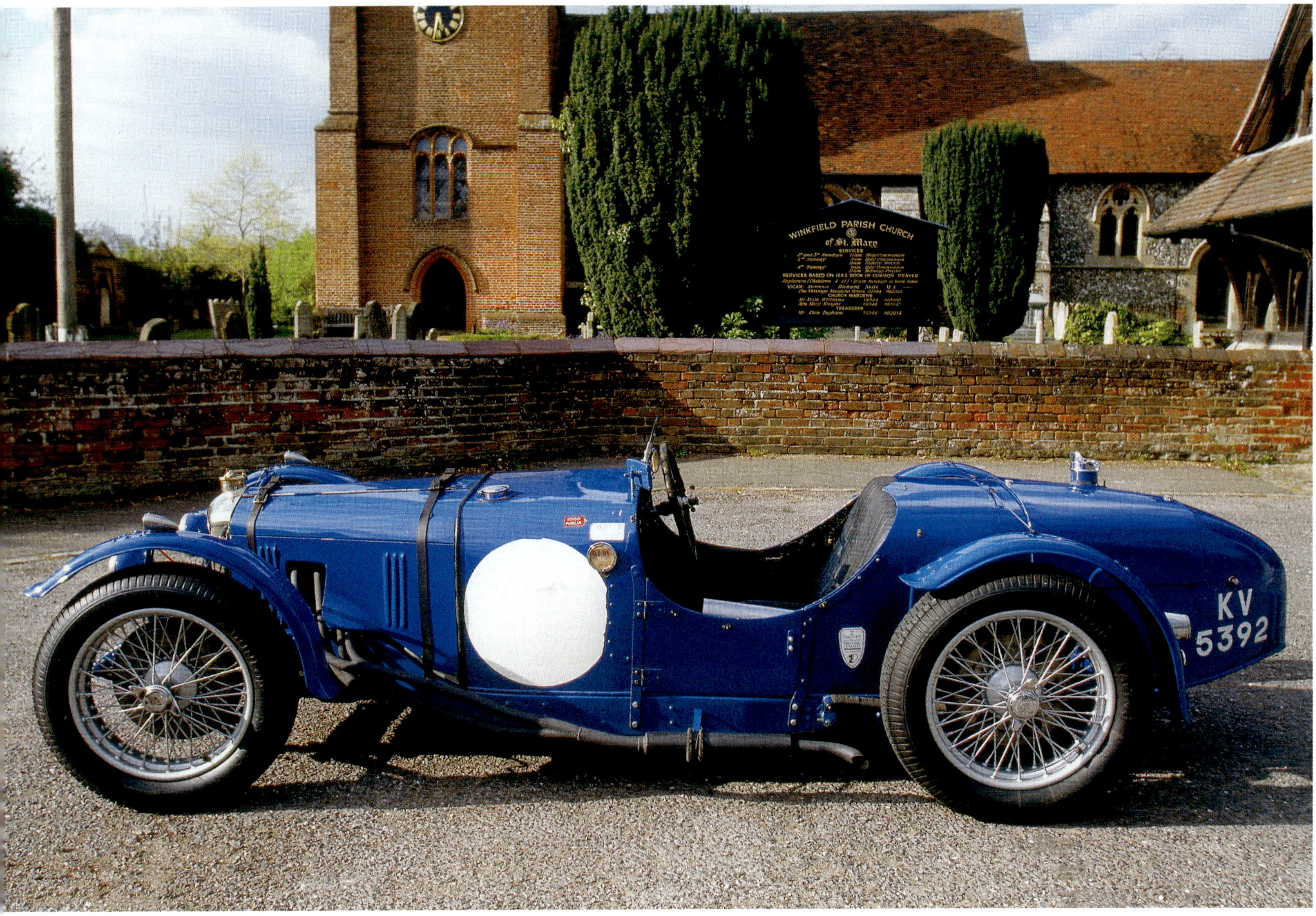

Riley 9 h.p. Brooklands Speed, Bj. 1930. Vierzylinder-Reihenmotor. 1087 cm^3.
50 PS. 175 km/h. Leihgeber: Graham White

Mit dem Nine, einem patriotisch in der Wolle gefärbten Publikum präsentiert auf der Motor Show 1926, begann für die Riley (Coventry) Ltd.,Coventry, eine neue Ära. Bald schmückte ihn Volkes Stimme mit dem Beinamen "The Wonder Car", zum Ergötzen der beiden Männer, die für seine Konzeption zuständig waren, Percy Riley und sein Bruder Stanley.

Kernstück war das Triebwerk, das die beiden entworfen hatten und dessen

Architektur bis 1957 überdauern sollte, als die Firma den Bau eigener Maschinen einstellte. Der Reihenvierzylinder schöpfte 32 PS aus lediglich 1087 cm^3 und zwar auf bemerkenswerte Weise: Seine hängenden Ventile wurden via kurzer Stoßstangen von zwei seitlich hoch im Block angesiedelten Nockenwellen zum Schaffen angehalten, was die Wartung des Systems begünstigte und das Gewicht der beweglichen Teile gering hielt. Der Zylinderkopf, bekannt als PR (für Percy Riley)-Kopf, hatte halbkugelförmige Brennräume. Installiert wurde das kleine Aggregat in ein durch und durch konventionelles Chassis mit stoffbespannten Limousinen- und Toureraufbauten. Anfänglich rollte der bescheiden auftretende Erfolgstyp auf Artillerie- und ab 1929 auf attraktiven Speichenrädern.

Bereits Ende 1926 hatte der Renn- und Rekordfahrer J.G. Parry Thomas damit begonnen, aus dem bürgerlichen Nine einen sportiven Bürgerschreck zu sublimieren. Nach seinem Tod im März 1927 setzte sein Freund Reid Railton dieses Unterfangen fort und läutete damit die erfolgreichste Riley-Dekade im Rennsport ein. Das Produkt hieß erst Speed Model, dann Brooklands Speed Model und schließlich einfach Brooklands. Die früheren unter den 100 bis 110 Renn-Nines (Tempogarantie: 80 mph) wurden bei der Thomson & Taylor Ltd. direkt vor Ort in Brooklands gefertigt, spätere bei Riley selbst in Coventry. Ihr Rahmen aus U-Profilträgern knickte nach der vorderen Achse nach unten und unterquerte die hintere in Underslung-Bauweise. Die Räder waren an Starrachsen mit einem Abstand von 2438 mm und Halbelliptikfedern aufgehängt. Anfänglich ruhte ein Wagenkörper aus Stahl auf einem hölzernen Rahmen. Eine sogenannte Allwetterausrüstung zeigte sich durchaus nicht jeder Witterung gewachsen. Die flache Frontscheibe war umklappbar, und Zugang zum spartanisch ausgestatteten Arbeitsplatz und einer Notunterkunft für einen Passagier eröffneten winzige Türen. An hauptberuflichen Rennversionen fehlten diese völlig, und durch die solchermaßen klaffenden tiefen Kerben konnte man hindurchlangen und die Handfläche auf die Straßenoberfläche legen, so niedrig kam der Riley daher. Die Bootshecks dieser Spielarten waren verkürzt, der Rahmen bestand aus Metall, das knapp sitzende Wams aus Aluminium.

Dem Motor hatte man besondere Zuwendung zuteil werden lassen, mit Kolben, die eine höhere Kompression ermöglichten, scharfen Nockenwellen, zwei Horizontalvergasern von SU, einem vierfach verzweigten Auspuffkrümmer, einer speziellen Öl- sowie einer Wasserpumpe, die von der gleichen Welle wie die Magnetzündung angetrieben wurde. Dem großen Sumpf konnte durch eine vordere Öffnung rasch Schmierstoff zugeführt werden. Da deren Deckel durch eine kraftvolle Feder angepreßt wurde, klemmte er unversehens unvorsichtige

Finger ein und wurde deshalb respektvoll "Rattenfalle" genannt. All diese Maßnahmen brachten 18 weitere PS, und für Rennzwecke erleichterte Varianten überschritten die verheißenen 130 km/h noch einmal beträchtlich.

Die Sporterfolge des Riley Speed und seiner Konsorten waren Legion. Sie gipfelten beim 24-Stunden-Rennen von Le Mans 1934 mit den Rängen 2, 3, 5, 6, 12 und 13 im Gesamtklassement, Klassensiegen bei den 1,1- und 1,5-Litern und dem Rudge-Whitworth-Cup. Den Heimweg trat man, wie üblich, per Achse an.

Alfa Romeo 6C 1750 GS, Bj. 1933. Sechszylinder-Reihenmotor. 1752 cm³. 85 PS. 145 km/h. Leihgeber: Rainer Roschmann

Zur technischen Brillanz des Alfa Romeo 6C 1750, einem aufgeschlossenen Publikum erstmalig bei der zweiten Autoausstellung von Rom im Januar 1929 präsentiert, gesellten sich Gespür für Effekte und perfektes Timing: Mit einem Spider dieses Typs, karossiert von Ugo Zagato, gewannen Giuseppe Campari und Giulio Ramponi am 14. April desselben Jahres zum zweitenmal hintereinander die Mille Miglia. Ihre 1640 Kilometer lange Doppel-Durchquerung des Stiefels von Brescia nach Rom und zurück mit einem Schnitt von fast 90 km/h vor Millionen von Zuschauern kam einer gigantischen PR-Veranstaltung gleich.

Den Anfang machte der eher behäbige Turismo mit einer obenliegenden Nockenwelle und 46 PS, eingekleidet von Alfa Romeo selbst. Noch im Geburtsjahr kamen drei weitere Modelle hinzu, der Sport, auch Gran Turismo genannt, mit 55 PS und zwei Nockenwellen wie auch der Super Sport (später Gran Sport), angeboten ohne (64 PS) und mit Kompressor (85 PS). Das gemeinschaftliche Vielfache: Vittorio Janos trotzig-filigraner Reihensechszylinder mit 1752 cm³ Hubraum.

Mit fünf Karosserieformen, Torpedo und Berlina mit jeweils vier oder sechs Sitzen und Spider, und vier entsprechenden Radständen von 3160, 3100, 2920 und 2750 mm bespielte die Baureihe bereits ein bemerkenswert weites Spektrum. Sie gipfelte in der Kompressorversion des 6C 1750 Super Sport Spider, einem charismatischen Fahrzeug, das hinter vorgehaltener Hand in einem Atemzug mit dem Bugatti 35 genannt wurde und mit den Jahren noch an Strahlkraft gewann.

Vor allem mit dem knapp sitzenden Aufbau von Zagato verkörperte sie automobile Eleganz Ende der Zwanziger mit einer kräftigen Prise Zeitlosigkeit: den flachen Kühler schräg angestellt, die Scheinwerfer hoch angebracht, mit schön geschwungenen Kotflügeln und großen Speichenrädern mit Zentralverschlüssen von Rudge.

Wo soviel Augenweide war, ließ man es an angemessenem Ohrenschmaus nicht fehlen. Sowie das Triebwerk zu tosendem Leben erwacht war, fand sich eine Fülle von mechanischen Komponenten zu einer Sinfonie von brutaler Melodik bis hin zu wütendem Geheul zusammen. Den Ton an gab der Antrieb des Laders von der Spitze der Kurbelwelle her vermittels eines gradverzahnten Paars von Zahnrädern. Er komprimierte das anschließend gierig verschlungene Gemisch, das ihm im Gran Sport ein an seiner linken Seite angeflanschter Horizontal-Doppelvergaser von Memini zubereitete.

Daß die Federn im Bunde mit Reibungsstoßdämpfern vorn und hinten kurz und hart waren, wurde durch ein relativ verwindungsfreudiges Chassis austariert. Das riesige Lenkrad hatte mit 45 Zentimetern den gleichen Durchmesser wie die Felgen. Da zwischen Anschlag links und Anschlag rechts nur anderthalb Umdrehungen lagen, verlangte der 6C 1750 Super Sport nach ungeteilter Aufmerksamkeit, die man ihm ohnehin gerne zukommen ließ.

Bis über 100 PS leistete er in seinen schärfsten Ausbaustufen, und eine Unmenge von Erfolgen im Rennsport war der Lohn. 1930 stellte sich noch ein weiterer Sieg bei der Mille Miglia ein mit Tazio Nuvolari am Volant, dazu weitere Erfolge beim 2x12-Stunden-Rennen von Brooklands 1929 und bei den 24 Stunden für Tourenwagen in Spa 1929 und 1930.

Der 6C 1750 brachte es auf eine Verbreitung von 2579 Exemplaren insgesamt, davon 381 Super und Gran Sport einschließlich der Rennmodelle.

Aston Martin International, Bj. 1930. Vierzylinder-Reihenmotor. 1494 cm³. 56 PS. 125 km/h. Leihgeber: Wolfgang Buchholz

Ohne das Modell International, vorgestellt auf der London Motor Show 1929, hätte die Aston Martin Motors Ltd. Feltham, Middlesex, die schweren Zeiten nicht überdauert, die vor ihr lagen. Denn die chronische Geldnot des kleinen, aber

noblen Unternehmens wurde bald noch verstärkt durch die fatalen Folgen des schwarzen Freitags am 25. Oktober jenes Jahres.

Der Name International war ein Signal an den praktizierenden Sportfahrer. Er enthielt die Information, der Wagen erfülle die Vorgaben der Pisten-Legislative AIACR (für Association Internationale des Automobile Clubs Reconnus). Der Aston Martin zielte indessen auch auf das treue Herz derjenigen Jünger der Marke, die weitere Familienmitglieder in den Genuß der flotten Fortbewegung kommen lassen wollten, die er gestattete: Man bot ihn auf dem gleichen Chassis mit 2590 mm Radstand als Zwei- und als Viersitzer an.

Vorbehaltlos sportlich (und im Einklang mit den Regeln) war sein 1,5-Liter-Triebwerk mit 56 PS bei 4250/min, einer obenliegenden Nockenwelle und Trockensumpfschmierung. Für ihn zeichnete Claude Hill verantwortlich, der 1926 im Team der gegenwärtigen Firmeneigner William Somerset Renwick und Augustus Cesare Bertelli zu Aston Martin gestoßen war.

Und sportlich-schlank war auch sein Erscheinungsbild mit knapp sitzenden vorderen Motorradkotflügeln, welche die Drehung des Lenkrads mitvollzogen und die Silhouette von vorn niedrig hielten. Die Rezeption bei Messepublikum und Fachpresse fiel glänzend aus.

Dennoch rutschten seine Väter unaufhaltsam in die Krise ab, und im März 1931 verließ Gesellschafter Renwick entnervt das scheinbar sinkende Schiff.

Immer wieder jedoch fanden sich Samariter wie etwa Harold John Aldington, Chef des Konkurrenten Frazer Nash, und der wohlhabende Londoner Autohändler Lancelot Prideaux-Brune.

Wie üblich in Earls Court präsentierte man 1931 die Variante Le Mans. Sie fußte auf dem International, trug indes auf Anregung von Kunden hin den gleichen Aufbau wie die Werkswagen beim 24-Stunden-Rennen auf dem Sarthekurs und war 55 Pfund billiger. Flankiert wurde sie von einem Tourer und einer geschlossenen Limousine mit schönen Karosserien, die Bertellis Bruder Enrico geschneidert hatte. Letztere, frohlockte die Fachzeitschrift The Light and Cycle Car, sei das attraktivste Auto der Show.

Über den folgenden Winter stellte Claude Hill ein völlig neues und einfacher herzustellendes Chassis auf die Räder, das den in 129 Exemplaren gefertigten Vorgänger ersetzen sollte. Im Mai 1932 wurde es als New International angekündigt und im Juli einer andächtigen Gemeinde von Motorjournalisten vorgeführt. Ein wesentlicher Unterschied bestand darin, daß nun der Motor am Getriebe angeflanscht und die Kühlerlinie abgesenkt worden waren.

In seiner Standardausführung mit 55 PS kostete der New International, wiederum in Earls Court zur Schau gestellt, 475 Pfund, als 70 PS starkes Sportmodell

namens Le Mans 595 Pfund. Die Preissenkung war nur deshalb möglich geworden, weil Aston Martin begann, auf Zulieferer wie den Getriebefabrikanten Laycock zurückzugreifen.

Man hatte die Zeichen der Zeit verstanden. Aber die Probleme sollten noch eine Zeitlang bleiben.

Bentley 4½-litre Supercharged, Bj. 1930. Vierzylinder-Reihenmotor. 4398 cm^3.
182 PS. 169 km/h. Leihgeber: National Motor Museum, Beaulieu

In der zweiten Hälfte der Zwanziger hatte sich der 3-litre ein wenig selbst überholt. Konkurrenz drohte nicht zuletzt aus dem eigenen Lande etwa in Gestalt des Vauxhall 30/98. Überdies sah man die Bentley-Hegemonie in Le Mans bedroht, die sich mit den beiden Siegen 1924 und 1927 angebahnt hatte.

Abhilfe sollte der 4½-litre schaffen, zwischen dem Sommer 1927 und dem Sommer 1931 in 665 Exemplaren unter ein fahrendes Volk gebracht, das nicht so sehr auf Penny und Pound schauen mußte. Zwölf Fahrgestelle – etwa die der Le-Mans-Replicas – wiesen einen Radstand von 2984 mm auf, die anderen 3302 mm. Visuell und technisch hatte sich kaum etwas verändert. Dennoch herrschte bunte Artenvielfalt mit Aufbauten von renommierten Spezialisten wie Harrison, Hooper, Maythorn, Vanden Plas, Gurney Nutting, H.J. Mulliner oder Windover mit dem gemeinsamen Nenner eines imperialen Auftritts.

Das Triebwerk wies mit 100 x 140 mm dieselben Zylindermaße auf wie der mächtige "Big Six" aus dem gleichen Hause mit seinen 6597 cm^3. Es glänzte durch eine geradezu alttestamentarische Lebenserwartung, da ihm mit maximal 115 PS nur wenig zugemutet wurde. Mit einem leichten Sportaufbau war der 4½-litre damit immerhin zu 145 km/h fähig, als Le-Mans-Replica zu 160 km/h. Auch künftig schritt die Evolution am Bentley-

Standort Cricklewood gemächlich voran: 1929 gönnte man dem Modell eine Scheibenkupplung anstatt der archaischen Konuskupplung bislang sowie die massive Kurbelwelle einer Kompressor-Variante. Diese war gleichsam unter dem scheelen Blick W.O. Bentleys entstanden, der von zwangsbeatmeten Motoren rundheraus nichts hielt: Das Design werde dadurch entstellt und die Leistung auf fragwürdige Weise gesteigert, pflegte er zu sagen. Der Anstoß war von Bentley-Boy Sir Henry Birkin gekommen, der sich 1928 mit der schnellsten Runde auf dem Sarthe-Kurs für höhere Weihen empfohlen hatte. Wenn man im nächsten Jahr noch mithalten wolle, hatte der rasende Aristokrat gewarnt, brauche man mehr Power, und verfrachtete kurzerhand das normal aspirierte Exemplar von Le-Mans-Sieger Bernard Rubin in seine Werkstatt in Welwyn Garden City.

Deren steinreiche Besitzerin Dorothy Paget machte die notwendigen Mittel flüssig. Amherst Villiers steuerte einen Doppelblattkompressor System Roots bei, der zusammen mit den beiden SU-Vergasern in der Nachbarschaft des Kühlers unter einem Drahtgitter zwischen den Chassisholmen untergebracht wurde. Block, Kurbelwelle, Pleuel, Kolben sowie die gerippte Ölwanne waren neu, das Standardchassis wurde vorn mit stämmigeren Querstreben verstärkt. 182 PS leistete die Straßenversion, 250 PS die schärfste Ausbaustufe für die Piste. Der Verbrauch des knorrigen Vierzylinders steigerte sich von vergleichsweise moderaten 17 Litern auf zügellose 28 Liter je 100 Kilometer.

Wieviel Entwicklungsarbeit vom Werk in Cricklewood eingebracht wurde und zu welchem Zeitpunkt dies geschah, verschwimmt im Halbdämmern der Legende. Dort jedenfalls wurden die 50 "Blower"-Bentley hergestellt, deren es zur Homologation bedurfte. Weitere fünf – reine Wettbewerbswagen – entstanden in Welwyn Garden City. Obwohl die geladenen 4,5 Liter heute gesuchte Sammlerstücke sind, bestätigte die Realität W.O. Bentleys Skepsis. Krasse Mängel bei Ölversorgung und Kühlung vergrämten die Kundschaft, und der erhoffte Erfolg in Le Mans stellte sich auch nicht ein.

Immerhin fuhr "Blower"-Befürworter Birkin 1930 erneut die schnellste Runde und fiel dann aus – ein Vorgang von trister Symbolik.

Bentley 6½-litre Speed Six, Bj. 1928. Sechszylinder-Reihenmotor. 7983 cm³.
280 PS. 242 km/h. Leihgeber: Peter Godehardt

In nur vier Jahren als aktiver Produzent hatte sich die Bentley Motors Ltd. eine Wählergruppe erschlossen, die Wert legte auf automobile Wucht und Sportlichkeit. Wenn man angesichts ehrgeiziger internationaler Konkurrenz in diesem Sinne weitermachen wollte, bedurfte es indessen noch mehr Stärke. Diese sollte ein Sechszylinder bereitstellen, zunächst mit 4½ Litern Hubraum.

Während extensiver Versuchsfahrten in Frankreich mit einem Prototyp, der als "The Sun" zugelassen war und im Bentley-Hausjargon auch so hieß, tat sich die kantige Limousine 1925 indessen schwer beim Duell mit einem Phantom – buchstäblich: Auch ein experimenteller Rolls-Royce Phantom I war im Lande der englischen Sehnsucht unterwegs. Man begegnete einander durch Zufall und schenkte sich nichts.

W.O. Bentley aber befand spontan, ein noch größeres Triebwerk müsse her. Gedacht, gesagt und getan – ab 1926 verließ der majestätische "Big Six" das Werk in Cricklewood, letztlich die ultimative Variation zum Thema 3-litre, mit 6597 cm³ und 147 PS in der Standard-Ausführung. Dies war bereits ein kleiner Sieg im Prestigematch etwa gegen den Rivalen Hispano-Suiza H6, dessen Lenker bei gleichem Volumen mit nur 135 PS auskommen mußte. Im direkten Gang ließ sich der 6-litre, in jedem Fall ein Trumm von über zwei Tonnen, ruckfrei von fünf auf 135 km/h beschleunigen.

Der Rahmen war durch eine rohrförmige Querstrebe verstärkt worden, die Vorderachse aus hochklassigem Stahl, um mit der eindrucksvollen Verzögerung durch die Perrot-Bremsen – ab 1927 mit einer Dewandre-Servounterstützung – umgehen zu können.

Der "Six" konnte mit drei Radständen geordert werden, 3350 mm, 3655 mm und 3807 mm. Auf dem längsten entstanden fürwahr riesige Mobile, mit bis zu 5076 mm ebenso gestreckt wie der Phantom 1 oder das Modell 45 HP des Hoflieferanten Daimler.

Spät im Jahre 1928 rundete die Sportversion Speed Six mit grünem Label die Bentley-Palette nach oben ab, W.O.s erklärtes Lieblingsauto. Üppig ernährt von zwei SU-Vergasern und mit 5,1 : 1 (Standard: 4,4 : 1) höher verdichtet, war diese auf 160 PS bei behäbigen 3500/min erstarkt. Später trug ein geänderter Motorblock noch einmal 20 weitere PS bei und hievte die Höchstgeschwindigkeit auf den unvermeidlichen Renommierwert von 100 Meilen pro Stunde.

Erkennbar war der Speed an seinem senkrecht abfallenden Kühlerrahmen, wo sich die Einfassung am Normal-"Six" im unteren Bereich sanft nach innen rundete.

Ein kurzer Speed Six war paradoxerweise länger als die vergleichbare Standard-Variante, um sportiv-flachen und niedrigen Aufbauten à la mode entsprechenden Spielraum freizumachen, etwa Boat Tails, mit Textilien überzogenen Saloon-Karosserien oder Sportsman-Coupés mit Scheiben wie Schlitzen und schnittigen Trittbrettern, die Flügelprofile nachzeichneten. Wieder sorgten die Bentley-Boys für Furore und Schlagzeilen der Regenbogenpresse, durch ihre Le-Mans-Siege 1929 (Woolf Barnato und Henry Birkin) und 1930 (Barnato und Glen Kidston) sowieso, aber auch durch flotten Lebenswandel und durch ihre privat gefahrenen Bentley vom Feinsten.

545 "Sixes" hatten das Licht der Autowelt erblickt, davon 182 in Gestalt des Speed, als ein 8-litre folgte. Da waren die Tage der Bentley Motors zu Cricklewood, bereits gezählt, die seit 1927 ohnehin nur noch noch durch eine generöse Scheck-Therapie des Millionärs, Sportsmanns und Le-Mans-Dreifachsiegers Captain Woolf Barnato am Leben gehalten worden war. Im Mai 1931 trat man den bitteren Weg in die Liquidation an. Rolls-Royce erwarb Aktivposten, Namen und die Dienste von W.O. Bentley, den das neue Umfeld jedoch verdroß. 1935 setzte er sich vergrätzt zu Lagonda ab.

BMW Wartburg, Bj. 1930. Vierzylinder-Reihenmotor. 748,5 cm³.
18 PS. 90 km/h. Leihgeber: Dr. Jürgen und Hannelore Klöckner

Heinrich Ehrhardt, Sohn eines thüringischen Waldbauern und auch neckisch "Der kleine Kanonenkönig" geheißen, war der Gründervater der Fahrzeugwerke Eisenach. Als die Dinge nicht so recht liefen, nahm er 1903 seinen Hut. Seine Abschiedsrede soll mit "dixi" geendet haben, "ich habe gesprochen", der stereotypen Schlußformel römischer Rhetoren.

Mit dieser drollig-einprägsamen Vokabel benannten seine Nachfolger kurzerhand das Produkt. Sie deckte eine strotzende Vielfalt von Typen ab, vom bollernden Einzylinder T 7 mit 1234 cm³ bis hin zur säuselnden "Salonlimousine" U 35 mit 7,3 Litern. Als das Unternehmen Mitte der Zwanziger erneut in die Bredouille geraten war, erbarmte sich der berühmt-berüchtigte Spekulant Jakob Schapiro, natürlich in wohlverstandenem Eigeninteresse, und verleibte es seinem Firmenimperium ein.

Rationalisierung war das Gebot der Stunde, und so kam Schapiro auf eine clevere Idee. Großbritanniens Kleinwagen mit der größten Verbreitung war der Seven der Austin Motor Company in Birmingham, eine karge Fahrmaschine mit dem Komfort eines dünn besiedelten Nagelbretts, aber eben auch ein richtiges Auto mit vier (ziemlich miserablen) Bremsen, vier Zylindern, 750 cm³ Hubraum und 15 PS. Schnell kam man überein, daß die Dixi-Werke den winzigen Briten als Lizenzbau in der Weimarer Republik verbreiten würden.

Als Dreingabe trafen im Juni 1927 hun-

dert Seven auf dem Bahnwege in Eisenach ein, noch im Urzustand mit Rechtslenkung und Magnetzündung. Dies stehe für "mag net" (ich will nicht), spotteten zeitgenössische Karikaturen, und so wurde später eine Batterie eingebaut. Im Dezember desselben Jahres begann im Schlagschatten der Wartburg mit 42 Exemplaren die eigene Fertigung als Dixi 3/15 PS DA1, was sich als Dixi Austin oder "Deutsche Ausführung" deuten ließ.

Auf der Berliner Autoschau 1928 stellte man den Kleinen in "vier wunderhübschen Modellen" vor, nämlich als Roadster, Tourer, Coupé und Limousine. Um den Absatz des Leichtgewichts anzukurbeln, griffen die Werbetexter zugleich gewaltig in die Leier: "Der Dixi ist schlank und geschmeidig wie ein sportlich gestählter Körper .... fordert nicht mehr Pflege als Ihre Kleider oder Ihr Schuhwerk... Sein Betrieb kostet Sie nicht mehr als die Benutzung der Straßenbahn."

Erschwinglich und genügsam war er in der Tat: Der Tourer kostete in der Endphase im April 1929 ganze 2200 Reichsmark, was auch in 24 Monatsraten à 93 Mark abgestottert werden konnte. Und an der Zapfsäule war er mit einem Verbrauch von im Schnitt sechs Litern ein seltener Gast. 1928 und '29 rollten 9308 Dixi DA1 auf ihren hohen und dünnen Speichenrädern aus dem Werk, 4831 davon Tourer, auf dem Kühlerdeckel der putzig galoppierende Zentaur als Symbol der Marke. Angesichts eines Schuldenbergs von 10 Millionen Mark war der Erlös indessen nur ein Tropfen auf den heißen Stein.

Am 16. November 1928 kam BMW zur Hilfe. Unter dem Schutz und Schirm der Bajuwaren wurde der DA1 noch ein halbes Jahr so belassen, wie man ihn vorgefunden hatte. Im Juli 1929 folgte die Metamorphose 3/15 PS Typ DA2, allerdings auf den Firmennamen BMW umgeflaggt. "Innen größer als außen" lautete ein vielzitierter Werbeslogan. Die gewollte Paradoxie war nicht unberechtigt, da man beispielsweise die Trittbretter entfernt und dem verblüffend simplen Fahrwerk einen breiteren Aufbau übergestreift hatte.

Entschieden sportlicher gab sich 1930 der BMW Wartburg (DA3) , ein 150 Mal aufgelegter hübscher Zweisitzer mit drei Mehr-PS, einem Aluminium-Aufbau und Bootsheck, umlegbarer Frontscheibe und einer gekröpften Achse vorn. Die vordere Schwingachse der Ausbaustufe DA4 ab Februar 1931 blieb ihm zur Erleichterung der Kunden erspart.

Delage D8-120S de Villars Bj. 1938. Achtzylinder-Reihenmotor. 4750 cm³. 115 PS. 155 km/h. Leihgeber: Sam und Emily Mann

Von Louis Delage (1874-1947) ist handschriftlich die Aussage überliefert, er würde sich lächerlich machen, wollte er behaupten, daß seine Autos vollkommen seien. Perfektion sei nun mal nicht von dieser Welt. Aber er könne unbedenklich bestätigen, daß gegenwärtig kaum ein besseres Ganzes vorstellbar sei. Das waren keineswegs leere Worte, und sie bezogen sich auf die Achtzylinder, mit denen Delage 1929 in das Segment der Luxuswagen vorstieß, nachdem er sich bereits im Grand-Prix-Sport einen Namen gemacht hatte. Sein Mitarbeiter Maurice Gaultier zeichnete verantwortlich für ihre Motoren, aufwendig konstruiert mit einer kettengetriebenen seitlichen Nockenwelle, ihrer schwingungsgedämpften und gut ausgewuchteten Kurbelwelle in fünf großen Gleitlagern sowie hohlgebohrten Pleueln für bessere Öldurchblutung. Überhaupt wurde auf gute Schmierung großer Wert gelegt. Verblockt mit dem Viergangetriebe, waren sie in ein konventionelles, stämmig verstrebtes und rigides Chassis eingebettet. Beide Achsen hingen an flachen Halbelliptikfedern, und die Kabelzugbremsen arbeiteten bereits mit einer Servounterstützung von Dewandre.

Beflügelt von Delages Slogan "La Belle Voiture Francaise" und dem lebhaften Interesse der Stars von Bühne und Leinwand, riß sich die Creme der französischen Auto-Couturiers förmlich darum, seine soliden Kreationen vom zweisitzigen Roadster bis hin zur feudalen Limousinen angemessen in Schale zu bringen. Chapron, Duvivier, Figoni & Falaschi, Fernandez & Darrin, Gaston, Grummer, Kellner, Letourneur & Marchand, Pourtout, Saoutchik oder van Vooren – das waren lauter erste Adressen in der Branche und die von ihnen eingekleideten Delage Seriensieger auf den Concours d'élégance.

Da war der D8, vorgestellt auf dem Pariser Salon von 1929, schon bis zu 100 PS stark und 140 km/h schnell mit dem langen Radstand von 3450 mm. Da war der D8S von 1931 auf einem niedrigeren Chassis, kürzer (Radstand 3310 mm), sportlicher und mit einer schärferen Nockenwelle und 125 PS zu über 150 km/h fähig. Da war ein Jahr später das Topmodell D8SS mit 3050 mm Radstand als Grand Sport, der 140 PS leistete und mit seiner Höchstgeschwindigkeit von 160 km/h Furore machte, obwohl sein Chassis allein 1315 kg auf die Waage brachte.

Nicht annähernd so populär wie etwa der Wahlfranzose Ettore Bugatti, jedoch Champagner, Weib und Gesang von Herzen zugetan, feierte Louis Delage rauschende Feste auf seinem Château de Pecq oder seiner seetüchtigen Yacht Oasis. Aber immer mehr klafften sein Anspruch an das Leben und der Erlös aus den Verkäufen seiner erlesenen, aber seltenen Geschöpfe auseinander. 1937 wurden die Automobiles Delage, Paris, von Delahaye übernommen und ihr Gründervater mit einer kümmerlichen Rente abgespeist, Bedingung: er habe sich fortan aus allem herauszuhalten. Er hinterließ seinen guten Namen, hinter dem Signet Delage indessen verbarg sich künftig die Technik des früheren Konkurrenten.

Das galt zum Beispiel für den D8-100 von 1936 mit 4,3 Litern und ziemlich lahmen 90 PS, dessen Achtzylinder entstanden war, indem man einer Delahaye-Maschine mit sechs Verbrennungseinheiten zwei weitere angefügt hatte. Das galt für den D8-120 zwischen 1937 und 39, mit 4,7 Litern und 115 PS zu 160 km/h in der Lage und etwa in der Schweiz 200 Franken teurer als ein Bugatti 57 S. Erkennbar war er an vier außenliegenden Auspuffrohren in Chromschläuchen. Sein Cotal-Vorwählgetriebe wurde allgemein als große Erleichterung empfunden, und die Einzelradaufhängung vorn an einer Querblattfeder und Querlenkern verbesserte die ohnehin gute Straßenlage noch weiter. Louis Delage aber führte später ein Leben in Demut und unternahm zum Beispiel Pilgerreisen von Paris nach Chartre – zu Fuß.

Mercedes-Benz Mannheim 370 S Cabriolet A, Bj. 1931. Sechszylinder-Reihenmotor. 3689 cm^3. 75 PS. 115 km/h. Leihgeber: EFA Museum Amerang

Beim Dreilitertyp 300, erstmalig gezeigt auf der Berliner Automobil-Ausstellung im Oktober 1926 und dann zügig mit Sechszylindermotoren von 3,2 und 3,5 Litern zum 320 und 350 aufgerüstet, handelte es sich in den Worten von Mercedes-Chronist Werner Oswald um "ein großmächtiges Monstrum", dessen "Konstruktion sich mehr nach den Gesetzen des Maschinen- und Lokomotivbaus zu richten schien als nach jenen der Automobiltechnik".

Intendiert war er gleichwohl für eine Nische in der gehobenen Mittelklasse, in der Haus-Hierarchie unterhalb der S-Modelle oder auch des 630 angesiedelt, die einfach noch viel hubraumgewaltigere Triebwerke ins Feld führten. Sein Konstrukteur Ferdinand Porsche verließ die Daimler-Benz AG 1928 in schlechtestem Einvernehmen und wurde am 1. Januar 1929 für ein kurzes Intermezzo technischer Gesamtleiter der Steyr-Werke. Da hatte sich bereits Hans Nibel, vom selben Tage an als sein Nachfolger offiziell zuständig für Konstruktion und Technik, des ungeschlachten Problemkinds liebevoll angenommen. Er formte die Hypothek des eigenbrötlerischen Österreichers um in einen Hit, jedenfalls was ihre Attraktivität anbelangte – ihre Verbreitung blieb mit 2636 Exemplaren überschaubar. Als Hommage an die alte Benz-Garnison nannte Nibel das neue Produkt Mannheim, vorgestellt im Herbst 1929.

Bis zum Ende seiner Tage anno 1934 in einer stattlichen Palette aufgefächert, schmeichelte er sich ein durch vernünftige Dimensionen und gefällige Linienführung. Durchaus konventionell war sein Fahrwerk, allein schon bis zu 1260 kg schwer, ein U-Profil-Preßstahlrahmen mit Starrachsen, Halbelliptikfedern vorn und Underslung-Halbfedern hinten. Auf den Mannheim 350 (auch in der Abfolge von Steuer- und realen Pferdestärken 14/70 PS genannt) folgte noch im selben Jahr der 370 (oder 15/75 PS). Am 370 K (für Kurz) ein Jahr später hatte man den Radstand von 3200 mm auf 3025 mm und mit ihm die noch immer beträchtliche Länge von 4900 mm auf 4650 mm zurückgeschnitten, für den 370 S (für Sport) ebenfalls von 1930 den Radstand ein weiteres Mal auf 2850 mm verknappt.

Ausschließlich als Sport-Roadster und Sport-Cabriolet gebaut, avancierte der 370 S mit seinem schmalen Motortrakt, den breiten und weit ausschwingenden vorderen und den knapp gerundeten hinteren Kotflügeln sowie seinen schönen Speichenrädern zum Star der Baureihe. 1932 kostete er 10 800 beziehungsweise 12 800 Reichsmark, eine preiswürdige Alternative zum sündhaft kostspieligen Premium-Mercedes SSK, dessen Anschaffung als Sport-Zweisitzer zum gleichen Zeitpunkt mit 33 000 Reichsmark zu Buche schlug. Gleichwohl blieb es bei einer Population von nur 183 Einheiten, die vor allem durch ihre schmissige Linienführung bestachen. Wer sich einen 370 S leisten konnte, war meistens bereits zu alt für ihn, denn bei geschlossenem Verdeck verlangte der Einstieg nach jugendfrischer Biegsamkeit.

Die fahrerischen Qualitäten der berühmten Werkspiloten Rudolf Caracciola oder Manfred von Brauchitsch waren allerdings nicht erforderlich, denn der schmucke Salonsportler war weder sonderlich stark noch übermäßig schnell. Seine Spitzengeschwindigkeit verließ mit 115 km/h keineswegs den Bereich des Gemächlichen, wogegen die 185 km/h beispielsweise des SSK auf den damaligen Straßen durchaus eine Herausforderung bildeten.

Es hatte übrigens nicht nur mit dem Namen sein Bewenden: Die Fertigung des Modells schulterten die Daimler-Benz-Standorte Stuttgart und Mannheim arbeitsteilig. In Mannheim wurden 350 und 370 als Limousine, Pullman-Limousine, Tourenwagen und Cabriolet hergestellt, in Untertürkheim die Versionen K und S.

Bugatti Typ T46/50 Super Profilèe, Bj. 1933. Achtzylinder-Reihenmotor. 4972 cm³. 225 PS. Über 170 km/h. Leihgeber: Automobil-Nationalmuseum-Mülhausen

Der Typ 50 auf dem Pariser Salon 1930 war ein Indiz dafür, dass sogar der Genius Ettore Bugatti die Trends nicht immer selber setzte, sondern auch manchmal dem Zug der Zeit folgte. Schon seit ein paar Jahren hatte auf den

Rennstrecken die Konkurrenz von Alfa Romeo (etwa mit dem P2) und Maserati (beispielsweise in Gestalt des Typs 26B) seine eigenen Autos und Piloten mit Doppelnockenwellen-Triebwerken das Fürchten gelehrt.

Mit solchen waren auch die beiden Miller-("Packard Cable")-Specials ausgestattet, die Leon Duray 1929 aus den Vereinigten Staaten zu Rekordfahrten in Montlhéry und Monza herübergebracht hatte. Bugatti erwarb die beiden Exoten kurzerhand und verwandelte die Architektur ihrer Maschinen zunächst dem T50 an. Die beiden obenliegenden Nockenwellen von dessen Achtzylinder mit 4972 cm³ Volumen wurden in Trab gehalten von einem rasenden Puzzle von Zahnrädern an der Stirnseite des Motorblocks. Via Winkeltrieb und Kegelräder hielt dieses links die Wasserpumpe und rechts das Roots-Gebläse zu Arbeit an, das mit anderthalbfacher Drehzahl der in neun Gleitlagern rollenden Kurbelwelle lief. Sie wirkten auf lediglich zwei Ventile je Verbrennungseinheit ein, im Winkel von 96 Grad angeordnet in fast perfekt halbkugelförmigen Brennräumen, die von jeweils zwei Zündkerzen befeuert wurden. Unterhalb des Kompressors waren zwei Vergaser von Schebler oder Zenith angeflanscht. Wieder bildeten Kopf und Block eine Einheit, womit man sich Verdruß mit Dichtungen vom Leibe hielt.

Mit 225 PS war der Fünfliter bärenstark und überdies ungemein geschmeidig. Die zweite Nockenwelle – nicht zuletzt ein Statussymbol vom Feinsten – kam den Kunden allerdings teuer zu stehen: 1932 zum Beispiel mußte dieser für das Fahrgestell des T50 fast das Doppelte entrichten wie für das Chassis des Typs 46, von dem es entlehnt war, ein trotziger Rahmen aus Längsträgern und Querstreben mit Halbelliptik-Blattfedern vorn und den markenspezifischen umgedrehten viertelelliptischen Federn hinten.

Während bei jenem, einem gleichsam aufs Vernünftige geschrumpften Royale, über 3500 mm Radstand meist Innenlenker-Karosserien, gelegentlich Cabriolet- und selten Coupé-de-Ville-Aufbauten errichtet wurden, war der T50 um 400 mm kürzer. Eingekleidet wurde er nach Entwürfen Jean Bugattis von schöner Willkür häufig bei Gangloff (vormals Widerkehr) in Colmar, als Coupé, Cabrio oder offener Tourer, 65 an der Zahl. Mit 67 km/h im ersten, 122 km/h im zweiten und über 170 km/h im dritten Gang durfte sich der T50-Pilot als König der Landstraße fühlen.

König der Rennbahn wollte Ettore Bugatti beim 24-Stunden-Rennen von Le Mans 1931 sein, wo er drei leichte Roadster mit schwarz lackierten und mit Kunstleder überzogenen Karosserien und der Elite-Streitmacht Chiron, Varzi, Divo, Bouriat, Conelli und Rost einsetzte. In Führung liegend, mähte Maurice Rost indessen nach einem Reifenplatzer bei Tempo 185 einen Zuschauer nieder, und die restlichen Wagen wurden zurückgezogen. Dem Typ 50 haftete künftig der Ruf eines Unglücksautos an.

Umso mehr war Bugatti dem T46 zugetan, der gleichwohl öfters von ärgerlichen kleinen Problemen geplagt wurde. Ein Pariser Kunde suchte deswegen mit seinem Exemplar ab und an die Fabrik in Molsheim auf. Eines Tages begegnete ihm der "Patron" auf dem Flur des Verwaltungstrakts. "Monsieur, sind Sie der Mann, der seinen Typ 46 dreimal hierher zurückgebracht hat?", fragte Bugatti. Das sei in der Tat so, sagte der Mann hoffnungsvoll. "Sehen Sie ja zu, daß sowas nicht noch mal passiert", war die drohende Antwort.

Alfa Romeo 8C 2300, Bj. 1931. Achtzylinder-Reihenmotor. 2336 cm³. 160 PS. 180 km/h. 9,4 s 0 – 100 km/h. Leihgeber: Peter Reck

Der 8C 2300 entstand unter widrigen Umständen. Doch während das Mailänder Unternehmen, 1930 zur S.A. Alfa Romeo umgewidmet und ab 1933 Pflegefall in der fürsorglichen Obhut des Staatssanierers I.R.I. (für Istituto Ricostruzione Industriale) vom schnöden Sog der Weltwirtschaftskrise gebeutelt wurde, schufen Chefingenieur Vittorio Jano und die Männer um ihn ein Stück bestechender Technik.

Das traf besonders auf den Motor zu, von den Zeitgenossen hymnisch als in Metall gegossene Skulptur gefeiert und in die Nähe der feingliedrigen Bugatti-Triebwerke gerückt. Das Volumen der acht Zylinder, eingebettet in zwei identische Blöcke mit je vier Verbrennungseinheiten mit den Maßen 65 x 84 mm wie im 6C 1750, addierte sich zu 2336 cm³ Hubraum. Sie bestanden ursprünglich aus Grauguß, bald jedoch aus Leichtmetall wie bereits Kopf, Kurbelgehäuse und Kolben.

Zweigeteilt in je fünf Lagern rotierte auch die massive Kurbelwelle, nach bewährtem Jano-Usus pedantisch ausgewuchtet und hochglanzpoliert. Die Doppel-Lösung empfahl sich nicht zuletzt als Maßnahme gegen eine ungebührliche Torsion. Zweiteilig waren schließlich die beiden Nockenwellen, hohlgebohrt aus Gründen der Gewichtsminimierung. Sie wurden von der Mitte des Maschine her über zwei Zahnräder angetrieben, die auch den an deren rechter Seite angeflanschten Kompressor zur Arbeit anhielten.

Dieser wurde bei Alfa Romeo selbst nach dem Roots-Prinzip gefertigt, entzog das Gemisch einem Memini-Vertikalvergaser und verpflegte den Achtzylinder mit 1,3-facher Geschwindigkeit der Kurbelwelle und einem Druck von 0,65 kg/cm³. Wie beim 6C 1750 verzichtete man auf einen Ventilator, kehrte indes zum Trockensumpfprinzip zurück. Ein Behältnis unter den Sitzen enthielt zwölf Liter Schmiermittel. Janos tosendes Meisterstück leistete 142 PS bei 5000/min, in seinen heißesten Ausbaustufen für den Rennbetrieb bis zu 165 PS bei 5400/min, und drehte beflissen hoch. Vor allem in den unteren Fahrstufen empfahl sich beim Umgang mit dem Gaspedal mittig zwischen den beiden anderen und dem in einer Kulisse geführten rigiden Schaltstock unbedingt, den Drehzahlmesser aufmerksam im Auge zu behalten.

Das Fahrwerk gab sich vergleichsweise simpel und konventionell: zwei Längsträger mit einfachen Querstreben, an Halbelliptikfedern aufgehängte Achsen, Reibungsstoßdämpfer (die hinteren von der Armaturentafel her einstellbar), Rudge-Räder. Die Verzögerung durch die großen Bremstrommeln entsprach nicht unbedingt ihrer optischen Anmutung und verlangte überdies nach einem gestählten Sportlerbein.

Zwei Chassis wurden für die 188 Exemplare des 8C 2300 insgesamt angeboten, mit Radständen von 2750 mm ("Corto") etwa für die Spider mit Aufbauten von Touring oder Zagato und 3100 mm ("Lungo") für die viersitzigen Versionen, die vom Werk selbst oder bei Spezialisten wie Castagna oder Vandenplas eingekleidet wurden.

Der frühe Einsatz des Modells bei der Mille Miglia im April 1931, mit dem man

dem mächtigen Mercedes SSKL von Rudolf Caracciola Paroli bieten wollte, entpuppte sich als Waterloo, wenn auch unverschuldet von der Technik: Alfa-Pilot Luigi Arcangeli landete bei Verona im Graben, Kollege Tazio Nuvolari nach 18 Reifenwechseln nur auf Rang neun.

Knapp einen Monat später hielt sich der "fliegende Mantuaner" schadlos mit einem Sieg bei der Targa Florio. Im folgenden Jahr gewann der 8C 2300 das 1000-Meilen-Rennen, die 24 Stunden von Le Mans ab 1931 sogar viermal hintereinander.

Hispano-Suiza J12 T68 (Sport Torpedo), Bj. 1933. V12. 9424 cm^3.
200 PS. 185 km/h. Leihgeber: Friedhelm Loh

Der Zwölfzylinder von Marc Birkigt dominiert den Salon 1931 und wird den Ruf seiner unbestreitbaren Überlegenheit weit hinaustragen", schrieb die angesehene Publikation Omnia anläßlich der Pariser Autoausstellung in jenem

Jahr. Ihre guten Worte bezogen sich auf den Hispano-Suiza Typ 68 54CV, die jüngste Kreation des Genfer Ingenieurs Marc Birkigt (1878-1953), der sich seit 1904 mit Barcelona als Wirkungsstätte und ab 1911 auch unter zwei Anschriften im Großraum Paris mit Automobilen der Premiumklasse einen Namen gemacht hatte.

Es war wohlgemerkt das Jahr zwei der Weltwirtschaftskrise. Auf deren steinigem Boden gediehen gleichwohl solche kostbaren und -spieligen Blüten wie der Rolls-Royce Phantom II oder der Duesenberg J, die der Gigant mit der markanten Storch-Maskotte tunlichst in allen Punkten ausstechen sollte. Seinem friedlichen Auftritt als Salonlöwe war ein spektakulärer Stunt vorausgegangen: Der französische Journalist Charles Faroux düste mit dem künftigen Exponat im Renntempo von Paris nach Nizza und retour, und anschließend parkte man es im Showroom auf den Champs-Élysées auf schneeweißem Papier, ohne daß ein Tröpflein Flüssigkeit ein noch so winziges Leck verraten hätte.

Es war ja auch alles vom Besten. Sein samtener V12 mit einem Gabelwinkel von 60° und festen Köpfen aus Aluminium schöpfte aus 9424 cm^3 urige 200 PS bei 2400/min. Im Unterschied zu den Sechszylindern der Marke mit einer obenliegenden Nockenwelle hatte Birkigt der Ventilbetätigung über Stoßstangen und Kipphebel von deren Standort in der Mitte des Kurbelgehäuseoberteils zwischen den beiden Blöcken aus den Vorzug gegeben. Die Kurbelwelle, aus einem Rohling aus hochwertigem Stahl befreit, rotierte im Zuge einer ausgeklügelten Druckumlaufschmierung vielfältig ausgebohrt in sieben Gleitlagern. Die Doppelzündung arbeitete mit insgesamt vier Spulen und einem Verteiler pro Bank, für die auch jeweils ein Doppelvergaser Solex Hispano-Suiza zuständig war, vorgewärmt durch die Emissionen des Auspuffs.

Mit dem Motor verblockt war das Dreiganggetriebe mit seiner geräuscharmen zweiten und direkten dritten Fahrstufe. Der robuste Rahmen des J12 glich im Prinzip denen der übrigen Modelle des Nobel-Labels, nur daß er der Straße näher war mit Längsträgern, die man über der Hinterachse gekröpft hatte. Die beiden Starrachsen hingen an langen Halbelliptikfedern, unterstützt durch Repusseau-Stoßdämpfer, welche vom Fahrersitz aus verstellt werden konnten. Der Radstand betrug zunächst 3810 mm, später aber auch 3420, 3710 sowie 4010 mm.

Um angemessene Bekleidung und damit um die Gunst des Publikums und der Jurys bei diversen Concours d'Élégance riß sich die Creme der französischen Karossiers wie Van Vooren, Franay, Binder, Million- Guiet, Letourneur & Marchand oder Jacques Saoutchik in Neuilly. Von dessen Pariser Chic zeugte etwa ein höchst attraktiver zweiplätziger Roadsteraufbau, wie er die Evolutionsstufe T68bis ab 1934 schmückte. Deren Herzstück bestand in ihrem mächtigen 11 310-cm^3-Triebwerk. Ähnlich wie Ettore Bugatti hatte Marc Birkigt seine V12-Motoren als Vielzweckwaffen ausgeformt. Sie verrichteten unter anderem unauffällig und verläßlich ihren Dienst in den Schnelltriebwagen der französischen Eisenbahn. Zu diesem Zweck war der Hub, vorher identisch mit der Bohrung, von 100 auf 120 mm vergrößert worden. Die Leistung wuchs auf 220 PS, die aller-

dings mit durchschnittlich 32 Litern Kraftstoff je 100 Kilometer bei Laune gehalten werden wollten. Dafür machten sie den Hispano-Suiza T68bis, immerhin ein Schwergewicht von über zwei Tonnen, mit einer Spitze von 175 km/h und baren zwölf Sekunden auf 100 km/h zu einem ungemein munteren Auto.

Bugatti Typ 55 Super Sport, Bj. 1932. Achtzylinder-Reihenmotor. 2262 cm³. 130 PS.
Ca. 180 km/h. 13,1 s 0 - 100 km/h. Leihgeber: Mr. und Mrs. Peter Williamson

Das Sortiment der Automobiles E. Bugatti, Molsheim, Bas-Rhin, umspannte in den frühen Dreißigern ein breit gefächertes Spektrum, vom Einstiegsmodell Typ 40 über die Tourenwagen T44, 46 und 49, die Sportwagen T43 und 55, den großkalibrigen Gran Turismo T50 bis hin zum Typ 41 Royale, eine königliche Karosse mit fast 13 Litern Hubraum und 4300 mm Radstand für eine Handvoll Potentaten. Dazu gesellten sich diverse Rennautos wie der Grand-Prix-Typ 59, der im Kampf gegen die übermächtige deutsche Konkurrenz in Silbergrau gleichwohl zum armen Schlukker verkam.

Möglich wurde diese Artenvielfalt in einem derart kleinen Unternehmen durch ein ausgeklügeltes Baukastensystem. Und wie immer bei Bugatti war das Ganze viel mehr als die Summe seiner Teile. Das galt zum Beispiel für den Typ 55 Super Sport. Er war von Ettores Sohn Jean angestoßen worden und hielt mit seiner Präsentation beim Pariser Salon im Oktober 1931 Einzug in die Träume vieler, mit lediglich 38 Exemplaren indessen in die gelebte Realität von nur wenigen – wie des Duc de Trémoile, der das Exponat vom Fleck weg erstand.

Das Chassis mit einem Radstand von 2750 mm stammte von dem Grand-Prix-Modell T47, einem Sechzehnzylinder, dem auf den Pisten nur eine kurze Verweildauer beschieden gewesen war. Die Achtspeichen-Leichtmetallräder mit eingegossenen Bremstrommeln hingen nach bewährtem Bugatti-Brauch vorn an Halbelliptik-Blattfedern, hinten an Viertelelliptikfedern. Die Reibungsstoßdämpfer an beiden Achsen konnten vom Fahrersitz her verstellt werden.

Der Formelrennwagen Typ 51 steuerte seinen Achtzylinder von 2262 cm³ bei mit zwei durch einen veritablen Pulk von Zahnrädern angetriebenen obenliegenden Nockenwellen, je zwei Ventilen im Winkel von 96 Grad und einer Zündkerze pro Brennraum, die im Unterschied zu anderen Bugatti-Triebwerken stets verläßlich freigebrannt wurde. An seiner rechten Seite angeflanscht, setzte ein Roots-Kompressor das komplexe und in seiner Vielfalt dennoch schöne Aggregat unter einen Druck von 0,85 bar. Es war um 50 auf etwa 130 PS beschwichtigt worden, ließ indessen Insassen und Umwelt im Crescendo und Diminuendo eines wüsten Concerto Grosso über seine Tätigkeit nie im unklaren: Allein schon Gebläse und Antrieb, berichtete Motor Sport im Juli 1932 tief beeindruckt, entwickelten ein kerniges Geräusch, das wie ein vielstimmiges Hurra klinge.

Die Werksliteratur hielt ein paar aufschlußreiche Angaben bereit, etwa, dass der Typ 55 um die 16 Liter Kraftstoff sowie 0,1 Liter öl auf 100 Kilometer verbrauche, während die verheißenen 195 km/h Spitze zweifellos dem Reich der Phantasie entlehnt waren. Seine Linie stammte in der Regel aus der Meisterfeder von Jean Bugatti, meist zweisitzige und in zwei Farben – gerne Rotschwarz oder Schwarzgelb – gehaltene Roadster ohne Türen. Zum Aufsitzen luden tiefe Einkehlungen in den Flanken über den Trittbrettern ein. Diese befanden sich im Tal der Kotflügel, die sich nach einem sanften und dennoch schmissigen Abschwung vom höchsten Punkt neben den Scintilla-Scheinwerfern zu knapper Rundung oberhalb der Hinterräder aufwarfen. In das gefällig sich verjüngende Heck war der Deckel des Gepäckabteils eingelassen, das notfalls einem weiteren Passagier als ungemütliche Unterkunft dienen mochte.

Ein parallel gefertigtes Coupé stand dem offenen Typ 55 an Attraktivität nicht nach, ohne allerdings dessen Charisma zu erreichen: Er sei, schwärmten Mit- und Nachwelt, eines der schönsten Autos, die je gebaut worden seien.

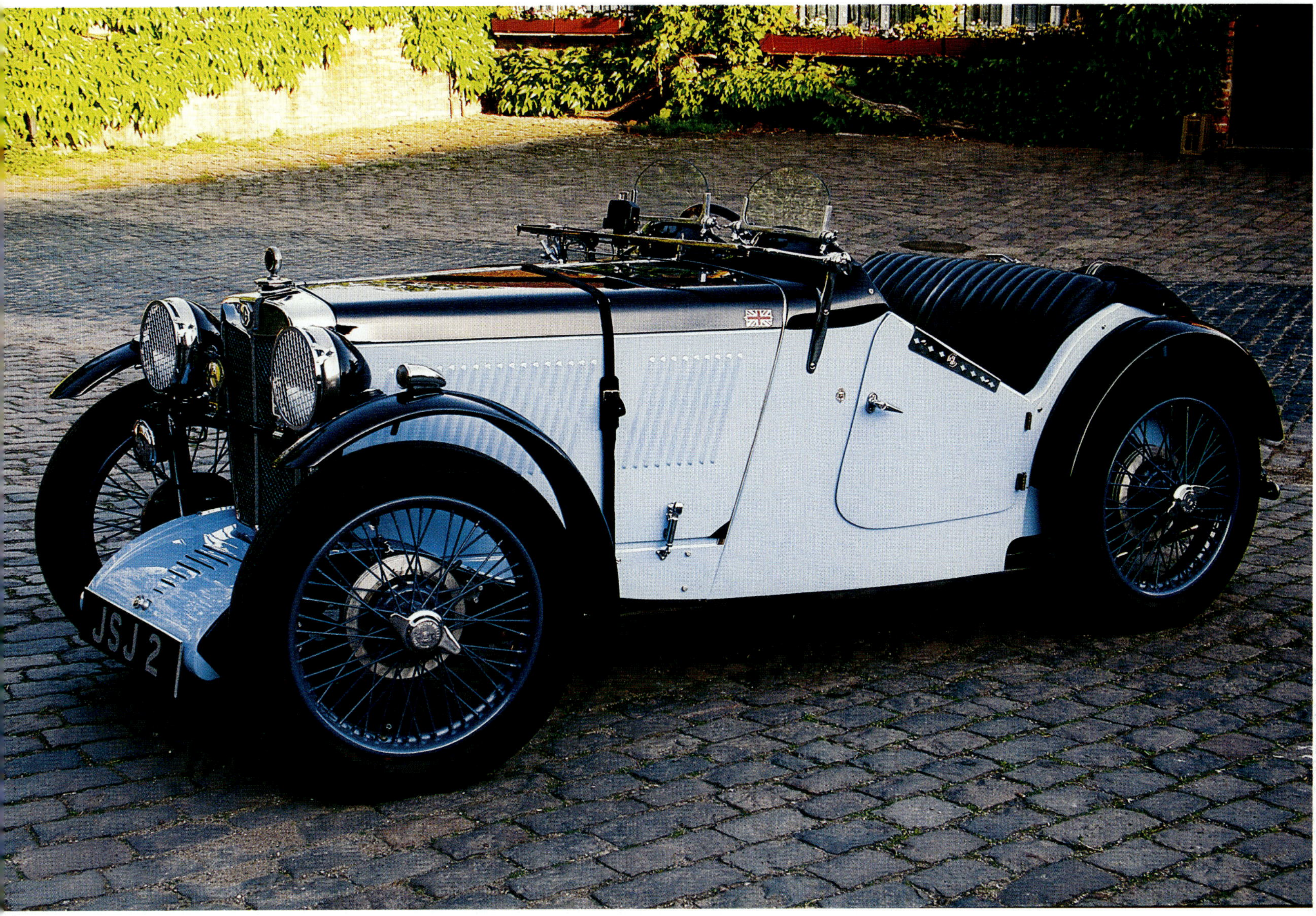

MG J2, Bj. 1932. Vierzylinder-Reihenmotor. 847 cm^3. 36 PS.
113 km/h. Leihgeber: Joachim C. Schairer

Beim MG Midget handelt es sich um eines jener genialen Designs, die sogar jetzt kaum Runzeln angesetzt haben, ein Vierteljahrhundert nach seiner Einführung", schrieb George Oliver in seiner Geschichte des Karosseriebaus

(A History of Coachbuilding). Das war 1962, und der MG TF als letzter seines Schlages hatte sieben Jahre zuvor das Zeitliche gesegnet, beweint von vielen.

Die Idee des Midget aber lebte weiter und wird noch heute durch allen Zeitenwandel hindurch verkörpert durch das damalige Konkurrenzfabrikat Morgan. So liebenswert war das Produkt, das MG-Boß Cecil Kimber 1932 in die Welt setzte, daß er gar nicht erst bis zum traditionellen Forum der Londoner Olympia Motor Show im Herbst wartete. Er erlag dem Charme des kessen Kurzen prompt selbst und präsentierte ihn bereits Anfang August. Kimber hatte seinen ersten MG (für Morris Garages) als Inhaber einer Morris-Vertretung 1923 in Oxford hergestellt und 1929 neue Räumlichkeiten im leerstehenden Teil einer Lederfabrik zu Abingdon an der Themse bezogen, zwölf Kilometer von seiner bisherigen Garnison entfernt.

In der Tat gab der J2, bis 1934 in 2083 Exemplaren zwecks Sport und Spaß gefertigt, für geraume Zeit vor, wie ein englischer Sportwagen auszusehen habe. Markante Merkmale bildeten die fest angebauten Motorradkotflügel – ab 1933 verschönten flotte vordere Schwingen und Trittbretter sein Erscheinungsbild. Dazu gehörten auch die umlegbare Frontscheibe, der Doppelhöcker über dem Armaturenbrett, die tief eingekerbten Türen, das schroff abfallende Heck, an das sich ein externer 60-Liter-Tank anlagerte, huckepack gefolgt vom Reserverad. Natürlich kam der J2 nicht von ungefähr, sondern vereinte in sich die Züge zahlreicher An- und Artverwandter. Beim Aufspüren seiner Gene muß sich der Chronist indes davor hüten, sich in dem Kürzel-Chaos zu verhaspeln, das seine Väter bei ihrem sorglosen Schweinsgalopp durch das Alphabet anrichteten.

Da war der M-Type von 1928, ganze 500 kg leicht mit seinem stoffbespannten und später stählernen Aufbau, den der Spezialist Carbodies in Coventry anlieferte. Sein 847-cm^3-Triebwerk, erst 20, später 27 PS stark, stammte im Prinzip vom Morris Minor und wurde nach Art der Alten im Thermosiphon-Verfahren gekühlt. Es war aufwendig aufbereitet mit einer obenliegenden Nockenwelle, die von einer Königswelle zum Schaffen angeregt wurde. Der M begründete die lange Reihe der insgesamt 8500 Vorkriegs-Midgets bis 1937.

Da war der C-Type Jahrgang 1931, ein Kurzhuber von gerade mal 746 cm^3, der sich gleichwohl mit einem Powerplus-Kompressor zu 52 PS und als Sauger noch immer zu 44 PS aufschwang. Die Rohre seines Kastenrahmens verliefen unterhalb der Hinterachse, seine Drahtspeichenräder mit ihren properen Zentralverschlüssen waren an Starrachsen mit Halbelliptikfedern aufgehängt.

Dieses Chassis übernahm man auf dem Umweg über den D-Type von 1932 mit dessen von 2060 auf 2180 mm erweitertem Radstand für den J2, dazu den größeren der beiden Vierzylinder, nur daß Ein- und Auslaßventile, früher Nachbarn, einander nun gegenüberlagen. Seine 36 voll im Saft stehenden Pferdestärken wurden von zwei SU-Vergasern gefüttert, und mit 70 mph beziehungsweise 113 km/h war der knorrige Zwerg damit auch hurtig unterwegs. Dennoch hatte Cecil Kimber ein Eigentor geschossen: der J2, hatte er dem Leiter der Experimentalabteilung Reg Jackson ins Lastenheft geschrieben, müsse zu Tempo 80

in der Lage sein, Meilen, versteht sich.

Soviel lief auch der Testwagen der angesehenen Publikation The Autocar unter Redakteur und Rennfahrer Sammy Davis. Ein paar Tage später brach die Kurbelwelle, und die Kompression mußte gesenkt werden – zum Leidwesen der Kunden.

Bugatti Typ 57 Roadster (Gangloff) Bj. 1939. Achtzylinder-Reihenmotor. 3257 cm³. 160 PS. ca. 160 km/h. Leihgeber: Helmer Broich

In der Produktion war er bereits im Herbst 1933, die Präsentation fand statt im darauffolgenden Frühjahr, und sein triumphales Show-Dasein begann im Oktober 1934 auf dem Pariser Salon, einem angemessenen und bewährten Bugatti-Forum. Gedacht war der Typ 57 als Nachfolger des leicht angegrauten T49, dessen Verkäufe bereits bedenklich abgeflaut waren.

Das Tagesgeschäft in Molsheim wurde zu diesem Zeitpunkt längst von Ettores 23jährigem Sohn Jean abgewickelt. Ein Künstler auch er in der besten Tradition seiner Familie mit einem instinktsicheren Gespür für Formen und Farben und einem Hang zur gelegentlichen Sensation, versorgte er zugleich das Konstruktionsbüro der Automobiles E. Bugatti mit zündenden Ideen. Dort harrten unter der Leitung des Bugatti-Getreuen Antoine Pichetto bis zu acht Zeichner auf die Weisungen ihrer Herrn und Meister, während Joseph Walter in der Abteilung für Karosserien ihre Entwürfe sinnlich-gegenständlich im Verhältnis 1:1 in die Tat umsetzte.

Bugatti senior weilte in jenen Monaten überwiegend in Paris, wo er mit der Konzeption von Schienenbussen alle Hände voll zu tun hatte. Er ließ seinem begabten Sprößling viel Freiheit, zeigte jedoch im Konfliktfall unmißverständlich, wer der Herr im Hause und was eine Harke war. So auch diesmal: An Prototypen des Typs 57 hatte Jean mit Bugatti-Rennleiter Meo Costatini als Helfershelfer aufrührerisches Gedankengut umgesetzt eine vordere Einzelradaufhängung durch eine geteilte Starrachse. Diese Keckheit führte zu einem pädagogischen Nachspiel: Anläßlich eines Heimbesuchs bestellte der aufgebrachte "Patron" die Versuchsträger in einer gleichsam frühgeschichtlichen Rückrufaktion ein und unterband das spurverändernde Spiel der Pendelachse, die solchermaßen entstanden war, indem er die Hälften zusammenschweißen ließ. Damit war der bisherige Zustand wieder hergestellt. Am anderen Ende des 950 kg schweren Chassis mit 3300 mm Radstand war ohnehin mit einer Starrachse und Viertelelliptikfedern alles beim alten geblieben.

Ein konservativer Revolutionär, war der "Zauberer von Molsheim" ohnehin jeglichem allzu ungestümem Fortschritt von Herzen abgeneigt. Errungenschaften wie der Kompressor, die zweite Nockenwelle, Vierrad- und hydraulische Bremsen sowie die Hochdruckschmierung mußten gegen seinen zähen Widerstand durchgeboxt werden. Der Reihenachtzylinder des T57 begnügte sich im Vorfeld seiner Serienfertigung mit den Zylindermaßen 72 x 88 mm. Doch bald erwuchs ihm durch die Erweiterung des Hubs auf 100 mm ein Volumen von 3257 cm³ wie bereits dem just abgehalfterten T49, dessen Stärke von 110 PS er um 25 PS überbot. Gemessen an den Normen der Zeit, ergab sich dadurch die üppige Relation von 40 PS pro Liter.

Seine aus einem Stück geschnitzte Kurbelwelle rotierte in sechs Gleitlagern, nämlich fünf Hauptlagern und einem weiteren zwischen dem Nockenwellentrieb und dem Kupplungsgehäuse, das Getriebe mit seinen schrägverzahnten Rädern war erstmalig über eine Kupplungsglocke direkt am Block angeflanscht. Dieser war entsprechend uraltem Bugatti-Usus mit dem Kopf zusammengegossen, während das Aluminium-Kurbelgehäuse aus zwei Hälften zusammengegeben war. Erneut hatte ein US-Erzeugnis Pate gestanden: das aufwendig gegliederte Renntriebwerk des Harry Armenius Miller, besonders geadelt durch zwei obenliegende Nockenwellen. Die jeweils zwei im Winkel von 90 Grad hängenden Ventile je Verbrennungseinheit wurden indessen nicht mehr via Tassenstößel, sondern mittels kurzer Schlepphebel betätigt, was das Einstellen des Ventilspiels erheblich erleichterte.

Bugatti Typ 57 SC Atalante, Bj. 1938. Achtzylinder-Reihenmotor. 3257 cm³. 200 PS. Ca. 200 km/h. Leihgeber: Mr. und Mrs. Peter Williamson

Links an der Maschine angebracht, wurden Lichtmaschine und Wasserpumpe wie auch die Nockenwellen von einer Kaskade von Zahnrädern an deren Rückseite bedient. Die Schmierstoffpumpe, durch eine senkrechte Welle mit Schneckenverzahnung mit der Außenwelt verbunden, hauste in der Ölwanne. Der Stromberg-Vergaser war an der rechten Seite des Blocks angeflanscht. In den ersten 200 Exemplaren des T57 wurzelte der Motor

noch fest in dem durchaus verwindungsfreudigen Leiterrahmen, ruhte jedoch anschließend beweglich auf Gummiblöken, nachdem dieser durch Kreuzverstrebungen an Stärke gewonnen hatte.

Vom Rotstift des Kalkulators dahingerafft, gehörte der traditionelle Bugatti-Wabenkühler aus einer kostspieligen Legierung von Nickel und Silber der Vergangenheit an, ersetzt durch ein maschinell hergestelltes Pendant hinter einem vernickelten Grill in der überkommenen Hufeisenform mit thermostatisch betätigten Lamellen. Ein Novum waren auch die Rudge-Speichenräder mit Zentralverschluß, die von mächtigen verrippten Bremstrommeln fast bis an den Felgenrand ausgefüllt wurden.

Für den Créateur d'Automobiles Ettore Bugatti, zeitlebens dem künstlerischen Erbe seines Vaters verpflichtet, stellten seine Triebwerke und nur sie die wahren Artefakte dar. Das Chassis diente als Sockel, und die Karosserie blieb schmükkendes Beiwerk, die nun einmal nicht zu vermeidende Hülle. Sein Sohn Jean, der mittlerweile die Modellpolitik des Hauses gründlich umgekrempelt hatte und auf ein Basismodell in verschiedenen Variationen baute, erhob sie hingegen in den Rang von Schmuck.

So – und vor allem – auch am Typ 57. Dessen verschiedene Versionen wurden nach Alpenpässen benannt und erstmals in der Geschichte des berühmten Hauses weitgehend vom Werk selbst eingekleidet, aber auch von externen Partnern wie Gangloff im nahegelegenen Colmar oder Corsica im Stadtteil Cricklehurst des fernen London mit bestechender Haute Couture ausgestattet. In Colmar entstand das zweisitzige Cabriolet Stelvio. Aus Molsheim trugen die zweitürigen Coupés Ventoux, Atalante (auch offen erhältlich) und Aravis (1939 zusätzlich als Cabriolet) den Nimbus der elsässischen Premiummarke ebenso in alle Welt wie der Coach Galibier, dessen vier Türen zunächst gegenläufig in einem kantigen Aufbau ohne B-Säulen angeschlagen waren. In einer windschlüpfigeren Version ab 1936 stellte sich die konventionelle Lösung wieder ein und mit ihr eine Erschwernis beim Betreten und Verlassen. Ein schmucker Roadster des Londoner Karossiers ging an den populären englischen Renn- und Rekordfahrer Malcolm Campbell, dessen exklusiver Fuhrpark der Regenbogenpresse auf der Insel schon seit jeher reichlich Anlaß zum Tratschen geliefert hatte. Auf dem Pariser Salon im Oktober 1936 stellten die Männer aus Molsheim die Ausbaustufe Typ 57 C vor. Der Zusatz stand für compresseur, bezogen auf das seitlich montierte Roots-Gebläse, das mit 1,14facher Kurbelwellendrehzahl den sanften Überdruck von 0,25 bar zu den Einlaßventilen schob. Ein Vergaser, wie bislang schon zuständig für die Verpflegung aller acht Zylinder, fand sich an seiner Unterseite, im Gegensatz etwa zu dem Rennmodell Typ 59. Der Zuwachs an Leistung auf 155 PS war

gleichwohl beachtlich, die Höchstdrehzahl von 5500/min für einen komfortbetonten Sportwagen der dreißiger Jahre schlicht astronomisch. Rennpilot Robert Benoist, dem Unternehmen schon lange verpflichtet, zirkulierte im Mai 1939 am Volant eines Bugatti 57 C Galibier mit Tankstellentreibstoff und einem Stundenmittel von 182,6 km/h über den Kurs von Monthléry. Zumindest seine schnellste Runde von 195 km/h erweckte den Argwohn, es gehe nicht alles mit rechten Dingen zu...

Bugatti Typ 57 SC Atlantic Coupé, Bj. 1936. Achtzylinder-Reihenmotor. 3257 cm^3. 200 PS. Ca. 210 km/h. Leihgeber: Mr. und Mrs. Peter Williamson

1937 hatte Benoist gemeinsam mit dem aufsteigenden Star Jean-Pierre Wimille für die Molsheimer Marke das 24-Stunden-Rennen von Le Mans gewonnen, am Volant der bereits 1936 gebauten scharfen Variante 57 G "Tank", ein Erfolg, den

Wimille 1939 mit Pierre Veyron als Partner wiederholte.

Einige T57 waren mit elektromechanischen Cotal-Schaltungen ausgerüstet, die das Handwerk des Gangwechsels entschieden erleichterten. Ansonsten geriet dieser nämlich mangels Synchronisation zu einer komplizierten kleinen Zeremonie, die mit Präzision und Bedacht ausgeführt sein wollte. Jean Bugatti hatte der Maschine minimale Schwungmassen mitgegeben, so daß diese blitzschnell hochdrehte und ebenso rasch wieder an Drehzahl verlor. Wollte der Lenker mit Zwischenkuppeln beim Hoch- und durch Zwischengas beim Zurückschalten die gebotene Harmonie des Gleichlaufs herstellen, bedurfte es schneller Füße und einer flinken Hand, damit der Motor mit seiner chronischen Leerlaufneurose nicht einfach abstarb.

Bereits das Erwecken der acht Zylinder erforderte eine kultische Handlung: Ein Hebel am Armaturenbrett sorgte für das richtige Startgemisch, ein weiterer bestimmte den angemessenen Zündzeitpunkt. Erst mit zunehmender Temperatur gewannen sie ihre arttypische Geschmeidigkeit und äußerten sich mit einem Sound, in dem sich helles Auspuff-Bellen mit hungrigem Kompressor-Schnüffeln melodisch mischten.

Als Bugatti auf der Londoner Autoshow 1936 den Typ 57 S Atlantic zeigte, ging ein Rauschen durch den Blätterwald. Das zweiplätzige Coupé, eine Skulptur von wundersam-skurriler Schönheit in einer Auflage von lediglich vier Exemplaren, war zweifellos Jean Bugattis Meisterstück. Geraden und Rundungen hielten an diesem puristischen Exempel des französischen Auto-Expressionismus ein kunstvolles Gleichgewicht. Als genialer Wurf gilt bis heute der zu bedrohlicher Schärfe genietete Dachgrat. Dieses Detail war dem Flugzeugbau entlehnt, setzte sich in gemilderter Form über die Motorhaube fort und klang auch auf den vorderen Kotflügeln noch einmal an. Der vertraute Kühler spitzte sich zu einer aggressiven Keilform, geschmeidiger auch beim Angriff auf den Fahrtwind.

Ein Aufbegehren gegen die Normen und Standards der Zeit stellte auch ein Roadster dar, der im gleichen Jahr in Paris zur Schau gestellt, aber nie der Serie zugeführt wurde – auf den Vorderrädern hockten tropfenförmige Kotflügel, die nach Art der Väter die Lenkbewegung mitvollzogen. Etwas konventioneller und gemäßigter gab sich das käufliche zweisitzige Sportcoupé Atalante, das mit seinem winzigen Fahrgastpavillon gleichwohl den Eindruck bestätigte, Bugatti messe dem Auto gelegentlich mehr Bedeutung zu als den Insassen. Der Radstand des 57 S war auf 2980 mm verkürzt, seine Hinterachse durch entsprechende Aussparungen des Rahmens gesteckt worden, was eine niedrige Bauart begünstigte. Die Maschine (mit Trokkensumpf) leistete 175 PS, in der ein Jahr später angebotenen Kompressor-Metamorphose T57 SC sogar 200 PS.

Nur 42 Einheiten des Aufkommens von rund 750 T57 insgesamt entfielen auf die Spielarten S und SC, deren Fertigung in Mai 1938 eingestellt wurde. Die allgemeine Aufwertung der Modellreihe in jenem Jahr durch eine hydraulische Zweikreisbremse System Lockheed und ver-

tikal installierte Allinquant-Teleskopstoßdämpfer vollzogen sie nicht mehr mit.

Am 11. August 1939 jedoch verflochten sich Zeitgeschichte und das Schicksal des Hauses Bugatti auf sonderbare und fatale Weise: Bei einer Testfahrt mit dem "Tank" verunglückte Jean Bugatti, Thronfolger und Hoffnungsträger, tödlich. Von nun an ging's bergab.

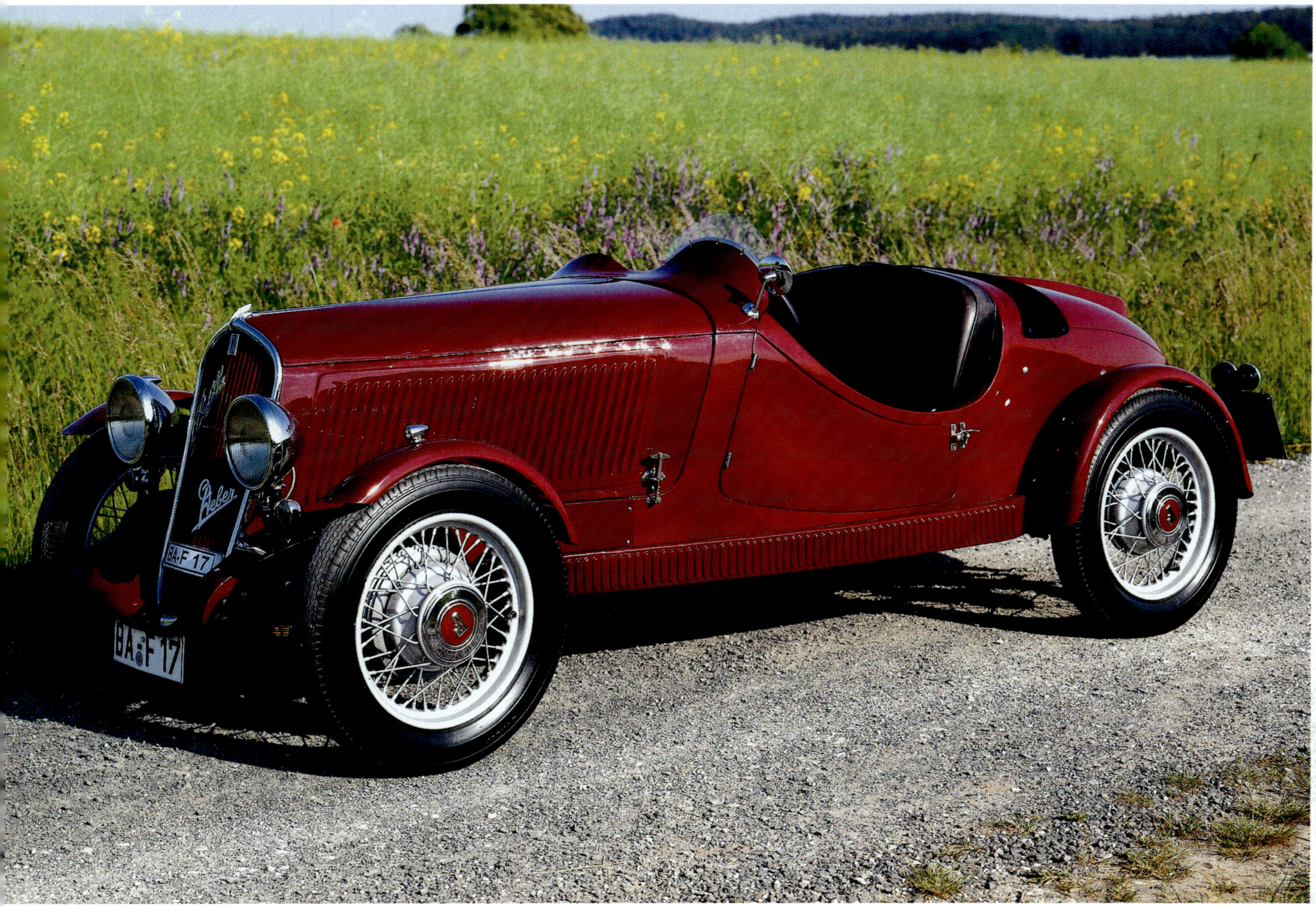

Fiat 508 Balilla Corsa CS Mille Miglia, Bj. 1935. Vierzylinder-Reihenmotor. 995 cm³. 52 PS. 135 km/h. Leihgeber: Leo Aumüller

2002 wurde er 70 Jahre alt. Genauer gesagt, galt dies für die wenigen Überlebenden der Armee von 114 184 Fiat 508, besser bekannt unter ihrem Beinamen Balilla, mit denen die Fabbrica Italiana Automobili Torino zwischen 1932 und 1937 im Handstreich den heimischen Markt für die Einliterklasse eroberte. Ermöglicht wurde dies durch die Normung der Teile, vereinfachte Verfahren der Produktion sowie die Einführung der elektrischen Schweißung, mit denen sich die Turiner Marke unmittelbar nach dem Ersten Weltkrieg die Voraussetzung für große Serien geschaffen hatte.

Möglich wurden sie allerdings auch durch den sonnigen und der Zukunft zugewandten Charakter des Kleinen, der unter vaterländischem Applaus auf dem Mailänder Salon im Frühjahr 1932 zunächst mit drei Gängen ("3 marce") vorgestellt wurde. Ab Juli jenes Jahres rollte er schier unaufhaltsam von den Bändern und deckte gleich vielerlei Bedürfnisse ab, als zweitürige Limousine, als Torpedo (ein viertüriger offener Tourenwagen mit Klappverdeck), als Lieferwagen namens Camioncino und als Spider.

Gemeinsam waren ihnen innovative Schmankerln wie hydraulische Stoßdämpfer und Bremsen sowie eine 12-Volt-Anlage und der relativ lange Radstand von 2250 mm: In aller Regel endete der Balilla unmittelbar vor und hinter seinen beiden Starrachsen, was seinem Auftritt durchaus bekömmlich war. Sein Fahrwerk mit einem Profilrahmen aus Stahlblech mit x-förmiger Versteifung als tragendem Element hatte Ingegnere Emilio Martinotti konstruiert, seinen seitengesteuerten Reihenvierzylinder Ingegnere Bartolomeo Nebbio. Von Fallbenzin aus seinem 26-Liter-Tank mittels eines Solex-Vergasers ernährt, gab er sich mit acht Litern je 100 Kilometer genügsam wie ein Maulesel und mobilisierte gleichwohl 20 muntere PS bei 3400/min.

Zum Schmuckstück geraten war vor allem der von Ghia eingekleidete Spider mit seinen großen freistehenden Scheinwerfern, dem aufrechten ovalen Kühlergrill, der gefällig gerundeten umlegbaren Windschutzscheibe, elegant geschwungenen Kotflügeln mit ausgeprägten Trittbrettern, tief eingekehlten Türen und einer kleinen vertikalen Finne auf dem Heckdeckel. Dies machte ihn umgehend zum Familienstar und beliebten Exportartikel. In der Version 508 S Balilla Sport ab Januar 1933, nun wieder mit Reibungsstoßdämpfern und gleichwohl von exemplarischer Handlichkeit, war er auf 30 PS erstarkt und gutgelaunt bis zu 115 km/h flink. Ein Jahr später sattelte Nebbio noch einmal sechs PS drauf, indem er das knorrige kleine Triebwerk von stehenden auf hängende Ventile umrüstete. Somit waren nunmehr 36 PS bei ungewöhnlich hohen 4400/min für den Transport von 625 kg Leergewicht zuständig. Eine Berlinetta-Variante brachte weitere 120 kg auf die Waage.

Nicht alle Modifikationen der zweiten Balilla-Generation 508 B in gleichen Jahr vollzog der Spider mit. Zwar gebot sein Lenker nun auch über die Annehmlichkeit eines Vierganggetriebes, dessen beiden oberen Fahrstufen synchronisiert waren. Aber in puncto Radstand war alles beim alten geblieben, während man den übrigen Angehörigen des 508-Clans 50 mm mehr spendiert hatte. Dies und der Umstand, daß er mit einer Spurweite von 1187 mm vorn und 1200 mm hinten bräsig in seinen Halbelliptikfedern stand, prädestinierten den leichtfüßigen Italo-Roadster förmlich für den Rennsport. Beim nationalen Kult-Event Mille Miglia bekriegten sich ganze Horden von Balilla-Piloten bis aufs Messer. Den schönsten Erfolg holten sich die Gebrüder Luigi und Emilio Villoresi bei der neunten Auflage im Jahre 1935 mit einem Sieg in der Klasse bis 1500 cm³ ohne Kompressor. In einem weiteren Spider saß jemand, der sich auf einem ganz anderen Gebiet einen Namen machen sollte: Nuccio Bertone.

Mercedes-Benz 380 K Cabriolet A, Bj. 1934. Achtzylinder-Reihenmotor. 3823 cm³. 140 PS. 145 km/h. Leihgeber: C. F. Mirbach, Chiemgau

Als Meisterstück von Chefkonstrukteur Hans Nibel galt der vergleichsweise kleine "Volks"-Mercedes 170, der Öffentlichkeit 1931 auf dem Pariser Salon präsentiert. Mit ihm wurde gleichsam die überkommene Starrachse und somit das

Eis gebrochen: Jedes Rad war nun unabhängig geführt und gefedert, der Schwerpunkt besonders niedrig.

Die Impulse rührten diesmal her vom Teilhaber Benz: Schon 1922 hatte man auf die Anregung des österreichischen Flugzeugbauers Edmund Rumpler in Mannheim hin Versuche mit hinteren Schwingachsen unternommen, über die dann der Rennwagen "Tropfen-Benz" tatsächlich verfügte. Die beiden Hinterräder des 170 wurden von Pendelhalbachsen getrieben, deren Hüllrohre sich über je zwei Schraubenfedern gegen den Rahmen abstützten. Dieses Prinzip sowie den Niederrahmen aus gepreßten Kastenprofilen übernahm man für den Typ 380, der auf der Berliner Automobil-Ausstellung im Februar 1933 mit allgemeiner und wohlpublizierter Bewunderung aufgenommen wurde. In sonderlich hohen Stückzahlen sollte sich das indessen nicht niederschlagen – es blieb bei 157 Exemplaren. Während am 170 die Vorderräder achslos an einem querliegenden Blattfedernpaar hingen, dienten diesem Zweck am größeren Pendant Parallelogramm-Lenker und Schraubenfedern. Radführung, Federung und Dämpfung waren jeweils getrennten Bauelementen zugewiesen worden. Neu waren überdies Schnellgang, Vierrad-Öldruckbremse mit Servohilfe von Bosch-Dewandre sowie die Thermostat-geregelte Kühlung.

Im übrigen stand der 380 als Bindeglied zwischen den just verblichenen S-Modellen und der künftigen Generation der Typen 500 K und 540 K in der Tradition der Kompressorwagen der Marke. Gleichwohl gab es neben den Versionen M 22 mit angebautem und M 22 K mit integriertem Gebläse – in der Spielart M 22 I wurde der Hubraum von 3823 cm³ auf 4019 cm³ vergrößert – eine Variante ohne Aufladung. Den Kunden erreichten indessen in aller Regel lediglich die Ausführungen 15/90/120 PS (M 22) und 15/90/140 PS (M 22 K).

Schon 1932 hatte ein 380 S (für Sonderausführung) von sich reden gemacht, eine Ausbaustufe des Mannheim mit acht Verbrennungseinheiten, die allerdings nie im offiziellen Verkaufsangebot erschien. Über einen Achtzylinder mit gleichem Volumen verfügte auch der 380 neuer Art, aber mit hängenden statt stehenden Ventilen und neun anstelle von fünf Lagern der Kurbelwelle. Vollgasfest war er dennoch nicht – die Werksliteratur riet dringlich davon ab, seine Höchstgeschwindigkeit von bis zu 145 km/h je nach Hinterachse über längere Zeit zu strapazieren. Das fortschrittliche Fahrwerk hätte es bereits mit mehr aufgenommen.

Immer gleich war der Radstand von 3140 mm. Da aber schier ewig lange Motortrakte zum automobilen Schönheitsideal der Zeit zählten, bot Mercedes neben dem normalen Fahrgestell ein solches "für Sportwagen" an, das diesen Eindruck verstärkte, indem die Einheit von Motor und Getriebe, Lenkung und Sitz deutlich nach hinten versetzt worden waren. Diese visuelle Aufwertung kam vor allem den Sport-Roadstern zugute, wie der Rest der Baureihe zumeist mit attraktiven Sindelfinger Karosserien versehen. Erste Einzelstücke hatten noch tiefe Kerben in den Türausschnitten und keilförmige Windschutzscheiben, die später gleichermaßen geglättet und abge-

flacht wurden. Auch ein schmuckes Hardtop war bereits verfügbar. Mit dem Roadster, diversen Cabriolets, Limousinen mit vier und Tourenwagen mit zwei Türen fächerte sich das Angebot in hohe Artenvielfalt auf. Hinsichtlich ihres Preises herrschte allerdings die strenge Demokratie der Gleichmacherei: Sie kosteten alle 19 500 Reichsmark.

BMW 319/1, Bj. 1935. Sechszylinder-Reihenmotor. 1911 cm³. 55 PS. 130 km/h. Leihgeber: EFA Museum Amerang

Es war ein vielstimmiges Orchester, das sich 1933 einstimmte, zum Aufbruch in eine Zukunft im Zeichen jenes Kreuzes, welches laut Chef-Zyniker Bert Brecht für den kleinen Mann einen großen Haken hat. Jeder auf seine Weise – die Bayerischen Motoren Werke mit einem kleinen Sechszylinder namens 303, der auf der Berliner Autoausstellung im Februar jenes Jahres noch etwas unausgegoren vom Beginn einer völlig

neuen Baureihe und wohl auch eines neuen BMW-Zeitalters kündete.

Sein Triebwerk von 30 PS, mit hängenden Ventilen, einer seitlichen mittels einer Duplex-Kette getriebenen Nockenwelle und zwei Vertikalvergasern, war vom Vierzylinder des Vorgängers 3/20 abgeleitet und wies mit 56 x 80 mm auch dessen Zylindermaße auf. Das in Eisenach gefertigte Chassis bestand aus einem Tiefrahmen mit Rundrohren (90 mm Querschnitt), einer Querlenker-Vorderachse und einer Starrachse hinten mit Underslung-Halbfedern. Die Serienfertigung mit Aufbauten der Berliner Karosseriefabrik Ambi-Budd begann zwei Monate später. Allgemeiner Wertschätzung erfreute sich der 303 spätestens nach seiner störungsfreien Teilnahme bei der 2000-km-Fahrt, einer imageträchtigen Riesenrunde durchs Reich von Baden-Baden über München, Berlin und das Ruhrgebiet zurück nach Baden-Baden.

Dennoch deuchte vielen sein Hubraum von 1173 cm³ ein bißchen mickrig, und so wurde er umgehend zum Gegenstand zügiger Evolution. Im April 1934 folgte der 315 mit 34 PS. Die Münchener Motormacher hatten sein Volumen auf 1490 cm³ aufgestockt. Er lief in diversen Ausführungen 100 km/h – Ritterschlag für das Klasseauto – und geriet mit 9765 Exemplaren (303: 2300, Nachfolger 319: 6646) zum Bestseller unter den Kompakt-Dreiern der frühen Dreißiger.

Im Sommer 1934 setzte man dieser populären Palette ein Krönchen auf in Gestalt des schmucken Roadsters 315/1, der in der schwachen Verbreitung von 242 Einheiten gleichwohl eine Rarität blieb. Der Maschine hatte man mit Hilfe dreier Vergaser und einer höheren Verdichtung (1 : 6,5 und später 6,8 gegenüber den 5,6 der bürgerlichen Ausführung) 40 PS beigebogen, was Tempo 120 möglich machte. Über dem Rahmen erhob sich eine Struktur aus Eschenholz, über welche die Karosserie aus Leichtmetall gezogen wurde. Nur die Kotflügel waren aus Stahl. Der 315/1 wog 750 kg – ebensoviel wie ein zeitgenössischer Grand-Prix-Wagen. Und seine Väter hatten durchaus sportliche Ambitionen mit ihm. So wurde etwa Fahrzeug 23 mit der Fahrgestellnummer 47 858, das auch für zahlreiche Werkfotos herhalten mußte, am 8. Juni 1934 der Produktion in Eisenach entzogen und mit dem polizeilichen Kennzeichen IIA-4361 einem ereignisreichen Sportlerleben zugeführt. Dieses begann mit der 2000-km-Fahrt desselben Jahres, die der kleine Beau im Team mit zwei weiteren 315/1 unter dem BMW-Prokuristen Albert Kandt strafpunktfrei und mit einer Goldmedaille hinter sich brachte, und setzte sich gleich darauf fort mit der Internationalen Alpenfahrt, Ausbeute: Großer Mannschaftspreis und Goldpokal. Ab Oktober 1934 siegte der neue Eigner, künftiger Motoren-Papst

und BMW-Legende Alex von Falkenhausen, mit ihm gleichsam gewerbsmäßig weiter.

Solchermaßen auf den Geschmack gekommen, wollten die Bayern auch in der Zweiliterklasse abräumen, was es abzuräumen gab, und taten dies auch mit dem 319/1, den der driftende Sportsmann noch 1934 erwerben konnte, mit 1911 cm³ und 55 PS, aber ansonsten baugleich mit dem hubraumschwächeren Brüderchen. Mit auf ursolide 45 PS reduzierter Leistung wurde diese Maschine auch dem 319 von der Stange zugänglich gemacht.

Mercedes-Benz 500K/540 K Cabriolet A, Bj. 1936. Achtzylinder-Reihenmotor mit Kompressor. 5401 cm^3. 180 PS. 170 km/h. Leihgeber: Peterheinz Kern und Berthold Rückwarth

Sie entstanden zeitgleich mit den Silberpfeilen vom Typ W 25 bis W 165 und standen wie diese für eine Politik der Stärke – im übertragenen wie im wörtlichen Sinne des Begriffs. Das Unglück wollte es, daß sie folglich nicht nur im

Namen des Sterns antraten, der die Herrschaft des Menschen über Erde, Luft und Wasser symbolisiert, sondern auch im Zeichen jenes Kreuzes, das laut Polit-Spötter Bert Brecht für den kleinen Mann einen großen Haken hat.

Und so vollzogen sie sinnbildlich auch dessen Los mit: Auf den 500 K mit 5018 cm^3 und 100 PS ohne oder 160 PS mit zugeschaltetem Kompressor, Thema Nummer eins bei der Berliner Automobil-Ausstellung im Februar 1934, folgte im Oktober 1936 auf dem Pariser Salon der 540 K mit 5401 cm^3 (115/180 PS). Der 580 K (130/200 PS aus 5800 cm^3) war 1940 reif für die Serie, aber da verlangte das Schicksal bereits nach anderen Prioritäten. Als Nachfolger der Baureihe S bis SSK und des 380 setzten sie die Tradition der großen und teuren aufgeladenen Mercedes fort und zählen ohne Zweifel zu den aufregendsten Automobilen aller Zeiten. Aber wo bei diesen im allgemeinen die Form der Funktion entsprach und schnörkellos die Reise von A nach B oder auch das gelegentliche Rennen angesagt waren, gesellten sich in jenen Elemente des Zeitgeists hinzu mit Ausflügen ins Majestätische, ins Barocke oder gar ins Gigantische.

Hierzu bot sich neben dem normalen Fahrwerk, das allein schon 1700 kg und beim 540 K 1800 kg auf die Waage brachte, förmlich an, was im Mercedes-Neusprech bis 1935 "Fahrgestell für Sportwagen" und bis 1938 "Fahrgestell mit zurückgesetztem Motor" genannt wurde. Der Radstand von 3290 mm blieb stets der gleiche. Im Regelfall erhob sich der Kühler über der Vorderachse, in dem anderen wurde er um 185 mm nach hinten versetzt, mit ihm der mächtige Reihenachtzylinder und seine Domestiken und Wasserträger, die Lenkung und das Cockpit. Somit ergab sich der gewünschte Eindruck eines besonders langen Vorderwagens gleichsam als phallischen Ausdrucks schierer Stärke.

Vom Modelljahrgang 1938 wurde diese Lösung gestrichen, als plötzlich eine Pseudo-Stromlinie en vogue war und gebieterisch nach mehr Platz verlangte. In einer dritten Variante war der Radstand auf 2980 mm verkürzt und der weniger gewinkelte Kühler sogar kurz vor der Vorderachse angesiedelt worden. Diese Regelung war für den 580 K vorgesehen gewesen, blieb indessen nach etwa fünf zweisitzigen Sonderversionen von 500 K und 540 K auf der Strecke. Allen gemeinsam waren der Niederrahmen aus gepreßten stählernen Kastenprofilen, die hydraulischen Bremsen mit Saugluftunterstützung von Bosch-Dewandre sowie die Aufhängung an Doppelquerlenkern und Schraubenfedern vorn und einer Pendelachse mit doppelten Schraubenfedern und einer Zusatz-Ausgleichsfeder hinten. Über das Versuchsstadium nicht hinaus kam 1934 und 1935 eine Spielart des 500 K mit einer hinteren De-Dion-Doppelgelenkachse, deren Mehrgewicht durch den Einbau des 5,4-Liter-Aggregats aufgefangen wurde.

Für die verwöhnte Zunft der Karosserie-Couturiers war die Baureihe nicht sonderlich ergiebig. Ihre Sindelfinger Kollegen, allesamt beim Werk in Lohn und Brot, hielten allein zehn verschiedene Aufbauten vom Roadster über die viertürige Limousine bis hin zum tränenförmigen Autobahn-Kurier bereit und begegneten Sonder- und Extrawünschen der Klientel mit erstaunlicher Flexibilität und

bemerkenswertem Einfallsreichtum. Bei einem Preis von 15 550 Reichsmark für das nackte Fahrgestell schlugen schon die Basismodelle mit bis zu 28 000 Reichsmark zu Buche, das 6-fache dessen, was man für eine zweitürige Limousine vom Typ 170 V entrichten mußte. Darüberhinaus aber wurde es richtig teuer.

Mercedes-Benz 540 K Sport-Coupé, Bj. 1939. Achtzylinder-Reihenmotor mit Kompressor. 5401 cm^3. 180 PS. 170 km/h. Leihgeber: Friedhelm Loh

Und da es sich bei den insgesamt 641 Besitzern des Mega-Mercedes (es gab 342 Kunden für den 500 K und 319 für den 540 K) keineswegs um arme Schlucker handelte oder sie sich ihre Autos durch das Steueraufkommen des Tausendjährigen Reichs finanzieren ließen, bereiteten ihnen auch dessen liberale Konsumgewohnheiten keine schlaflosen Nächte: Mit bis zu 30 Litern je 100 km, bei häufiger Annäherung an die 170 km/h, zu dem etwa ein 540 K fähig und

auf den neu entstandenen Autobahnen sogar in der Lage war, manchmal noch ein bißchen mehr waren sie von der Freßlust eines gierigen Renaissancefürsten. Dies war nicht zuletzt auf ihr stattliches Gewicht zurückzuführen, im Normalfall gut und gerne 2500 Kilogramm, in der gepanzerten Sonderausführung für Menschen, die sich ihrer allgemeinen Popularität nicht völlig sicher waren, sogar 3100 Kilogramm. Ihre Klientel: die Prominenten und Mächtigen dieser Welt. Und so knüpften sich an die Modellreihe allerlei Anekdoten oder Kuriositäten wie die, daß ein indischer Maharadja seinen 540 K zum Jagdwagen für die Tigerhatz verfremdete.

Der Vorgänger war noch in die Zuständigkeit von Hans Nibel gefallen, die spätere Ausbaustufe bereits in die Max Sailers, nach Nibels Tod im Jahre 1934 sein Nachfolger im Amt als Leiter des Konstruktionsbüros von Daimler-Benz. Ihre schönsten Blüten trieb die Baureihe in Gestalt der Roadster, für viele der Traumwagen der dreißiger Jahre oder sogar der ersten Hälfte im Jahrhundert des Automobils schlechthin. In der Regel wurden sie mit Sindelfinger Karosserien von erlesenem Geschmack eingekleidet, und zwar 29 Fahrgestelle des 500 K und die gleiche Anzahl von Chassis des 540 K, vier davon als Normal-Roadster, die anderen 25 als Spezial-Roadster.

Natürlich war auch der Nazi-Nomenklatura das robuste Charisma des Kolossalischen nicht verborgen geblieben, das den Renommier-Mercedes umfächelte. Sowie er in das System eingebunden wurde, kamen ihm allerdings Charme und Liebenswürdigkeit gänzlich abhanden, zumal in dessen Spätphase Cabriolets in ihrer schönen Offenheit aus naheliegenden Gründen aus der Mode gerieten. Ein historisches Beispiel dafür war die "Aktion P": Am 27 Mai 1942 fiel Reinhard Heydrich, Reichsprotektor von Böhmen und Mähren, bei einer Ausfahrt durch die Prager Vorstadt in seinem offenen Mercedes 320 einem Attentat zum Opfer. Die Reichskanzlei reagierte umgehend und baute vor, indem sie in Stuttgart je 20 Limousinen, Pullman-Limousinen und Tourenwagen des VIP-Mobils 770 ("Großer Mercedes") sowie 20 hochgeschlossene Ausführungen des Modells 540 in Auftrag gab, alle gepanzert.

Die Serie war 1939 eigentlich ausgelaufen. Folglich griff man auf zwei verbliebene brandneue Chassis zurück, berief Zuge von "Wehrersatzinspektionen" jeweils sechs neuwertige Cabriolets A und B sowie zweitürige Limousinen gewissermaßen ein, widmete sie zu den gewünschten rollenden Bunkern um und verfrachtete sie per Eisenbahn nach Berlin. Ein Jahr später bestellte der gleiche Auftraggeber noch einmal vier 770 und 17 weitere Limousinen des Typs 540 K nach, die im Februar und im April 1944 ausgeliefert wurden. Einer davon verblich zu Versuchszwecken im Hagel von

Kugeln auch größerer Kalibern und schaute nachher aus wie ein Gangsterfahrzeug im Chicago der Prohibition nach einem Überfall.

Die Adressaten waren Führer befreundeter Mächte sowie Statthalter und Gouverneure besetzter Gebiete. Diesen Privat-Panzern haftete zweifellos etwas Sinistres an. Obwohl sie für die Ewigkeit gemacht zu sein schienen, überlebte offenbar nur einer, der heute im Technischen Museum zu Prag zu besichtigen ist. Aber das ist ein trübes Kapitel in der Geschichte des Modells und der Marke.

Lagonda M45R, Bj. 1934. Sechszylinder-Reihenmotor. 4467 cm³.
115 PS. 160 km/h. Leihgeber: Peter Godehardt

M45R – das scheinbar wirre Knäuel aus Buchstaben und Zahlen erzählt eine Geschichte. Anfang der Dreißiger kamen die Zwei- und Dreiliterautos der 1906 in Staines, Middlesex gegründeten Firma Lagonda Ltd. keineswegs schwächlich daher. Aber ihr ungünstiges Leistungsgewicht machte ihren Fahrern zu schaffen, die Temperament nur durch ständiges Schalten aus ihnen herauszukitzeln vermochten.

Abhilfe schuf ein 4,5-Liter-Triebwerk (daher die 45), das die in Wolverhampton ansässige Henry Meadows Ltd. (daher das M) ab 1933 an Lagonda lieferte. Sie tat das gern, zumal sie just die Edelmarke Invicta als Kunden verloren hatte. Mit dem monumentalen Sechszylinder verpflichtete man ein Multitalent, das auch in Patrouillebooten, kleineren Panzern und Lastwagen stolz seinen in Monoblock-Bauweise mit dem Rest verbundenen Kopf emporreckte. Er wartete überdies mit frühen technischen Delikatessen auf wie etwa zwölf Kerzen und Doppelzündung und trat bereits bei ganz niedrigen Drehzahlen an wie ein wütender Kampfstier.

Und er machte den Lagonda M45 in diversen Ausformungen zum größten englischen Sportwagen seiner Zeit. Ursprünglich spannte man ihn mit einem Getriebe aus eigener Fertigung, später mit einem von Meadows zusammen. Der M45 hatte halbelliptische Federn im Bunde mit Reibungsstoßdämpfern von André oder Hartford, deren Fernkontrolle in der Form von Rändelknöpfen aus dem Boden ragten und während der Fahrt betätigt werden konnte. Den Umgang mit seinen riesigen Trommelbremsen erleichterte eine Vakuum-Servohilfe.

Mit 115 PS verfehlte er gleichwohl die angestrebte magische 100-Meilen-Marke um Haaresbreite. Diese überwand, wenn auch ebenfalls knapp, ab Herbst 1934 der M45R, mit R für Rapide. Sein vier PS stärkerer Motor war umfassend retuschiert worden, mit einem Kurbelgehäuse aus Aluminium, schwereren Pleueln und großzügigeren Kurbelwellenlagern sowie einer von 6 : 1 auf 7 : 1 angehobenen Kompression. Installiert war er in dem entsprechend angepaßten kleineren und leichteren Chassis der 3,5-Liter-Modelle der Marke mit einem Radstand von 3120 mm. Die Bremsen stammten von Girling, die hydraulischen Stoßdämpfer von Girling-Luvax. Die André Telecontrols wurden beibehalten.

Diese Veränderungen, frohlockte Motor Sport in einer Ausgabe vom Mai 1935, hätten Handling und Leistung des Lagonda noch einmal verbessert und ihn zum Vollblut und ebenbürtigen Gegner für jeden Sportwagen ohne Kompressor sublimiert, daheim und auf dem Kontinent. Das Blatt empfand ihn als angenehmen Partner, allzeit und zu allem bereit, im dicksten Verkehr der emsigen Metropole London, vor allem aber auf freien Landstraßen, wo er so richtig in seinem Element sei.

Von Fox & Nicholl präpariert und kräftig abgemagert gegenüber den zum Teil opulent ausgestatteten Serienwagen waren die drei Teamfahrzeuge, die man zum 24-Stunden-Rennen von Le Mans am 15. und 16. Juni 1935 entsandte. Die Mission endete in einem unerwarteten Triumph der Lagonda-Riege John Hindmarsh und Luis Fontes in dem roten Renner mit dem Kennzeichen BPK 202 über 57 weitere Teilnehmer. Mit einem Schnitt von 125,283 hefteten sie den exklusiven Ruhm an die Fahne der Marke, auf dem Sarthekurs nach Bentley 1930 die ersten und vor Jaguar 1951 die letzten Sieger aus dem Vereinigten Königreich zu sein. Das Wetter war katastrophal, und so stilisierte die Fachzeitschrift Speed das Ereignis nicht zuletzt zum Sieg des britischen Menschen über die Elemente und sonstige Widrigkeiten empor: In ihrer zähneknirschenden Entschlossenheit seien die Piloten typische Exponenten ihrer Nation gewesen.

Dem war nichts hinzuzufügen.

Adler Trumpf Junior Sport, Bj. 1936. Vierzylinder-Reihenmotor. 995 cm³.
28 PS. 110 km/h. Leihgeber: EFA Museum Amerang

Bewandert waren die Adler-Werke vorm. Heinrich Kleyer AG, Frankfurt am Main, durchaus auch in der Erzeugung automobiler Majestät. Die wuchtige Achtzylinder-Limousine Standard 8 von 1931 mit ihrer durch Bauhaus-Professor Walter Gropius gezeichneten Karosserie von klassisch-auffälliger Unauffälligkeit legte davon ebenso Zeugnis ab wie der 2,5-Liter-Typ 10 von 1937, dem Adler-

Direktor Karl F. Jenschke einen fortschrittlich-unbeholfenen Stromlinienaufbau verpaßt hatte oder das, was die Zeit dafür hielt.

Während Nobel-Karossen dieses Schlages gleichsam für das Prestige im Sinne des Markennamens zuständig waren, sorgten im langen Schlagschatten des Wall Street Crashs die kleineren Adler-Modelle für Butter und Brot. Das war ab 1932 vor allem der Fronttriebler Adler Trumpf, den Konstrukteur Hans Gustav Röhr und Oberingenieur Joseph Dauben um Maschinen von 1,5 und 1,7 Litern Hubraum herum entworfen hatten. Noch kleinere Brötchen backte das gleiche Team zwei Jahre später mit dem Adler Trumpf Junior und war damit gut beraten: Mit 102 840 Exemplaren zwischen 1934 und 1941 stellte der kompakte Bestseller fast die Hälfte der 212 624 Adler-Automobile insgesamt.

Viele überlebten den Krieg, nicht zuletzt, weil bei der Requirierung für den Wehrdienst im allgemeinen kleinwüchsige Fahrzeuge mit Vorderradantrieb verschont wurden. Der Trumpf Junior wurde in zwei Wellen an die Heimat-Front geworfen. Die Cabrio-Limousine Typ 1 G Anfang 1934 war ähnlich zeitgenössischen DKW-Modellen zu-nächst in einer mit Kunstleder bespannten Holzkarosserie gewandet. Aber rasch entsprach man den Wünschen einer gehobenen Klientel und kleidete den Junior in Blech ein.

Formal entschieden fortschrittlicher gab sich der Typ 1 E von 1936, als Limousine und Cabrio-Limousine mit Aufbauten des deutsch-amerikanischen Unternehmens Ambi-Budd, das nach dem System Budd (Philadelphia) größere Serien herstellte und ebenso wie das Karosseriewerk Karmann in Osnabrück auch ein viersitziges Cabriolet angenehm in Form brachte.

Als Sahnehäubchen auf der Palette stellte sich 1935 der Adler Trumpf Junior Sport ein, ein Zweisitzer von schmissiger oder, mit einem Modewort der Dreißiger, schnittiger Linienführung. Der Name ihres Autors ist gleichwohl verschollen. Eine Besonderheit: Die vorderen Kotflügel vollzogen wie beispielsweise am Aston Martin International die Drehbewegung der Räder beim Einschlagen mit, was den sportlichen Anspruch des schlanken Beaus unterstrich.

Unter seiner langen Haube ging es indessen durch und durch moderat zu. Dort waltete nämlich bieder der bekannte Vierzylinder mit knapp einem Liter Inhalt und 25, in einer für 4150 Mark und damit um 400 Reichsmark teureren "Sport"-Version, 28 PS bei 4300/min, die den Bruder Leichtfuß zu 110 km/h befähigten. Er brachte 750 kg auf die Waage – exakt soviel, wie ein Grand-Prix-Silberpfeil in jenem Jahr wiegen durfte.

Mit dem milden Mehr-Muskel des Sport hatte das fortschrittliche Fahrwerk des Normal-Junior keinerlei Mühe – ein Tiefbett-Kastenrahmen, mit dem der Aufbau verschweißt war, Einzelradaufhängung ringsum, vorn an übereinanderliegenden Querblattfedern, hinten an je einem Schwingarm, der durch einen Torsionsstab abgefedert wurde. Aber rasen mochte mit ihm ohnehin niemand.

Alfa Romeo 6C 2300 B Mille Miglia, Bj. 1938. Sechszylinder-Reihenmotor. 2309 cm^3. 95 PS. 145 km/h.

Der 6C 2300, Attraktion auf dem Stand von Alfa Romeo bei der Mailänder Motor Show im April 1934, war das jüngste Glied in einer evolutionären Kette, die mit dem 6C 1500 begonnen hatte. Drei Ziele verfolgten seine Väter: Auf dem aktuellen Stand der Dinge, sollte der Neue sportlich und preiswert sein und auf rationelleren Wegen als bisher gefertigt werden, was sich gleichwohl auch in einem ungewohnt sorglosen Finish niederschlug.

Zugleich gedachte man, wie stets, möglichst viele Neigungen und Bedürfnisse zu bedienen. Familien von mediterraner Fruchtbarkeit sollten in der Produktpalette aus Portello ebenso fündig werden wie das junge Glück zu zweit oder der wütend driftende Sportsmann. Über einem langen Fahrgestell mit 3218 mm Radstand wurde der 6C 2300 als Turismo (68 PS bei 4400/min, 120 km/h Spitze) etwa als sechs- bis siebensitziger Berlina angeboten. Daneben war er über einem kurzen Radstand von 2925 mm als Gran Turismo (76 PS bei 4400/min, 130 km/h schnell) mit Berlina-Aufbauten aus eigener Fertigung sowie diversen Coupé- und Cabrioletkarosserien von Couturiers wie Touring, Castagna, den Stabilimenti Farina, Ramseier oder Graber zu haben und als Sport-Version Pescara, benannt nach einem Rennerfolg bei der Targa Abruzzo.

Beispielsweise als Berlinetta von Touring mit einem knappen Aluminium-Wams angezogen, befähigte diese ihren Lenker dank 95 munteren PS bei 4500/min zu durchaus zügiger Fahrweise und war 145 km/h flink.

Der Block des potenten Sechszylinders bestand aus Grauguß, der Zylinderkopf wie auch die Ölwanne aus Leichtmetall. Den Antrieb der beiden hohlgebohrten Nockenwellen besorgte nun eine Kette, was den Geräuschpegel zur Bestürzung der Puristen erheblich minderte. Diese verdroß überdies, daß die dritte und vierte Fahrstufe synchronisiert waren.

Innen in die beiden kastenförmigen Längsträger des Rahmens hatte man zwecks Gewichtsersparnis große Löcher gefräst. Ansonsten gab es über das Chassis kaum Neues zu berichten – noch. Denn bereits 1935 wartete Alfa Romeo mit einem echten Knüller auf in Gestalt der Ausbaustufe 6C 2300 B, einem der ersten europäischen Serienautos mit Einzelradaufhängung. Die Chassisträger waren tiefer angesiedelt und erheblich versteift worden. Die Vorderräder hingen an Querlenkern, eingekapselten Schraubenfedern und hydraulischen Stoßdämpfern, die hinteren an einer Pendelachse System Porsche mit Drehstabfederung. Dem Turismo hatte man zwei Pferdestärken mehr spendiert.

In einer zweiten Auflage von 1938 wurde der 6C 2300 B mit einem neuen Getriebe mit geräuschlos agierenden Zahnradpaaren und Lochscheibenrädern als Lungo (Radstand 3250 mm), als Corto (Radstand 3000 mm) und – auf Rudge-Speichenrädern wie bisher rollend – als Mille Miglia offeriert, Nachfolger des Pescara.

Die Geschichte seines Namens entbehrt nicht der Pikanterie: Beim 1000-Meilen-Rennen von Brescia 1937 arbeitete sich ein Berlinetta dieses Typs, eingekleidet von Touring-Designer Bianchi Anderloni, bis auf Rang vier vor. Er gehörte Italien-Führer Benito Mussolini, und als erster Fahrer war dessen Chauffeur Ercole Boratto gemeldet. Die ganze Arbeit tat indessen dessen Copilot Giovanni Battista Guidotti, während Boratto den Ruhm einstrich.

Von den insgesamt 1606 Exemplaren des 6C 2300 entfielen 107 auf den Mille Miglia – einschließlich Mussolinis Berlinetta und einem Spider für Franco Cortese bei der gleichen Veranstaltung ein Jahr später.

Delahaye 135MS Coupé Chapron, Bj. 1946. Sechszylinder-Reihenmotor. 3557 cm^3. 135 PS. 160 km/h. Leihgeber: Graf de Dampierre

Émile Delahaye kam zu spät, und deshalb bestrafte ihn die Geschichte. 1843 in Tours geboren, baute er im reifen Alter von 52 Jahren sein erstes Auto, kränkelte bereits und verstarb 1906 im sonnigen Südfrankreich. So verpaßte er mit einigem zeitlichem Abstand die Blüte seines Unternehmens ein Vierteljahrhundert später.

Bevor die Verquickung von Chassis und Aufbau zur selbsttragenden Karosserie in den Fünfzigern solch wimmelnder Artenvielfalt den Garaus machte, hatte automobiler Erfolg noch mehrere Väter. Ein möglichst renommierter Hersteller war zuständig für die Klasse der Technik, eine Vielzahl von fast ebenso berühmten Couturiers für die Rasse der äußeren Erscheinung. Im Falle von Émile Delahayes posthumen Lebenswerk einte diese Fraktionen in aller Regel der gemeinsame Standort Paris, die Sté des Automobiles Delahaye, geleitet von Charles Weiffenbach ("Monsieur Charles"), und Spezialisten wie Antem, Beutler, Chapron, Faget & Varnet, Figoni, Letourneur & Marchand oder Saoutchik.

Beispiel Typ 135, dem vor allem der Carrossier Henri Chapron im Pariser Vorort Levallois sein Logo in die beiden Schweller prägte: Der Delahaye-Bestseller wurde 1935 eingeführt, dem Jahr der Übernahme des bisherigen Rivalen Delage. Es gab ihn in drei Spielarten, stets mit Rechtslenkung und auf dem gleichen stabilen Leiterrahmen (Radstand 2950 mm) mit vorderer Einzelaufhängung an Querlenkern und Querblattfeder und hinterer Starrachse mit Halbelliptikfedern sowie Reibungsstoßdämpfern vorn und hinten. Auch ihr Sechszylinder war ein klassisch konstruierter und robuster Geselle, dem durchaus traktormäßige Züge anhafteten, mit einer durch Ausgleichsgewichte ausbalancierten kräftigen vierfach gelagerten Kurbelwelle und seitlicher Nockenwelle, von einer Kette geräuscharm zur Arbeit angehalten. Im Modell Sport Normal leistete er mit einem Vergaser 95 PS, in der Version Coupe des Alpes von drei Zerstäubern verpflegt 110 PS und im Top-135 Spécial mit ebenfalls drei Vergasern 120 PS. Für diesen hatte man allerdings das Volumen von 3227 cm^3 auf 3557 cm^3 aufgebohrt – unter Beibehaltung des Hubs von 107 mm, fast schon einer magischen Delahaye-Zahl. Der Spécial war, so hieß es, nur mit einer nicht synchronisierten Viergangschaltung erhältlich, während für jene wahlweise ein Cotal-Getriebe angeboten wurde. Dies wurde elektromagnetisch betätigt mittels eines Hebelchens in einer winzigen Kulisse links vom Lenkrad, von den Franzosen zärtlich "moutardier" geheißen, das Senftöpfchen.

Auch sportlich stand der Typ 135 seinen Mann, etwa 1936 mit Rang zwei bei der Rallye Monte Carlo durch den Amerikaner Laury Schell und die Plätze zwei bis fünf beim Grand Prix für Sportwagen in Montlhéry und dem Le-Mans-Sieg 1938 unter Eugene Chaboud und Jean Tremoulet, alle Frankreich. Der von den rund 1500 Vorkriegs-Delahaye am meisten verkaufte Typ 135M war nur noch mit dem 3,5-Liter-Triebwerk zu haben, als Compétition mit 110 PS und als Spécial, für den mit einer viersitzigen Serien-Karosserie 148 km/h Spitze garantiert wurden, mit 130 PS.

In Gestalt eines 135M wurde denn auch 1946 die Produktion nach dem Krieg wieder aufgenommen, und bis 1952 beschworen noch einmal 1155 Einheiten mit den vier Motorstärken 95, 100, 115 sowie 130 PS für den 135MS den Ruhm der großen Jahre herauf.

Variiert wurde das Thema 135 ein letztes Mal mit dem Typ 175, vorgestellt auf dem Pariser Salon 1947 mit einer 4,5-Liter-Maschine, die mit drei Solex-Vergasern bis zu 148 PS aufbot. Die Räder hingen nun an einer Dubonnet-Vorderachse mit Schraubenfedern und einer De-Dion-Achse hinten, ohne daß ein größerer Fortschritt zu bemerken gewesen wäre. Es blieb bei 51 Exemplaren.

Leihgeber: C.F. Mirbach, Chiemgau

BMW 328 Roadster, Bj. 1939. Vierzylinder-Reihenmotor. 1971 cm^3.
80 PS. 150 km/h. Leihgeber: C. F. Mirbach, Chiemgau

Seinen Einstand gab der 328 nicht etwa in der kühlen Noblesse und inmitten des gedämpften Gemurmels einer Motorschau, sondern im Pulverdampf der Piste, am 14. Juni 1936 mit einem Klassensieg von Motorrad-Star Ernst Henne im Eifel-

rennen bei den Zweilitern. Mit einem Schnitt von 101,5 km/h brach der kleine weiße BMW mitten in die Domäne der großen Kompressorautos ein.

Das paßte: Der 328 war ein Sportgerät ohne Schnörkel und Schnickschnack, überdies mit einem Minimum an Mitteln und konstruktivem Aufwand auf die 16-Zoll-Räder (auf Wunsch mit Zentralverschluß) gestellt. Auf Stoßfänger hatte man gänzlich verzichtet, so daß der schmucke Roadster den Knüffen der Rennbahn von vorn und hinten schutzlos preisgegeben war. Seine Scheinwerfer waren gefällig in das Tal zwischen den vorderen Kotflügeln und dem zentralen Trakt mit der schmal abfallenden Niere eingebettet. Über seiner Motorhaube spannten sich zwei Lederriemen, die im Bedarfsfall mittels ihrer Patentverschlüsse blitzschnell entfernt werden konnten. Anatomisch geformte Aussparungen in den Türen erweiterten die Ellbogenfreiheit bei der Dreharbeit am großen Lenkrad ins Unermeßliche. Unten rechts neben dem nackt zur Schau getragenen Reserverad ragte eine Handbreit lang schräg und trotzig der Einfüllstutzen für den 50-Liter-Tank (Option: 100 Liter) empor. Dem leichten Segeltuchverdeck kam eher eine Alibifunktion zu, als daß es die beiden Insassen wirksam vor den Widrigkeiten nordischer Witterung bewahrt hätte. Es gab allerdings auch kommode Cabriolets mit Aufbauten beispielsweise von Drauz, Gläser, Weinberger oder Wendler.

Besondere Zuwendung hatte man dem Zylinderkopf des bekannten 1971-cm^3-Triebwerks zukommen lassen, dem V-förmig hängende Ventile verpaßt worden waren. Die seitliche Nockenwelle blieb, und auch die Einlaßventile wurden wie etwa am BMW-Kollegen 327 über Stoßstangen und Kipphebel betätigt. Allerdings hielten von dort aus horizontale Stoßstangen die gegenüberliegenden Auslaßventile zur Arbeit an. Dieses simple, aber effiziente Verfahren sowie die Alimentation durch drei Fallstromvergaser Solex 30 JF verhalfen dem robusten Vierzylinder zu 80 PS bei 5000/min, so daß etwa im Falle des Roadsters mit seinen 830 kg Wagengewicht eine Pferdestärke für den Transport von knapp über zehn Kilogramm zuständig war. Das Fahrwerk – ein Rohrrahmen mit Kastenquerträgern, vorn Querlenker unten und eine Querfeder oben, hinten Starrachse mit Halbfedern – war dieser Leistung souverän gewachsen.

Zwischen 1937 und 1939 entstanden 426 BMW 328. Bei einem Kaufpreis von 7400 Reichsmark taten sie wenig für das Budget der Bayerischen Motoren Werke, trugen aber eine Menge dazu bei, deren sportives Image zu mehren und zu erhärten. 405 erste und 154 zweite Plätze sprechen eine Sprache für sich.

Nur ein kleiner Auszug aus dem Erfolgskonto des 328: Beim 24-Stunden-Rennen von Le Mans 1939 holten sich Prinz Max von Schaumburg-Lippe und Hans Wencher den ersten Platz in der Kategorie zwei Liter und den fünften Rang insgesamt. Bei der Mille Miglia 1940 ging der rasende Baron Huschke von Hanstein in Begleitung von Copilot Walter Bäumer aufs Ganze: Gesamtsieg im selben Fahrzeug, einem von der Carrozzeria Touring in Leichtmetall gewandeten "Innenlenker". Allerdings hatte in jenem Jahr ein Dreieckskurs mit den Eckpunkten Brescia-Cremona-Mantua die übliche Riesenrunde durch Italien ersetzt. Ebenfalls am Start waren eine von BMW selbst gebaute "Rennsport-Limousine" von abstoßendem Äußeren sowie drei Roadster, Prototypen für einen 328-Nachfolger.

Cord 810/812, Bj. 1937. V8. 4730 cm³.
125 PS. 145 km/h. 20,1 s 0 - 100 km/h. Leihgeber: Collection „Gaston“

Schon zwei kränkelnde Nobel-Labels hatte der rührig-umtriebige Vielfachunternehmer Erret Lobban Cord (1894-1974) Mitte der zwanziger Jahre an sich gezogen, Auburn und Duesenberg, und überdies das eher schläfrige Connersville in Indiana in eine aufstrebende Autostadt verwandelt. Der dritte Streich folgte im September 1929 in Gestalt eines Wagens mit seinem eigenen Namen.

Anders als die anderen, war der Cord L-29 durch seinen Frontantrieb seiner Zeit weit voraus. Cords Konstrukteur Cornelius van Ranst konnte dabei zwar auf einen Reihenachtzylinder aus dessen eigener Motorenschmiede Lycoming zurückgreifen. Aber die Maschine mußte umgekehrt in den kreuzverstrebten Leiterrahmen des 5200 mm langen Riesen eingepaßt werden. Das führte zu Änderungen an 70 Einzelteilen, nicht zuletzt an den Anschlüssen für das Kühlwasser, dem Kurbelgehäuse und der Ölwanne. Mit 1879 Exemplaren im ersten Jahr ließen sich die Verkäufe gut an, schwächelten jedoch bald, als auch Cords Imperium von den Turbulenzen des Wall Street Crashs gebeutelt wurde und sich das Interesse seiner Landsleute an automobilem Adel, sportivem Naturell und revolutionärer Technik in eng gesteckten Grenzen hielt.

Mit just dieser wartete indessen der Typ 810 auf, mit dem Cord 1936 unverdrossen wieder Tritt zu fassen suchte. Seine Entwicklung hatte den Gegenwert von rund einer Millionen Mark verschlungen. Der Premiere bei den Autoshows in Chicago und New York ging ein Gewaltakt ohnegleichen voraus: 100 Fahrzeuge hätten die Cord-Werker im Vorfeld abliefern müssen, elf wurden schließlich fertig, und statt des künftigen Lycoming-V8 trugen die Exponate noch große Holzklötze unter der riesigen vorderen Haube.

Gordon Buehrig, ehemaliger Chefgestalter bei Duesenberg, hatte dem 810 Sedan eine höchst eigenwillige glattflächige Form verpaßt. Die üblichen Trittbretter waren ersatzlos gestrichen worden. Als markantestes Merkmal reckte das mächtige Mobil seine rundum von lamellenartigen Kühlschlitzen aufgebrochene "Coffin Nose" in den Fahrtwind, zu deutsch Sargnase – das Spottwort stammte von den Mitarbeitern des Unternehmens. Gerahmt wurde sie von tropfenförmigen Kotflügeln, in welchen bündig eingelassen versenkbare Schein- werfer ruhten und erst dann dienstbereit hervorglotzten, wenn sie mittels eines massiven Kürbelchens im Innenraum in Stellung gebracht worden waren. Zu den Raffinessen des 810 zählte seine Startix-Automatik: Ging der Motor im Leerlauf aus, wurde er von ihr wie von Geisterhand wieder angelassen. Der Zündschlüssel löste keineswegs das gewohnte V8-Wummern aus, sondern ein Geräusch wie ein wütender Bienenschwarm. Eine Kuriosität war auch der fingerdicke Ring, der aus einer verchromten kleinen Kulisse rechts an der Lenksäule vor dem mit Rundinstrumenten schön und reichhaltig besiedelten Armaturenbrett ragte. Mit ihm konnten buchstäblich mit dem kleinen Finger elektropneumatisch die vier synchronisierten Gänge sortiert werden. In der Praxis verdroß das System mit hoher Störanfälligkeit wie auch der Motor, der häufig überhitzte. Dies wurde keineswegs besser mit der Einführung des Kompressormodells 812 von 1937, das bemerkenswert handlich war

wie schon sein Vorgänger. Der 4,7-Liter-V8 wurde zwangsbeatmet durch ein Zentrifugalgebläse von Schwitzer-Cummins, das die Leistung von 125 auf 170 PS und die Höchstgeschwindigkeit von ohnehin schon munteren 145 auf 165 km/h anhob. Zu spät: Noch im selben Jahr ging die Cord Corporation pleite.

Die Baureihe versiegte nach 2320 Einheiten. Sie hinterließ gleichwohl Spuren – das Museum of Modern Art in New York erkor einen Cord 810 Sedan zu einem der zehn Meisterwerke des modernen Industriedesigns.

Ford Eifel Roadster, Bj. 1938. Vierzylinder-Reihenmotor. 1172 cm³. 34 PS. 105 km/h. Leihgeber: EFA Museum Amerang

1935 lag die Ford Motor Company A.G. in Köln-Niehl auf Rang sechs in der Hierarchie der deutschen Autobauer hinter der General-Motors-Zweigstelle Opel, DKW, Adler, Mercedes-Benz und Hanomag. Konkurrenz durch den Volkswagen drohte, und da rasches Agieren angesagt war, importierte man ab Mitte April kurzerhand ein entsprechendes Produkt der englischen Ford-Dependance.

Ab 21. Mai begann die Serienfertigung des Typs 20 C oder Eifel – Ford hatte just damit begonnen, bei der Namengebung rheinländisch-patriotisch den Großraum Köln abzuklappern – in Niehl in eigener Regie, von den Chronisten zeitgemäß als "deutsches Ereignis" gewürdigt. Die Stahlblechkarosserie des Eifel war mit seinem Plattformrahmen verschraubt. Seine Drahtspeichenräder hingen an Starrachsen mit darüberliegenden Querblattfedern und Dreieckstreben mit Schubkugeln, vorn geschoben und hinten gezogen, und hydraulischen Stoßdämpfern. "Der Motor hat bei kleinem Hubvolumen von nur 1157 cm³ die Bremsleistung von 34 PS", hob ein Prospekt lobend hervor, "dies ist die Leistung, die normalerweise nur bei Sportmotoren oder bei wesentlich komplizierteren Konstruktionen erreicht wird." Und: "Die vorderen Stahlrohrsessel bieten einen leichten Einstieg der hinteren Fahrgäste", zeigte sich das Fachblatt "Kraftfahrzeug" angetan und fügte hinzu, der von innen zugängliche Kofferraum nehme "beträchtliches Gepäck" auf. Dieser war allerdings nur "gegen ein kleines Aufgeld" (Originalton Eifel-Prospekt) zu

haben, was sich die kleine Kölner Firma Migö zunutze machte.

Angeboten wurde der Eifel als Limousine und Cabrio-Limousine mit zwei Türen und vier Sitzen sowie als zweitüriges Cabriolet mit zwei oder vier Sitzen.

Mit 61 495 Einheiten bis zum April 1939 erwies sich das Modell als Renner. Bald platzte das rheinische Werk aus allen Nähten. Auf der Suche nach Möglichkeiten für die Produktionserweiterung wurde der stellvertetende Technikchef Richard Bussien fündig bei der in Stettin ansässigen Auto-Manufaktur Stoewer und nicht nur dies: Sein Verhandlungspartner hatte eben einen flotten kleinen Roadster mit kurzem Bug und spitzem Heck entwickelt.

An dergleichen hatten etliche Ford-Kunden lebhaftes Interesse bekundet, und so nahm sich Bussien der Fundsache an: Das Blechkleid des Stoewer wurde flugs auf die Mechanik des Ford Eifel zugeschnitten und ein Kontingent von 400 Exemplaren in Stettin bestellt. Nachdem die Hälfte davon geliefert worden war, kündigte der Kölner Auftraggeber jedoch den Vertrag, vergrätzt über erhebliche Qualitätsschwankungen. Mit der weiteren Herstellung wurden die Karosseriewerke Joseph Hebmüller & Söhne in Wuppertal-Barmen betraut. Dort leistete man gute Arbeit, gab indessen zu bedenken, daß sich das Ford-Chassis arg verwinde, und zog zur Verstärkung Sperrholzplatten in die Türschweller ein.

Zeitgleich mit dem Eifel baute man seit 1935 den V8, den billigsten Achtzylinder auf dem deutschen Markt. Diesem wurde vom Modelljahr 1937 eine gefällige Stromlinienform verordnet, ein Ford-Schritt, den Bussien analog auch dem kleineren Bruder angedeihen ließ. Vor allem dem archaisch anmutenden Roadster tat er ungemein gut, der nun in einer

zweiten Auflage zumeist zweifarbig mit einer geschickt geglätteten Linie daherkam, allerdings auch ohne die markanten Auskehlungen in den Türen, in die Fahrer und Beifahrer im Vorgänger entspannt die Arme hatten legen können. Von 1938 an ließ sich die Windschutzscheibe umlegen, die Sitze wurden verbessert und seitliche Steckfenster als Serienausstattung beigefügt. Noch immer herrschte gemäßigter Polyzentrismus: Die Rohkarosserien des Roadsters stammten von Drauz und Deutsch.

Jaguar S.S. 100, Bj. 1936. Sechszylinder-Reihenmotor. 3485 cm³.
125 PS. 163 km/h. 10,9 s. 0 - 100 km/h. Leihgeber: Kurt Wilms

1956 für seine Verdienste um Queen, Vaterland und das britische Automobil in den Adelstand erhoben, war William Lyons (1901-1985) von Anbeginn bis zum Februar 1972 der Mann hinter der Marke Jaguar, rastlos rührig, zielstrebig, kreativ, von gewinnendem Wesen, um den gelegentlichen flotten Spruch nicht verlegen.

Stets huldigte er dem Prinzip der Steigerung. Ab 1922 bereicherte seine Swallow Sidecar Company von dürftigen Räumlichkeiten im Seebad Blackpool aus die Wachstumsbranche Seitenwagen um ein attraktives Erzeugnis aus Aluminium und in Stromlinie. Von 1927 an befreite Lyons den Austin Seven und später Produkte von Morris, Fiat, Swift und Standard mit hübschen Sonderaufbauten aus der faden Uniformität der großen Serien.

Im Juni 1931 indessen, inzwischen firmierte das Unternehmen unter Swallow Coachbuilding Co.Ltd., Coventry, stellten auffällige Inserate in der englischen Motorpresse lockend und gänzlich ohne falsche Bescheidenheit große Dinge in Aussicht, "etwas völlig Neues, anderes, Langes, sehr Niedriges und Schnelles, zwei Coupés von überwältigender Schönheit". Auf der London Motor Show im Herbst desselben Jahres war zu besichtigen, was der Autodidakt Lyons darunter verstand. Seine dort zur Schau gestellten Modelle S.S. I und S.S. II wiesen zugleich den Weg in die Zukunft, niedrig, mit langer Motorhaube, tiefem Schwerpunkt und ausgeglichenen Gewichtsverhältnissen, sportlich, stark und verblüffend preiswert.

Das S.S., noch ohne fatale Zweitbedeutung aus dem deutschsprachigen Raum, stand wohl für Standard-Swallow. Denn das schöne Paar fußte auf Zutaten der Standard Motor Company wie einem speziell für Lyons gefertigten Chassis, Vierzylindern zwischen 1006 und 1609 cm³ (S.S.II) sowie einem Sechszylinder von 2054 und später 2554, 2143 und 2664 cm³ (S.S.I). Mit dessen hubraumstärkster Ausbaustufe von 90 PS war der Roadster S.S. 90 von 1935 ausgestattet, dem Jahr, in welchem Lyons' ambitionierte Manufaktur zur S.S. Cars Ltd., Foleshill, Coventry umgeflaggt wurde. Hatte der Prototyp noch ein abfallendes Heck mit dem darin versenkten Reserverad, schmeichelte sich die endgültige Fassung in 23 Exemplaren ein durch einen flachen, hochgestellten Tank, eine umklappbare Windschutzscheibe und elegant fließende Kotflügel.

Um die gleiche Zeit entstand das Sigel Jaguar, ein Jahr später ergänzt um die entsprechende Kühlerfigur, die S.S.-Pressechef E.W. Ranklin und der Künstler Gordon Crosby geschaffen hatten. Es suggerierte nicht zuletzt lautloses Gleiten und katzenhafte Geschmeidigkeit und wurde geprägt für den 2½ Litre S.S. Jaguar Saloon, den man verdutzten Presseleuten ein paar Tage vor der Londoner Ausstellung 1935 im Mayfair Hotel der Metropole zu guten Worten, Speisen und Getränken präsentiert hatte.

Sein Hubraum von 2664 cm³ war zugunsten der glatten Zahl abgerundet worden, und Swallow-Motorenmann William Haynes hatte ihm im Zusammenwirken mit dem begnadeten Zylinderkopf-Arbeiter Harry Weslake hängende statt der bisherigen seitengesteuerten Ventile und zwei SU-Vergaser sowie einen unter den Achsen doppelt gekröpften Kastenrahmen mit Starrachsen an Halbelliptikfedern verpaßt. 395 Pfund anstelle der bei der Mayfair-Party im Schnitt vermuteten 632 kostete der Jaguar, ebensoviel wie der S.S. 100. Dieser löste 1936 den S.S. 90 ab, übernahm zunächst die 104 PS leistende Maschine des Saloon, war Ende September 1937 indessen wahlweise mit 3485 cm³ und 125 PS zu haben. Mit ihm lief der begehrteste Jaguar der Vorkriegszeit, für den in insgesamt 309 Exemplaren die Nachfrage entschieden das Angebot überstieg, tatsächlich so schnell, wie sein Name verhieß: 100 Meilen pro Stunde.

Leihgeber: Dr. Alexander Schröder-Freekes

Riley 12 h.p. Sprite, Bj. 1937. Vierzylinder-Reihenmotor. 1496 cm³. 45 PS. 137 km/h. Leihgeber: Peter Hart

Sportwagen hatten Tradition bei Riley, seitdem sich 1909 der 10 h.p. Speed 1909 lärmend zu Wort meldete, unheilverkündend niedrig auf seinen abnehmbaren Speichenrädern mit 1390 cm^3 und den "quadratischen" Zylindermaßen 96

x 96 mm. Ihre bislang berühmteste Ausprägung war der Brooklands Nine gewesen, als man die Sportofferte in den dreißiger Jahren um drei neue Modelle erweiterte.

Bei dem ersten handelte es sich um den Imp von 1934 und 35, einen Zweisitzer von zwergenhaftem Wuchs in der schwachen Auflage von nur 47 Einheiten, in deren Cockpit extrem beengte Sitzverhältnisse herrschten. Um ihn angemessen zu motorisieren, griff man auf die gestandene Maschine des Nine zurück, bettete diese indessen in einen Rahmen ein, der zwar ebenfalls die Hinterachse unterquerte, sich vorn jedoch in Schwanenhälsen aufwarf. Erhältlich war er mit einem Vorwähl- oder einem eng gestuften manuellen Schaltgetriebe. Mit 15 Einheiten noch rarer war im gleichen Zeitraum der MPH-Six, dem Imp nicht unähnlich, aber geräumiger über einem längeren Radstand. Drei Sechszylinder standen zur Wahl, mit 1458, 1633 und 1726 cm^3. Die Entscheidung für das halbe Dutzend wurde dem Kunden mit manifester Tugend honoriert: Die kleinen Sechstöpfer glänzten durch seidigen Lauf, kräftigen Antritt sowie trutzige Zuverlässigkeit, die sie etwa als Triebwerk der Kompressor-Monoposti von ERA (für English Racing Automobiles) unter Beweis stellten.

1936 wurden Imp und MPH durch den Sprite ersetzt, vorgestellt bei der London Motor Show im Jahr zuvor und begleitet von dem patriotischen Imperativ "Buy a car made in the United Kingdom". Abgesehen von den vom Werk abgezweigten Exemplaren für den Gebrauch auf der Rennstrecke beherzigten diesen nicht viel mehr als nachgewiesene 47 Käufer. Das war erstaunlich, da in Gestalt des Sprite ein schmucker eleganter Zweiplätzer mit Ansätzen einer zeitgenössisch interpretierten Stromlinie feilgeboten wurde, mit einer markanten ansatzweisen Finne auf der rundlichen Heckverkleidung. Frühes Prospektmaterial zeigte ihn noch mit dem traditionellen steilen Riley-Kühler. Aber die meisten Produktions-Sprites schoben ein schräg angesetztes Grill in den Fahrtwind, dessen weit auseinanderstehende verchromte Gitterstäbe tiefe Einblicke in den Motorraum gewährten – ein stilistischer Fauxpas, wie Hardliner mäkelten.

Dahinter wirkte eine aktualisierte Version des Riley-Anderthalbliters, der seit 1928 brachgelegen hatte. Getriebespezialist Hugh Rose, anschließend für Lea-Francis tätig, hatte ihn für die Baureihe 12/4 überarbeitet, mit zwei seitlich hoch angesetzten Nockenwellen, hemisphärischen Brennräumen, dreifach gelagerter Kurbelwelle, Querstrom-Stoffwechsel und einem Zenith-Zerstäuber, der später durch zwei SU-Vergaser abgelöst wurde.

Diese kam jenseits 4000/min so richtig in Fahrt, hielt in einer Standardversion 45 und später 46 PS bereit, in der Ausbaustufe Special Series 52 PS und im Sprite gar 59 und dann 61 PS. Diese Variante war mit heißeren Nockenwellen, Magnetzündung, einem größeren Ölsumpf und einer anderen Wasserpumpe auf ihre Aufgabe zugeschnitten worden. Sie konnte zum Aufpreis von 48 Pfund Sterling (der Sprite kostete erst 425 und 1938, im letzten Jahr seiner Fertigung, 450 Pfund) auch für die Tourenwagen der Marke wie den Kestrel oder den Lynx geordert werden, allerdings ohne den Renn-Sumpf und mit einer Standard-Wasserpumpe.

Der T.T. Sprite im Kampftrimm für die Piste wurde mit dieser Maschine, dem Sechszylinder mit dem fast identischen Volumen von 1458 cm^3, 1808 cm^3 oder 1986 cm^3 eingesetzt. Der Zweiliter schien 1936 überraschend in einer Preisliste für 550 Pfund auf – eher Information als Angebot.

Wanderer W 25 K, Bj. 1937. Sechszylinder-Reihenmotor. 1950 cm³. 85 PS. 145 km/h. Leihgeber: Audi AG, Ingolstadt

Im Jahr vor der Krise 1928 zog der Automobilzweig der Wanderer Werke AG von seinem vormaligen Standort Schönau bei Chemnitz ins nahegelegene Siegmar um. Von nun an ging's bergab, denn Kassen, Konten und Budgets trockneten rasch aus. Am 1. Januar 1932 fand man sich unter dem Dach der Auto Union wieder, zu der die Sächsische Landesbank

bereits die Marken DKW, Audi und Horch versammelt hatte. Im neu ausgetüftelten Spektrum der Zuständigkeiten wurde Wanderer für die obere Mittelklasse eingeteilt. Weit darunter vermochte man sich einst zu profilieren, zwischen 1912 und 1926 mit dem "Puppchen", einem poppig-populären Zweisitzer, dessen Insassen die Reise hintereinander antraten wie später die Crew eines Kampfjets.

Bereits 1931 hatte man dem in Stuttgart just gegründeten Konstruktionsbüro des Professors Ferdinand Porsche seinen ersten Auftrag erteilt, einen Reihensechszylinder mittleren Kalibers. Porsche lieferte ein Leichtmetalltriebwerk mit einer siebenfach gelagerten Kurbelwelle ab, mit 1690 beziehungsweise 1950 cm³ je nach Laufbüchsen, nicht unähnlich einem Motor, den er vorher für Steyr entwickelt hatte. Auch die hintere Pendel-Schwingachse künftiger Wanderer entsprach der diverser Steyr-Modelle. Die vordere Aufhängung blieb zunächst konventionell, starr mit Halbfedern, wurde jedoch 1936 dem Zug der Zeit folgend unabhängig mit doppelten Querlenkern und einer Querfeder.

Das war das Jahr des Wanderer W 25 K, eines mit amerikanischen Elementen frisch gestylten zweiplätzigen Roadsters oder Sport-Cabriolets, bei dessen Formgebung nicht zuletzt Impulse vom Typ Spezial 51 ausgegangen waren, ebenfalls 1936 viertürig als Limousine und Cabrio erhältlich. Dem W 25 K fiel eine Aufgabe zu, welcher er unmöglich gewachsen sein konnte: Er sollte es mit dem BMW 328 aufnehmen und war dem bajuwarischen Rivalen abgesehen von seiner physischen Schönheit doch in allen Belangen unterlegen, mit 85 PS zwar fünf PS stärker, aber mit 1000 kg 170 kg schwerer und mit einer Spitze von 145 km/h fünf km/h langsamer. Im Handgemenge gegen seine schwierige Schaltung, munkelte man, komme nicht einmal der begnadete Autofahrer Bernd Rosemeyer zurecht, die Speerspitze der Auto Union auf den Grand-Prix-Pisten.

Teurer war er auch: Während der flinke Bayer mit 7400 Reichsmark zu Buche schlug, wurde der Preis für den W 25 K von 6800 Mark in seinem ersten Jahr unklug auf 7400 Mark in den beiden folgenden angehoben. Da sich all das zügig herumsprach, blieb er ein rarer Artikel mit 258 Einheiten, 149 anno 1936, 72 im Jahr darauf, 1938 schließlich 37. Das K im Typen-Sigel stand für den mit der 2,3-fachen Drehzahl der Kurbelwelle hinter seinem Doppel-Steigstromvergaser ständig mitlaufenden Roots-Kompressor. Dieser half dem Porsche-Sechszylinder zwar auf die Sprünge, tat dies indessen um den Preis einer erhöhten Störanfälligkeit, was natürlich gleichfalls die Runde machte. Seine Höchstleistung, gab das Werk an, rücke er heraus bei 4000/min – es waren realiter gewiß 1000 mehr. Bei den letzten W 25 wies das Fehlen des K auf den Fortfall des Gebläses hin, und in vielen bereits gelieferten Exemplaren beseitigten nachträglich ein-

gebaute Saugmotoren von Wanderer oder sogar Opel die Kompressor-Misere. Unklarheit hinsichtlich der Maschine hatte es von Anbeginn an gegeben. Ursprünglich war für ihn ein Seitenventiler vorgesehen, der sich aber als ungeeignet erwies. Andererseits sollte das tatsächlich verwendete Porsche-Produkt auf lange Sicht lediglich in dem dafür vorgesehenen Abteil des W 25 K Dienst tun. Es kam nicht soweit. Sein gefällig gerundeter Kühlergrill hingegen blieb noch eine Weile – ab 1937 Standard auch bei den Tourenwagen der Marke.

Morgan 4/4 Drophead Coupé, Bj. 1948. Vierzylinder-Reihenmotor. 1267 cm³. 40 PS. 127 km/h. 25,4 s 0 - 100 km/h. Leihgeber: Karl Victor

Der Morgan Three-Wheeler war ein Zwitterwesen zwischen Auto und Zweirad, das zwei Weltkriege überlebte. Der letzte, ein F Super, verließ das altertümliche kleine Werk in der Pickersleigh Road, Malvern Link, Worcestershire am 29. Juli 1952, leichtgewichtig und vergleichsweise üppig motorisiert wie über 40 000 vor ihm.

Dasein und Sosein dieser munteren Mobile aber verdankte die Welt im allgemeinen und das Morgan-Land Großbritannien im besonderen einem Unfall und der unerbittlichen Strenge des ehrwürdigen Domherrn H. G. Morgan. Das kam so: Im Jahre 1908 kaufte sich Henry Frederick Stanley Morgan der Jüngere in Frankreich eine Peugeot-Maschine, deren zwei Zylinder in V-Form zueinander standen wie ein Victory-Zeichen. Er wolle, so äußerte er, um diesen Importartikel herum ein Motorrad basteln, für den eigenen Gebrauch. Vater H. G. unterband den Plan auf der Stelle, da Sohn H. F. S. mit einem solchen unlängst gestürzt war, sich selbst und seine Maschine einigermaßen lädierend. Der Junior gehorchte zähneknirschend, denn mit seinen 27 Jahren war er eigentlich nicht mehr zu totaler Subordination verpflichtet, und umging zugleich das väterliche Gebot im Geiste, indem er ein Dreirad auf die dünnen Pneus stellte.

Das fertige Produkt wog nur drei Zentner, entwickelte pfeffriges Temperament und löste eine solche Nachfrage aus, daß ab 1911 die Belegschaft der ein Jahr zuvor gegründeten Morgan Motor Company alle Hände voll zu tun hatte, Repliken unter die Leute zu bringen. Zu den zahlreichen Besonderheiten des unorthodoxen Vehikels zählte, daß seine beiden Vorderräder unabhängig an senkrechten Führungsrohren aufgehängt waren, eine Lösung, die man für den 4/4 von 1936 übernahm, ein richtiges Auto mit vier Rädern und den vier Zylindern eines Coventry-Climax-Triebwerks von 1122 cm³. Sie sollte zum Markenzeichen werden wie die von zahlreichen Kühlschlitzen durchbrochene lange Motorhaube, die sanft in Trittbrettern ausschwingenden vorderen und die energisch gerundeten hinteren Kotflügel sowie die rigorose Härte, mit der alle Morgan das Verlassen topfebener Fahrbahnen ahndeten.

Mit grimmigem Humor gewürzte Anekdoten begannen zu zirkulieren, etwa die, daß der mit einem sensiblen Gesäß ausgestattete Morgan-Mensch sehr wohl unterscheiden könne, ob bei der Münze, die er gerade überfahre, Zahl oder Adler oben liege. Nicht unbeteiligt an solch spartanischem Gebaren war die hintere Starrachse mit Halbelliptikfedern, unter der sich die Holme des Kastenrahmens wegkrümmten. Noch 1939, kurz bevor die Firma mit Rüstungsaufträgen bedacht wurde, bot man alternativ eine Standard-Maschine von 1267 cm³ an, eine Abart des Flying-Ten-Aggregats, die ausschließlich nach Malvern Link geliefert wurde.

In dieser Form erlebte der 4/4 nach dem Kriege seine Renaissance. Allerdings kündigte die in Coventry ansässige Standard Motor Company bereits 1947 an, man werde sich in Zukunft auf ein Zweiliter-Triebwerk für den Vanguard und diverse Triumph-Modelle beschränken. Dies bedeutete das Menetekel für den Morgan 4/4 der ersten Serie. Es gab einen zweisitzigen Sportroadster, ein smartes Drophead Coupé mit ebenfalls zwei Plätzen sowie einen offenen Viersitzer mit einem Reserverad am Heck anstatt des sonst üblichen Tandems.

1436 Exemplare des 4/4 entstanden insgesamt, davon 553 nach 1945. "Fast so gut wie mit einem Morgan", pflegte Firmenchef H. F. S. zu sagen, "fährt man in einem Rolls-Royce." Für sein persönliches Fortkommen bevorzugte er die zweitbeste Möglichkeit.

Horch 855 Spezial-Roadster, Bj. 1938. Achtzylinder-Reihenmotor. 4944 cm^3. 120 PS. 140 km/h. Ca. 30 s 0 – 100 km/h. Leihgeber: Conrad Engel

Schon mit dem Namen war das so eine Sache. Denn 1909 hatte der Winninger August Horch (1868-1951) dem von ihm Ende 1899 gegründeten Unternehmen im Zorn den Rücken gekehrt, seinen guten Namen hinterlassen, diesen

trotzig ins Lateinische übersetzt und in der Nachbarschaft unverzüglich die konkurrierenden Audi-Werke ins Leben gerufen. Ironie der Geschichte: Seit 1932 weilte man, zusammen mit DKW und Wanderer, unter dem Dach der Auto Union wieder familiär beieinander.

Stolz der ungleich gemischten Quadriga war zwischen 1935 und 1940 der Fünfliter-Horch, der nach dem Fortfall der Hubraumsteuer in Deutschland rund die Hälfte des Marktsegments für Luxuswagen abdeckte – noch vor dem großen Rivalen Mercedes-Benz. Sein Reihenachtzylinder leistete zunächst 100, von 1937 an mit schärferen Nocken und höherer Verdichtung 120 PS. Ab 1938 war, durch den Zusatz A im Typenkürzel gekennzeichnet, seine vierte Fahrstufe mit einer langen Übersetzung als Autobahn-Ferngang ausgelegt.

Das monumentale Cabriolet 780 B (1932-1934) wurde auf der Berliner Automobil-Ausstellung im Februar 1935 vom Modell 850-Sport abgelöst, Werkscode 853. Dieser wurde zur offiziellen Bezeichnung für das Modell ab 1937. Hand in Hand damit ging die Verkürzung seines Vorderteils um 50 mm. Das Fahrwerk bestand aus einem Kastenrahmen mit zwei Querfedern vorn sowie einer Doppelgelenkachse mit Underslung-Halbfedern hinten. Ungefähr ein Siebentel der Chassis des Typs 853 und 853 A, meist Spezial-Cabriolet oder Roadster genannt, wurde mit Maßkonfektion von Spezialisten wie dem Berliner Karossier Erdmann & Rossi ausgestattet. Den spektakulärsten Roadster baute dieser selbst in nicht mehr als zehn Exemplaren, das Zwickauer Werk in einer verkürzten Version mit einem von 3450 auf 3300 mm geschrumpften Radstand unter dem Sigel 855 in einer Verbreitung von höchstens sieben.

Im Gewand einer charismatischen Autopersönlichkeit verbarg sich gleichwohl im Grunde ein Blender. Gewiß reichten die Horch-Roadster in ihrer dramatischen Formgebung an ihr Mercedes-Gegenstück 540 K durchaus heran. Und ohne Zweifel verkörperten ihre sanft summenden Triebwerke unter der zweiflügeligen Motorhaube Ingenieurskunst vom Feinsten. Gottlieb Daimlers Sohn Paul hatte sie in den zwanziger Jahren konzipiert mit zwei obenliegenden Nockenwellen und einer Königswelle. Sein Nachfolger und künftiger BMW-Techniker Fritz Fiedler hatte ihnen eine Nockenwelle genommen, dafür aber die doppelte Anzahl von Kurbelwellenlagern – zehn – gegeben.

Aber Klasse bedeutete in jenen Jahren nicht zuletzt Masse. Jede Pferdestärke schleppte fast einen halben Zentner Fahrzeuggewicht mit sich herum wie die geschundene griechische Sagengestalt Atlas den Globus: Auf 100 km/h bemühte sich der Horch 855 in einer gemächlichen halben Minute. Auch Lenkung und Bremsen wiesen harsche Grenzen auf. Das Umrunden enger Biegungen weitete sich zum Kraftakt, wie der Zweieinhalbtonner ohnehin eine einmal eingeschlagene Richtung nur unwillig veränderte. Und eine Vollbremsung aus Tempo 140 geriet allemal zum Wagnis mit ungewis-

sem Ausgang, so daß die Reise in dem Auto-Union-Flaggschiff der Kreuzfahrt eines Ozeanriesen über Landstraßen gleichkam. Und die so aufwendig konstruierte Hinterachse reagierte höchst ungehalten auf Bodenwellen und brachte dann das Schwergewicht bedrohlich ins Wanken. Einer aber brauchte sich um all das nicht zu scheren, weil ihn die Natur mit einem Fahrtalent ohne Beispiel begnadet hatte: Auto-Union-Werkspilot Bernd Rosemeyer. Er hatte sein wunderschönes Stromlinien-Coupé Horch 853 Jahrgang 1937 namens "Manuela" immer voll im Griff.

Horch 930 V Roadster-Cabriolet, Bj. 1938. V8. 3823 cm^3.
92 PS. Ca. 140 km/h. Leihgeber: Conrad Engel

Auf die Turbulenzen der Weltwirtschaftskrise reagierte Horch 1931 mit der Dreiliter-Sparversion 430 des real existierenden Typs 8, nicht ohne diese soziale Tat am anderen Ende der Skala durch einen Zwölfzylinder auszutarieren.

Der 430 war kaum weniger teuer wie seine größeren Geschwister, aber billiger in Verbrauch und Unterhaltung. Das Provisorium löste allseits eher Naserümpfen aus, und auch der flugs auf der Berliner Automobil-Ausstellung im Februar 1933 präsentierte Nachfolger 830, kleiner, leichter und von einem kompakten V8 mit zentraler Nockenwelle anstatt des bisherigen Reihenmotors mit der gleichen Anzahl von Verbrennungseinheiten angetrieben, mochte keine stehenden Ovationen auslösen. Dafür gab es zwei Gründe: Er hatte sich das Altertümchen eines vorderen Starrachse bewahrt, und sein Aufbau glich dem des ebenfalls beim Berliner Karossier Ambi-Budd gefertigen Adler Standard 6 aufs Haar.

Wieder schuf man rasch Abhilfe. Auf Anregung von William Werner, seit 1929 im Horch-Vorstand, zog in eine B-Version von 1934 eine Querfeder-Vorderachse ein, während man es hinten bei einer Starrachse mit Underslung-Halbfedern beließ. Der Karosserie, nun wieder im eigenen Hause hergestellt, verpaßte man das modische Stromlinienheck. Daß dessen Oberteil aus stark geriffeltem Stahlblech bestand, war weniger ein stilistischer Knüller als eine Vorkehrung gegen Dröhnen. Das gewinnende Erscheinungsbild des Horch 830 B und seine sonstigen manifesten Qualitäten führte sehr rasch zu dem erwünschten Verkaufserfolg, zumal sein Hubraum prestigeträchtig von ursprünglich 3004 cm^3 auf 3250 cm^3 (1934) und 3517 cm^3 (1935) erhöht wurde. Auch bei der Wehrmacht stand er in hohem Ansehen in Gestalt eines für den Kriegsdienst entsprechend präparierten Kübelwagens.

Gekrönt wurde die Typenfamilie durch den Horch 930 V, zunächst mit den 3,5 Litern des Vorläufers und 82 PS, ab September 1938 mit einem zehn PS stärkeren 3823-cm^3-Aggregat, das ursprünglich für militärische Zwecke entwickelt worden war. Um das Gewicht des 930 auf jeden Fall auf unter zwei Tonnen zu drücken, hatte man den Radstand um 100 mm auf 3100 mm verkürzt. Wegen der zunehmenden Aufrüstung traten Engpässe nicht zuletzt im Umfeld der Außenpaneelen auf, und die Zulieferer für Werkzeuge und Zubehörteile übernahmen keine Garantie mehr. Folglich verzögerte sich der Beginn der Produktion von dem ursprünglich ins Visier genommenen Termin im Herbst 1936 auf das Frühjahr 1937. Gleichwohl konnte man die Berliner Ausstellung im Februar jenes Jahres wie gewohnt mit kompletten Exponaten beschicken.

Nachdem diese von der Zeitsituation bedingten Anlaufschwierigkeiten überwunden waren, geriet der 930 V zum Schlager, dessen Popularität nach rund 2000 Exemplaren nur der Zweite Weltkrieg ein Ende zu bereiten vermochte. Mit seinen typischen Horch-Tugenden wie Stabilität und Paßgenauigkeit von Verdeck und Karosserieteilen machte er sich um das Image der Zwickauer Marke, die durch den dritten im Quartett der Auto-Union-Ringe symbolisiert wurde, ungemein verdient. Der Garantieaufwand pro verkauftes Horch-Auto fiel zwischen 1936 und 1939 von 281,45 auf 170,07 Reichsmark. Flink war er ebenfalls: Am 25. November 1938 durchmaß anläßlich einer Demonstrationsfahrt ein 930 V die

529,9 km der Autobahn zwischen München und Berlin in drei Stunden und 53 Minuten, was einem Mittel von 136 km/h entspricht. Als nützlich und nervenschonend erwies sich dabei der sogenannte Autobahn-Ferngang, der dem ZF-Getriebe mit vier Fahrstufen durch einen zweiten Hebel zugeschaltet werden konnte.

Zwei Drittel der Population entfielen auf die offenen Varianten. Die schönsten Blüten trieb die Baureihe mit 30 Roadstern, im Frühjahr 1937 beim Dresdener Spezialisten Heinrich Gläser in Auftrag gegeben.

Talbot Lago T150 SS, Bj. 1938. Sechszylinder-Reihenmotor. 3996 cm³. 160 PS. 175 km/h. Leihgeber: Peter Kaus

Mit der Baureihe T150 SS – darüber sind sich die Chronisten einig – gelangte die im Pariser Vorort Suresnes angesiedelte Premiummarke Automobiles Talbot gegen Ende der dreißiger Jahre zur Blüte ihres Schaffens. Diese setzte sie offenbar auch bei ihren Käufern voraus, die kurz vor Ausbruch des Zweiten Weltkriegs durchweg in Luxus schwelgten. Allein das Chassis kostete 80 000 Franc, das komplette Auto gelegentlich fast das Doppelte. Ein Offizier verdiente rund 1000 Franc im Monat.

Natürlich trug vor allem der Motor zu Pracht, Prestige und sonstiger Herrlichkeit des Produkts bei, ein Vierliter-Reihensechszylinder mit 140 PS und mehr, den Chefingenieur Walter Becchia aus einem Renntriebwerk sublimiert hatte. Der Zylinderkopf bestand aus einer Leichtmetallegierung, und die halbkugelförmigen Brennräume wurden ermöglicht durch eine patentierte Anordnung der Stoßstangen, Kipphebel und in einem Winkel von 75° zueinander hängenden Ventile. Zunächst wurde er gespeist von zwei Zenith-, später durch ein Paar horizontale Solex-Vergaser, am Ende durch drei Stromberg-Zerstäuber. Unmittelbar nach dem Druck auf den Anlasser bollerte die Maschine mit kraftvollem, tieffrequentem Timbre los und verriet ihre Renn-Gene beim Beschleunigen mit lautem Trompeten. Schon ab 2000/min zog der Talbot energisch durch, tat sich aber schwer, wenn die Nadel des Jaeger-Drehzahlmessers die Marke 3500/min überschritten hatte. Die Höchstleistung lag bei 4100/min an.

Übermittelt wurde die Stärke des Rasse-Aggregats durch ein Wilson-Vorwählgetriebe mit vier Fahrstufen. Schon weit vor einer Kurve konnte der Lenker den gewünschten Gang vorprogrammieren, per Fußdruck aufs Kupplungspedal im richtigen Moment einrücken und so beide Hände am großen und schlichten Vierspeichenlenkrad behalten. Das niedrige Fahrgestell zeichnete sich aus durch extensive Querverstrebungen und eine starke Kröpfung der kastenförmigen Längsträger über der Hinterachse. Die Vorderräder waren unabhängig aufgehängt mit einer Querfeder und Quer- und Längslenkern, die hinteren an einer Starrachse mit Halbelliptikfedern. Seinen eigentlichen Charme verliehen dem Modell indessen seine exklusiven Aufbauten, zumeist geschneidert durch Pariser Meister ihrer Zunft. Zu den schönsten Automobilen aller Zeiten zählt der Talbot Lago T150 SS zweifellos mit der Coupé-Karosserie der beiden Star-Designer Giuseppe Figoni und Ovidio Falaschi. Auf der Basis exakter Zeichnungen und eines Tonmodells wurde eine Holzattrappe in Originalgröße erstellt, anhand derer die Mitarbeiter des Unternehmens die Außenhaut des Talbot dengelten. Entsprechend der viel später geprägten Devise des Malers und Architekten Friedensreich Hundertwasser, die Gerade sei gottlos, kam sie einer rigorosen Absage an den rechten Winkel gleich. Vielmehr vereinigten sich Kurven verschiedener Radien auf einer höheren Ebene zu einem perfekten Ganzen. Der sprechende Beiname Goutte d'Eau (französisch für Wassertropfen) bezeugt, daß bei der Konzeption des windschlüpfigen Zweisitzers schlichte Naturformen Pate standen. Gleichwohl schützten die rasende Skulptur (Auflage: neun) keine Stoßstangen, so daß ihrem Besitzer nichts übrig blieb, als auf sein eigenes Geschick und die Rücksichtnahme der anderen zu bauen. Auch sonst manifestierte sich ein umfassender Stilwille: Überall war in das rundliche Ensemble diskret-raffinierter Chromschmuck eingearbeitet, das ansonsten in Aluminium und Holz gehaltene Interieur in kostbarem Leder tapeziert, und selbst die Nähte stellten sich als Design-Elemente dar, da sie den Krümmungen von Türen, Fenstern und Sitzen nachgezeichnet waren.

BMW 327/28, Bj. 1939. Sechszylinder-Reihenmotor. 1971 cm³. 80 PS. 145 km/h. Leihgeber: C. F. Mirbach, Chiemgau

Bereits der 303 streckte das unverwechselbare Gesicht künftiger BMW-Generationen in den Fahrtwind, die Niere, gekrönt von dem bekannten weißblauen Propellerkreis. Mit ihm und seinen Abkömmlingen verband man bald das Image eines gut gemachten, starken und sportlichen kleinen Autos für den gepflegten Egoismus zu zweit.

Aber seine Klientel wurde älter und legte sich vielleicht auch Nachwuchs zu,

und überdies gedachte man, neue Käuferreservoire anzuzapfen. Folglich wagten sich die Münchener Marktstrategen im kleinen Grenzverkehr zwischen Sportwagen und sportivem Gebrauchsfahrzeug auf Neuland mit dem 326. Er wurde im Februar 1936 auf der Berliner Ausstellung erstmals gezeigt und ging im Juli in Serie, zunächst mit geteilten Doppelstoßstangen und 17-Zoll-Scheibenrädern, ab Anfang 1937 mit 16-Zöllern und Lochscheibenrädern. Sie waren seinem schmucken Erscheinungsbild ebenso bekömmlich wie die einteiligen Stoßfänger ab 1939.

Der Sechszylinder des 303 war der kleinste Motor des Markts in dieser Konfiguration gewesen und überdies von glänzender Substanz. Und so hatten ihn seine Väter Fritz Fiedler und Rudolf Schleicher sofort einem kontinuierlichen Reifeprozeß unterzogen, in die sich etliche Hubraumvergrößerungen einlagerten, bis bei 1971 cm³ ein Ende des Wachstums angezeigt schien. Im 326 waren diese für 50 PS gut, was ihn in Verbindung mit 1125 kg Wagengewicht etwa für die Limousine mit treuherziger Behäbigkeit daherkommen ließ. Komfortabel war er auch, und so ging die neue Formel auf: Mit 15 936 Exemplaren bis 1941 avancierte er zum meistverkauften Vorkriegs-BMW.

Im November 1937 wurde die Baureihe nach Art des Hauses um das attraktive zweiplätzige Cabriolet 327 bereichert, in der Tat ein Schmuckstück mit hübsch eingeschalten Scheinwerfern, schnittig halb abgedeckten Hinterrädern, einer eleganten Intarsie im Kofferraumdeckel, welche die Form des Reserverads darunter noch einmal nachzeichnete, einem schicken schneeigen Dreispeichenlenkrad und weiß unterlegten Instrumenten. Publikum und Fachpresse reagierten begeistert, die anvisierte Zielgruppe indessen spröde und zugeknöpft. Mit seinen 55 PS, erzeugt mit Hilfe zweier Vergaser, war ihr der Bayern-Beau aus Eisenach einfach zu schlapp und darüberhinaus alles andere als billig: Die offene Version kostete mit 7500 Reichsmark 2000 mehr als die Limousine 326. Ein Coupé, das im Oktober 1938 nachgelegt wurde und bei dem im Gegensatz zum Cabriolet die Türen hinten angeschlagen und der Winker hinter diesen untergebracht waren, schlug mit 7450 Mark zu Buche.

Den Nörglern und Nimmersatts konnte indes geholfen werden, und zugleich kehrte man im April 1938 zu den Ursprüngen zurück, indem man dem 327 den Motor des 328 verschrieb, mit drei Fallstromvergasern und 80 munteren PS. Sie hoben die Spitzengeschwindigkeit um 20 auf bemerkenswerte 145 km/h an. 327/28 hieß das schöne Zwitterding und blieb trotz allgemeiner Akzeptanz mit 568 Einheiten (davon 86 Coupés) in der Minderheit gegenüber 1174 Cabrios und 179

Coupés vom Typ 327, nicht zuletzt, weil bereits der Zweite Weltkrieg drohend das Haupt erhob.

Das letzte Coupé wurde im Mai 1941 in Hamburg dem brasilianischen Generalkonsul Louza-Ribeiro übergeben. Zum gleichen Zeitpunkt erreichte das Cabriolet mit der Fahrgestell- und Motornummer 87 306 seinen Besitzer, einen Herrn Reif aus Chemnitz. Es war das letzte aus Eisenacher Produktion. 1948 wurde diese unter dem Kuratel der sowjetischen Aktiengesellschaft Awtowelo wieder aufgenommen.

Alfa Romeo 6C 2500 Coupé SS, Bj. 1947. Sechszylinder-Reihenmotor. 2443 cm^3. 110 PS.
175 km/h. 18 s 0 - 100 km/h. Leihgeber: André Borel

Nach den schweren Luftangriffen der Royal Air Force in der Nacht des 14. Februar 1943 und am 13. August desselben Jahres auf das Alfa-Romeo-Werk in Portello zog sich die Belegschaft ins Exil gewesen waren. Folglich mußte Alfa Romeo auf ein Vorkriegsmodell zurückgreifen, den 6C 2500, von dem noch 1943 91 Exemplare und selbst 1945 deren drei die Werkhallen verlassen hatten. Inmit- Sportversion. Letztere erhielt den Namen Freccia d'oro.

Ihr Chassis wurde auch von Touring, Boneschi und den Stabilimenti Pinin Farina mit Aufbauten versehen, nachdem das Fahrwerk knüpfte an Früheres an: Einzelradaufhängung vorn und hinten, vordere Doppellängslenker, hintere Pendelachse mit Längslenkern und Torsionsstäben System Auto-Union/Porsche,

des Örtchens Melzo am Ortasee 80 Kilometer nordwestlich von Mailand zurück.

Dort konzipierte man einen neuen Wagen, den Gazella, der dem Werk nach dem Krieg wieder auf die Beine helfen sollte. 1945 indessen fand man 60 Prozent des Fabrikgeländes in Trümmern vor, unter ihnen die Maschinen, die für den Bau des neuen Fahrzeugs bestimmt ten des zögernd anlaufenden Wiederaufbaus entstanden 1946 80 Tourenwagen dieses Typs, 68 Sport-Modelle sowie 14 zweisitzige Coupés und Cabriolets praktisch unverändert, abgesehen von einer Lenkradschaltung, wie sie für den Gazella vorgesehen war.

1947 erschien der 6C 2500 in gründlich überarbeiteter Form als Turismo- und diesen die mechanischen Komponenten zugestellt worden waren. Daneben gab es, ebenfalls auswärts karossiert, eine Super-Sport-Spielart mit 2700 mm Radstand (sonst 3000 mm).

Die Maschine des 6C 2500 war ein Reihensechszylinder, nach Art des Hauses mit zwei obenliegenden Nockenwellen, und leistete im Freccia d'oro 90 PS. Auch wie man es bei Alfa Romeo bezeichnete.

Die Karosserie des Goldpfeils wirkte mit ihrer langen Motorhaube, den ebenfalls langen und sanft abfallenden Kotflügeln und dem runden Heck sportlich und windschlüpfig.

Alfa Romeo 6C 2500 Cabriolet SS, Bj. 1948. Sechszylinder-Reihenmotor. 2443 cm³. 105 PS. 165,6 km/h. 18 s 0 - 100 km/h. Leihgeber: Jan Martens

Das Chassis bestand aus kastenförmigen Längsträgern und einer Kreuztraverse. Vorn fanden auf einer geräumigen Sitzbank drei, hinten zwei Personen bequem Platz. 1949 wurde der Alfa Romeo 6C 2500 erneut sublimiert. Man retuschierte die Aufhängung, das Getriebe und die Bremsen, verstärkte das Chassis, verfeinerte die Ausstattung und paßte ein größeres Heckfenster ein.

Die Modellreihe umspannte den S (=Sport) mit 93 PS, den zwei- bis dreisitzigen SS (=Super Sport) mit 105 PS sowie, ab 1950, einen 2500 Gran Turismo, der den längeren Radstand des S mit der stärkeren Maschine des SS kombinierte.

1268 Sport, davon 680 Freccia d'oro und 397 Super Sport, trugen dazu bei, Alfa Romeo über die Nachkriegswirren hinwegzuhelfen. 1952 entstanden noch 35 Exemplare, 1953 schließlich 34. Eine kompaktere Rennversion, die gerade etwas mehr wog als die Hälfte der 1550 kg (trocken), welche die Standardausführung auf die Waage brachte, ermöglichte dem Mailänder Werk, seinen Rennerfolgen aus der Zeit vor 1940 weitere anzufügen. Mit schärferen Nockenwellen, größeren Ventilen und drei Doppelvergasern wartete deren Triebwerk mit 145 PS auf und verhalf dem Wagen zu einer Spitzengeschwindigkeit von 200 km/h. Bei der 16. Mille Miglia 1949 belegte die Mannschaft Rol/Richiero damit den dritten Platz im Gesamtklassement, während ihre Teamgefährten Venturi/Sanesi mit einem normalen Freccia d'oro Zweite in der internationalen Tourenwagenklasse wurden.

Und in einer Experimentalvariante des 6C 2500 Competizione schob sich im gleichen Rennen ein Jahr später Juan Manuel Fangio mit Beifahrer Zanardi auf den dritten Rang hinter zwei Ferrari.

H.R.G. 1500, Bj. 1948. Vierzylinder-Reihenmotor. 1496 cm^3.
61 PS. 126 km/h. 18,7 s. 0 - 100 km/h. Leihgeber: Klaus Salomon

Drei Möglichkeiten gibt es, das Kürzel H.R.G. auszudeuten. Die Herren E.A. Halford, G.H. Robins und H.R. Godfrey, allesamt Freunde zügiger Fortbewegung und 1935 Gründerväter des gleichnamigen kleinen Unternehmens, könnten sich

darin mit den Initialen ihrer Nachnamen verewigt haben. Vielleicht nahm sich aber auch nur Henry Ronald Godfrey diese Freiheit. Oder beides war in schelmischer Mehrdeutigkeit bezweckt.

Wie auch immer: In seiner schmucklosen Simplizität spiegelte das Logo das Produkt selber wider. In einem H.R.G. war das Automobil gewissermaßen auf das Prinzip dahinter verkürzt, bereichert um die Option elementarer Geselligkeit - Fortbewegung für zwei, sonst nichts. Das machte seinen kargen Charme aus und gab den 241 Ausprägungen dieses Minimalismus für zwei Jahrzehnte ihre Daseinsberechtigung. Zur entschlossenen Absage an jeglichen Fortschritt geriet bereits ihr Chassis, Starrachsen mit Viertelelliptikfedern vorn und Halbelliptikfedern hinten, eingepflanzt in einen Leiterrahmen, der sich den Unebenheiten der Fahrbahn biegsam anschmiegte.

Diese Auslegung, durchaus gewollt in Sportfahrzeugen jener Zeit, meldete gleichwohl jeden Kiesel auf der Straße unerbittlich an die Hintern der Insassen weiter und führte auf die Dauer zur Ermüdung der Karosserie. Dies stellte etwa die H.R.G.-Riege Archie Scott/Ted Halford 1937 in Le Mans nach einem zweiten Platz in ihrer Klasse fest, und noch 1949 deckte man nach Siegen bei den 24-Stunden-Rennen in Spa und auf dem Sarthekurs an den vom künftigen Aston-Martin-Rennleiter John Wyer präparierten drei H.R.G. 1500 Lightweight die gleiche Schwäche auf. Der schmale, zugige Aluminiumaufbau des spartanischen Roadsters war vor lauter Nacktheit schon wieder schön, bot indessen nur eine beengte Unterkunft und verzichtete auf die Segnung einer Heizung. Während der kalten Jahreszeit waren die Insassen gleichsam auf ihre eigene Körperwärme zurückgeworfen.

In der H.R.G.-Garnison Tolworth in kostspieliger Handarbeit und nach dem Motto "by enthusiasts for the enthusiast" lediglich auf Bestellung gefertigt, erwarben sich die Erzeugnisse der winzigen Manufaktur rasch den Ruf von idealen Mehrzweck-Mobilen für Straße, Piste und rauhen Untergrund, wie er den Teilnehmern an Trials das Leben schwermachte. Zunächst waren sie mit Meadows-Motoren des Typs 4ED von anderthalb Litern Hubraum ausgerüstet, die das kleine Auto immerhin in 9,8 Sekunden auf 80 km/h beschleunigten. Mit Kriegsausbruch waren diese am Ende ihrer Tage angelangt, und ein Prototyp mit einem Singer-Standard-Triebwerk deutete bereits die Dinge an, die da kommen sollten. Es wurde allerdings in Tolworth aufwendig überarbeitet, mit einem veränderten Volumen, einer Stahlkurbelwelle, anderen Pleueln und Rennkolben. Verfügbar waren Vierzylinder mit 1074 cm^3 und 40 PS oder 1496 cm^3 und 61 PS, mit einer obenliegenden Nockenwelle sowie zwei Horizontalvergasern von SU.

Da die hubraumstärkere Version 50 Prozent stärker, aber kaum teurer war, grub sie dem kleineren Bruder bald das Wasser ab. Ab 1950 war denn der H.R.G nur noch mit anderthalb Litern erhältlich. Um diese Zeit begann er indessen auch zur echten Antiquität zu ergrauen, die allenfalls noch dem Hardcore-Freak

zuzumuten war. 1956 schrillte nach einer Jahresproduktion von nur fünf Einheiten das Sterbeglöcklein über dem knorrigen Klassiker. Von einem Ausflug in die Moderne in Gestalt des Modells Aerodynamic mit seinem in schüchterner Stromlinie gehaltenen Aufbau der Karosserieschmiede Fox & Nicholl hatte sich die H.R.G. Engineering erschrocken ins Urtümlich-Erprobte zurückgezogen.

Dann wurde selbst sie von der Zeit überholt.

Alfa Romeo 8C 2900 B, Bj. 1939. Achtzylinder-Reihenmotor. 2905 cm^3. 180 PS. 185 km/h. 9,4 s 0 – 100 km/h.

Vielleicht hat sich im Laufe der Jahre lediglich eine Vermutung zur Legende verdichtet. In jedem Fall aber macht die Sache Sinn: Der Grand-Prix-Monoposto Alfa Romeo Tipo B von 1934, volkstümlich P3 geheißen, stand im Rahmen der 750-Kilo-Formel gegen die Mercedes-Benz und Auto Union auf verlorenem Posten. Die Mailänder versuchten ihr Heil im Kampf gegen die Hegemonie in Silber mit neuen Lösungen, etwa dem "Bimotore"-Monster von 1935 oder dem Tipo 12C, dessen Vierliter-V12 Tazio Nuvolari im Oktober 1936 zwar zum Gewinn des Vanderbilt Cups in New York, nie aber zum Sieg in einem Großen Preis verhalf.

Ungefähr drei Dutzend der 2,9-Liter-Triebwerke für den Tipo B, so heißt es, hätten daher in Portello überzählig herumgelegen. Sechs davon wurden 1935 abgezeigt für den Rennsportwagen 8C 2900 A, mit dem die Mannschaft Antonio Brivio/Carlo Ongaro ein Jahr später die Mille Miglia beherrschte – vor drei weiteren Alfa Romeo. 1937, als sich neun Alfa unter den ersten Zehn fanden, taten es ihnen Carlo Pintacuda/Paride Mambelli mit dem gleichen Modell gleich. Die Konkurrenz aber murrte, der 8C 2900 A sei ein nur spärlich verhüllter Grand-Prix-Wagen.

Da gab sich der 8C 2900 B von 1937 mit den verbleibenden Maschinen aus dem Tipo-B-Arsenal schon bürgernäher, dennoch ein Supersportwagen vom Feinsten. Die Architektur seines Reihen-Achtzylinders glich der seines Pendants im 8C 2300, mit zwei gleich strukturierten und hintereinander angeordneten Hälften und zweigeteilten Nockenwellen. Die Köpfe waren gleichwohl mit den Halbblöcken in Leichtmetall zusammengegossen, und zwei einander benachbarte Kompressoren, von unter ihnen angesiedelten Weber-Vergasern alimentiert, bliesen der ursoliden Kraftquelle ihr Lebenselixier mit 0,8 kg/cm^3 ein. Damit ihr Gesundheit und ein langes Leben beschieden seien, hatte man sie um 40 auf 180 PS bei 5200/min entschärft.

Dem stimmgewaltigen Nobel-Triebwerk entsprach ein Chassis auf dem letzten Stand der Dinge, wiederum erhältlich mit zwei Radständen, 2800 mm (20 Einheiten) und 3200 mm (zehn Exemplare). Die Rudge-Räder waren unabhängig aufgehängt, vorn an Querlenkern mit verkapselten Schraubenfedern und hydraulischen Stoßdämpfern, hinten an Längslenkern mit einer Querblattfeder sowie kombinierten hydraulischen und mechanischen Dämpfern. Pate dafür hatten die Rennmodelle gestanden.

Kaum je zwei 8C 2900 B waren identisch, karossiert zum Beispiel von Farina als Cabriolet, als aufreizend schöner Spider von Alfa Romeo selbst, Pinin Farina oder von Touring, wo man ihn nach dem patentierten Superleggera-Prinzip über einem Geflecht von Röhren auch als Berlinetta einkleidete. Je nach Übersetzung der Hinterachse, Aufbau und Tuningstufe beeilte er sich auf bis zu über 200 km/h. Um solche Werte zu ermitteln, bemühte sich der ambitionierte Pilot oder Tester mangels geeigneter Tummelplätze vorzugsweise auf die Wildbahn der französischen autoroutes.

Soviel automobilem Charakter mochte nicht einmal der zeitgenössische Kenner Cecil Clutton, den Mailändern nicht unbedingt wohlgesonnen, seine Anerkennung versagen: "Mit diesem Wagen, dem schnellsten Serienauto der Welt, verdient die berühmte Marke allerhöchsten Respekt." Der 8C 2900 B war Vittorio Janos großzügiges Abschiedsgeschenk an Alfa Romeo. Im Oktober 1937 trat er den Dienst beim Konkurrenten Lancia an.

Singer Roadster, Bj. 1939. Vierzylinder-Reihenmotor. 1074 cm³. 36 PS. 112 km/h. Leihgeber: Peter Hart

Zum Verzicht auf jegliches britische Understatement war die Singer Motors Ltd. stets bereit: "The greatest little Roadster of our Time" hieß es in feiner Paradoxie in einem Inserat, "The Man in the Singer is the man in the know" unterstellte eine andere, und "Singer invite You to the Season's most important Coming Out" lockte eine dritte.

Die frohen Botschaften bezogen sich auf den 2/4 Seater 9 h.p. Roadster, die letzte ganz gezielt auf dessen Präsentation am 6. März 1939 im Showroom der Marke in der noblen Londoner Park Lane. 1905 in Coventry gegründet, hatte sich die Firma erst 1933 mit dem viersitzigen Nine dem Bau sportlicher Automobile zugewendet. Schon zwei Jahre später erlitt man einen herben Rückschlag, als die drei Werkswagen bei der Tourist Trophy in Ards wegen Schäden an ihrer Lenkung in der gleichen Kurve vom rechten Wege abkamen, weltweit schmählich dokumentiert durch die Bilder eines Fotografen, der sich dort zufällig aufhielt. Nicht zuletzt diese Beule im Singer-Image sollte der Roadster wieder gutmachen.

Er sei "ein handgefertigtes Produkt von gefälliger Linienführung", klärte die Werbung auf, und diese "kulminiere im eleganten Aufwärtsschwung seines Schwanzes". Die schlichte über einem Rahmen aus Eschenholz errichtete Aluminiumkarosserie des kleinen Gernegroß räumte Platz für vier ein, und die vorderen getrennten Schalensitze mußten im Fahrtrichtung umgelegt werden, damit die Passagiere in der zweiten Reihe aufsitzen konnten. Dort thronten sie in ungemütlicher Höhe zu Häupten der Hinterachse, genossen jedoch den Schutz des aufgespannten Verdecks, ohne sich in Demut neigen zu müssen. Aber auch die Privilegierten im ersten Glied konnten sich den Wind unverstellt um die Nase wehen lassen, wenn die Frontscheibe nach vorn geklappt war.

Aus Gründen der Rationalisierung hatte man das gänzlich konventionelle Fahrwerk vom bürgerlicheren Singer-Modell Bantam übernommen, einen Kastenrahmen mit Starrachsen und Blattfedern. Ein bemerkenswertes Stück Technik war der Motor des Nine Roadsters, mit 1047 cm³ und 36 PS von mäßigem Volumen und moderater Leistung, aber von einer obenliegenden Nockenwelle gekrönt. Zarte Modellpflege umspannte 1940 eine maßgefertigte Aktentasche aus edlem Marokkoleder, die mit 2,2 Pfund zusätzlich zum Basispreis von 169 Pfund zu Buche schlug, und Aero-Windschutzscheiben für den bekennenden Sportfahrer.

Dann intervenierte der Zweite Weltkrieg. Singer wurde mit der Fertigung von Rüstungsgut in die vaterländische Pflicht genommen, meldete sich aber bereits 1946 mit dem unveränderten Nine zurück, was eine Produktion von 10 334 zumeist exportierten Roadstern bis 1955 einläutete. Ihre etwas konfuse Benennung mit den Buchstaben des Alphabets zeichnete ihre vorsichtige Evolution nach: In der Ausbaustufe 4A (1949-1950) ging man von drei auf vier Fahrstufen über. Retuschen an der Metamorphose 4AB (1951-1952) umfaßten die unabhängige Aufhängung der Vorderräder an Querlenkern und Schraubenfedern, hydromechanische Bremsen und Scheibenräder. Auf dem Genfer Salon 1951 wurde offenkundig, daß man dem kleinen Klassiker das bisher umfassendste Facelift hatte angedeihen lassen. SM (oder auch 4AD) hieß der Riley Roadster (1951-1955) nun, und die erst viel später verdächtige Abkürzung besagte, er habe ein größeres Triebwerk, entlehnt von der

Limousine SM1500, 1497 cm³ und 48 PS mit einem Vergaser, 58 PS mit zwei Zerstäubern ab September 1952, die ihn zu 129 km/h befähigten. Zugleich hatte man – Rückzugsgefecht einer Antiquität – die Sicht nach hinten verbessert, den Insassen im Fond mehr Kniefreiheit verschafft, die Stoßstangen um die Ecken gezogen und ihnen stämmige Hörner aufgesetzt.

MG TC, Bj. 1949. Vierzylinder-Reihenmotor. 1250 cm³. 54,4 PS.
124,9 km/h. 21,2 s 0 - 100 km/h. Leihgeber: Gisela Kamm und Michael Clement

Abkürzungen beginnen irgendwann für sich zu stehen, ein Eigenleben zu führen. MG stand früher einmal für die Morris Garages in der Alfred Lane zu Oxford, deren Manager Cecil Kimber

Morris-Wagen 1923 mit eigenen Zutaten und kurzerhand auch mit einem eigenen Emblem versah.

Im September 1929 bezog der sanft florierende Kleinbetrieb eine neue Garnison in Abingdon, zehn Kilometer von der Universitätsstadt entfernt. Anfang August 1932 stellte Kimber dort den J2 vor, einen Sportzweisitzer mit jäh kupiertem Heck, prononcierten Kerben in den Türen und einem Doppelhöcker auf der Stirnwand vor Fahrer und Beifahrer, stilistischen Konstanten, die den Zweiten Weltkrieg überdauerten und bis in die fünfziger Jahre ragen sollten.

Im Juli 1935 stieß Lord Nuffield, bürgerlich William Morris, MG an das unter seinem Namen firmierende Nuffield-Kombinat ab. Man bereitete den ausschweifenden motorsportlichen Aktivitäten der Neuerwerbung umgehend ein Ende und begann auch sonst den Rotstift anzusetzen, indem etwa aufwendige Triebwerke mit obenliegenden Nockenwellen durch biedere Stoßstangenmaschinen von Morris und Wolseley ersetzt wurden. 1936 entstand der MG TA, 1939 der TB, dem indessen nur ein kurzes Dasein bis zum Ausbruch der Feindseligkeiten vergönnt war. 1945, während andere noch über Ruinen Trübsal bliesen oder Blütenträume Zeit zum Reifen benötigten, retuschierte man in Abingdon den TB ein bißchen und ließ ihn, ohne zu zaudern, als TC wiederauferstehen. Ein geeigneteres Prophylaktikum gegen Nachkriegs-Tristesse gab es nicht.

Gewiß kam der TC kantig wie ein Schuhkarton daher, auf spinnrigen Speichenrädern, einem antiken Underslung-Kastenrahmen, Starrachsen und Halbelliptikfedern ein Affront gegen alle, die sich von ihrem Automobil schonende Behandlung erhofften. Fast schutzlos war man der Willkür der Witterung ausgesetzt. Eine Heizung war nicht vorgesehen, akustisch stets präsent der hochdrehende kleine Motor, und da man Unfälle

am besten gänzlich vermeidet, gab es auch keine Stoßfänger.

Mit 125 km/h war der MG TC nicht einmal besonders schnell. Aber spätestens, nachdem man die Windschutzscheibe umgelegt hatte, konnte man sich buchstäblich den Wind um die Nase wehen lassen, wurde den Insassen das ganze elementare Erlebnis der Bewegung zuteil, höchstens getrübt durch die miserable Qualität des britischen Pool-Benzins, einem dubiosen Cocktail von niederer Oktanzahl, und durch den Umstand, daß dieses auch noch bis zum Juni 1950 rationiert war.

Bereits Ende 1949 waren genau 10 000 der holzharten Midgets verkauft, 3408 in Großbritannien, 6592 in Übersee, 2001 allein in den USA, wo Zelebritäten wie der Schauspieler Clark Gable oder die Rennfahrer Briggs Cunningham und Phil Hill den altväterlichen Charme des Exportartikels zu würdigen wußten. Daheim aber, in dem Lande, aus dem er kam und in das er paßte wie kein Zweiter, holte ein junger Seeoffizier in einem MG TC hin und wieder seine Freundin zu einem Ausflug ins Grüne ab. Der betroffenen Familie behagte dies aus verschiedenen Gründen nicht sonderlich, denn schließlich sollte Elizabeth Windsor einmal Königin von England werden...

Triumph 1800 Roadster, Bj. 1948. Vierzylinder-Reihenmotor. 1776 cm³. 63 PS.
124,2 km/h. 34,4 s 0 - 60 mph. Leihgeber: Dieter Bachmann

Im Jahre 1903 gründete der 32jährige Reginald Walter Maudslay, von Freunden Dick genannt, mit einem zinslosen Darlehen seines Lehrmeisters Sir John Wolfe von 3000 Pfund Sterling in Coventry die Standard Motor Company. Als

Dick Maudslay am 14. Dezember 1934 starb, hinterließ er ein geordnetes Imperium. Man war unter anderem zum Hoflieferanten der englischen Königsfamilie avanciert, verbeugte sich aber auch vor schmalen Geldbeuteln und glänzte durch ungewöhnliche Sozialleistungen wie die 48-Stunden-Woche.

So wußte der damalige Regent Georg VI bei einem Besuch des Werks 1938 nur Gutes zu sagen. Ebenfalls in Coventry wurde 1897 die New Triumph Cycle Company registriert, die der deutsche Jude Siegfried Bettmann und sein Landsmann Mauritz Johann Schulte leiteten.

Der erste Weltkrieg warf seine Schatten bereits voraus, da war Bettmann eine Zeitlang Vorsitzer der Standard Motor Company, ein Umstand, der angesichts zukünftiger Ereignisse einer gewissen Ironie nicht entbehrte. 1923 – Schultes Part war inzwischen von dem Oberstleutnant Claude Holbrook übernommen worden – baute man mit dem 10/20, einem 1,4-Liter, das erste Triumph-Automobil.

1933 ging das Unternehmen völlig in die Befehlsgewalt des Offiziers über, geriet aber immer mehr ins Schlingern, wie so viele andere gleichzeitig. Am 24. November 1944 nahm Standard-Boß Sir John Black die kläglichen Reste der moribunden Firma unter seine Fittiche. Der Grundstein für die Triumph Motor Company war gelegt, die 1945 unter Standard-Ägide zu neuen Ufern aufbrach.

Im März 1946 kündigte man zwei neue Modelle an, eine viertürige Limousine (Radstand 2740 mm), für die Designer Walter Belgrove den Messerkantenschnitt der Vorkriegszeit wieder hatte aufleben lassen, und einen Roadster (Radstand 2540 mm), den Frank Callaby mit schwellenderen Formen ausgestattet hatte. Die Maschine, ein Reihenvierzylinder von 1776 cm³ und 63 PS, stammte aus den Flying Standards und fand sich auch in zeitgenössischen Jaguar-Tourenwagen.

Was das Chassis anbelangte, war die Arbeit des Spezialisten Ray Turner durch eine Vorgabe Sir Johns befrachtet. Mit Stahl hatte er sparsam umzugehen, denn das Material war rar und überdies rationiert. Und so entstand fast zwangsläufig

ein Underslung-Rohrrahmen mit ebenfalls röhrenförmigen Querverstrebungen. Die Räder waren vorn einzeln aufgehängt an oberen Dreiecklenkern und einer unteren Querblattfeder, während sie hinten durch eine Starrachse verbunden wurden, die sich an Halbelliptikfedern abstützte und durch einen Torsionsstab komplettiert war. Die Karosserie, hergestellt in Heim-Arbeit zu Canley, Coventry, während die der Limousine an Mulliners nach Birmingham vergeben worden war, bestand aus Aluminium.

Auf der vorderen Sitzbank fanden, dicht zusammengedrängt, drei Passagiere Platz. Zwei weitere Sitzgelegenheiten wurden zugänglich, wenn man einen Doppel-Deckel über dem Kofferraum öffnete, dessen vorderer Teil als zweite Windschutzscheibe diente, eine Konzession an alle, die Personal, eine Schwiegermutter oder gegebenenfalls einen Heckschützen mit auf die Reise zu nehmen gedachten.

Im übrigen war die Notunterkunft nur von hinten über zwei Trittbrettlein auf den Stoßstangenenden zu betreten und Aerodynamik sowie Straßenlage des Roadsters nichts weniger als förderlich. Auf die erste Generation von 2501 Exemplaren folgte mit der London Motor Show zu Earls Court 1948 bis zum September 1949 eine zweite von 2000 mit dem 2088-cm³-Triebwerk des Standard Vanguard (68 PS), ansonsten aber so gut wie unverändert.

Cisitalia 202 Gran Sport, Bj. 1950. Vierzylinder-Reihenmotor. 1089 cm³. 55 PS. 160 km/h. 13 s 0 - 100 km/h. Leihgeber: Adriano Cimarosti

Cisitalia (für Compagnia Industriale Sportiva Italia) war für Fiat dasselbe, was Gordini für Simca und Alpine für Renault bedeutete: Das am Corso Peschiera in Turin beheimatete kleine Unternehmen brachte den Feld-, Wald- und Wiesenautos des am gleichen Standort ansässigen Giganten so richtig das Laufen bei und das mit Stil. Und überdies umflatterte seine Produkte wie die der beiden anderen Fabrikate ein patriotisches Fähnlein.

Der Mann hinter der Marke war Piero Dusio (1899-1975), Playboy, Fußballstar bei Juventus Turin, Rennfahrer und Commendatore von Mussolinis Gnaden wie Enzo Ferrari. Mit der Fertigung von Uniformen hatte er ein Vermögen gemacht. 1946 setzte er einen Monoposto mit dem getunten Triebwerk des Fiat 1100 in die Welt. Für dieses Vorhaben hatte Dusio mit beredtem Charme Dante Giacosa gewonnen, den Konstrukteur des Massen-Mobils Fiat Cinquecento, besser bekannt unter dem Namen Topolino (italienisch für Mäuschen). Bei einem Bummel durch Dusios Fahrradfabrik hatte Giacosa einen Stapel Chrom-Molybdänrohre entdeckt und diese zum ersten serienmäßigen Gitterrohrrahmen der Renngeschichte zusammengeschweißt.

Mit einem Schweizer Sponsor im Hintergrund wurde sogar eine Art Markenpokal für den kleinen Renner namens D46 aufgezogen, der in rund 40 Exemplaren eine ungewöhnliche Verbreitung erfuhr. Auf der gleichen technischen Basis folgten ein Jahr später diverse zweisitzige Rennwagen. Gleichsam den Ritterschlag erhielt Cisitalia, als bei der Mille Miglia 1947 der italienische Nationalheros Tazio Nuvolari zusammen mit Beifahrer Francesco Carena hinter einem Dreiliter-Coupé von Alfa Romeo mit der Spider-Version 202SMM zweiter wurde – vor zwei weiteren Markengefährten. Des "Fliegenden Mantuaners" Sieg verhinderte lediglich ein längerer Zwangshalt zum Trocknen eines nassen Zündmagneten.

Da träumte Dusio längst von einer Straßenvariante. Sie solle breit sein wie sein Buick, niedrig wie ein Grand-Prix-Wagen, komfortabel wie ein Rolls-Royce und leicht wie seine Rennautos, faßte er seine Vision zusammen. Gesagt, getan: Im September 1947 stand die Berlinetta 202 auf den Rädern, eingekleidet in zwölf mm dickes Itallumag-Aluminiumblech. Bei ihrem Design, nicht unähnlich dem des Maserati A6/1500, handelte es sich um ein frühes Meisterstück Battista ("Pinin") Farinas, so schnörkellos und ausgewogen, daß der Cisitalia später in den erlesenen Zirkel der "Eight Automobiles" des New Yorker Museum of Modern Art aufgenommen wurde.

Aber es gab auch andere Aufbauten, etwa ein 2+2-Cabriolet von Vignale. Als stabiles Rückgrat diente ein Rohrrahmen. Die Räder hingen vorn an einer Querblattfeder und unteren Querlenkern, hinten an einer Starrachse mit halbelliptischen Federn. Durch einen eigenen Zylinderkopf und weitere Eingriffe hatte das Team um Dante Giacosa und Giovanni Savonuzzi die Leistung des zivilen Fiat-Triebwerks auf 55 PS hochgerüstet und damit fast verdoppelt.

Doch schon stand die Schrift an der Wand für das ehrgeizige Unternehmen. Dusio hatte sich finanziell völlig überhoben mit einem Auftragswerk für das Porsche-Studio unter dem Professor selber und seinen Mitarbeitern Carlo Abarth und Rudolf Hruska, unterzeichnet am 3. Februar 1947: einen Grand-Prix-Rennwagen mit einem flachen Zwölfzylinder im Heck mit vier obenliegenden Nockenwellen und Kompressor sowie Vierradantrieb. 1949 siedelte er in das Argentinien Juan Domingo Perons um. Sein Sohn Carlo führte sein Werk fort und legte auch noch ein paar Cisitalia 202 auf. Dennoch hatte es bei 170 Coupés und Cabriolets sein Bewenden.

Talbot Lago T26 Grand Sport, Bj. 1952. Sechszylinder-Reihenmotor. 4482 cm³. 210 PS. 200 km/h. Leihgeber: Thomas Körver

Bereits 1946 meldete sich die Automobiles Talbot in Suresnes auf dem prestigeträchtigen Markt für sportive Luxuswagen zurück, nachdem man während der Kampfhandlungen mit den Wölfen geheult und etwa Maschinen der US-Army gewartet und repariert hatte.

Unübersehbar war der Bezug des Talbot Lago Record zu den Vorkriegsmodellen des illustren Labels, neu die vordere Aufhängung mit Quer- und Dreiecklenkern und Schraubenfedern, während die hintere mit einer Starrachse und Halbelliptikfedern nach Art der Väter in den Kastenrahmen implantiert war. Als Kraftquelle diente ein besänftigter Sechszylinder-Rennmotor aus besseren Zeiten mit 4482 cm³ und zwei seitlich hoch angesetzten Nockenwellen, dem Chefingenieur Carlo Marchetti einen neuen Zylinderkopf verpaßt hatte. Ihre 170 PS wurden, wie gehabt, durch ein Vorwählgetriebe von Wilson an die Antriebsräder weitervermittelt. Dieser Lösung hielt Firmenboß Antonio Lago, ein in Frankreich lebender Venezianer, der die Geschicke der Firma seit 1935 lenkte, zäh die Treue.

Zu diversen Record-Limousinen und Cabriolets gesellte sich auf dem Pariser Salon 1948 der Grand Sport, der an die Tradition der berühmten SS-Modelle anknüpfen sollte. Schöne Karosserien kamen von Saoutchik, Franay, Figoni & Falaschi, Graber oder den Stabilimenti Farina. Der Radstand war von 3130 mm auf 2650 mm verknappt worden, und vorn ersetzte eine untere Querblatt- die Schraubenfedern des Record. Der Wechsel von zwei zu drei Zenith-Stromberg-Vergasern bescherte dem 4,5-Liter-Triebwerk 20 weitere PS. Bis zu 250 PS entlockten die Talbot-Techniker den Rennversionen, die zum höheren Ruhm der Grande Nation in französischem Rennblau unterwegs waren und dies durchaus erfolgreich. In der Ära vor der Formel 1 gewannen die Monoposti der Marke beispielsweise den Grand Prix de l'Automobile Club de France in Lyon 1947, den Grand Prix de Belgique 1949 und den holländischen Großen Preis ein Jahr später.

1950 holten sich Louis Rosier und sein Sohn Jean-Louis auf einem Talbot Lago T26C-GS das 24-Stunden-Rennen von Le Mans, ein Erfolg, den ihr Landsmann Pierre Levegh (alias Pierre Bouillon) 1952 um ein Haar wiederholt hätte – im Alleingang.

Die Glorie der Pisten, so befriedigend und bekömmlich für das Image sie sein mochte, stand indessen im krassen Widerspruch zur kommerziellen Misere des Unternehmens, gipfelnd in einer Liquidation 1951, aus dem ihm gleichwohl auswärtige Samariter heraushalfen. Zwischen 1947 und 1953 produzierte Talbot lediglich um die 1200 Autos, während die Vorkriegsrate bei 1000 pro anno gelegen hatte. Im Premiumsegment machte Tony Lago wie auch vielen anderen der Jaguar XK 120 schwer zu schaffen, der 1953 in Frankreich 1 900 000 Francs kostete, wogegen die Anschaffung des aktuellen Grand Sport mit 210 PS, erneut verkürztem Chassis und einem ZF-Getriebe eine Investition von 2 775 000 Franken erforderte. Im übrigen ahndeten die französische Fiskal-Gesetze die Anschaffung von Autos mit mehr als 15 Steuer-PS harsch.

Diese Härte versuchte Lago 1949 mit dem Typ Baby (15 CV) aufzufangen, fast schon eine Totgeburt trotz oder gerade wegen seines kurzhubigen Vierzylinders mit 2690 cm³ und rachitischen 110 PS. Der Baby, spottete ein Kritiker, sei von der gnadenlosen Härte eines Ziegelsteins und fühle sich an wie ein Fünftonner. Dennoch fand sich 1955 eine 120 PS starke verkleinerte Spielart des mißliebigen Motors von 2491 cm³ im 2500 Lago Sport und von 130 PS im Jahr darauf im Sport Spécial, 2+2-sitzigen Diminutivformen des Grand Sport, der inzwischen nur noch auf Bestellung gebaut wurde. Das alles lohnte nicht mehr – in den beiden letzten Jahren hatte es mit 70 Exemplaren der Talbot-Sportler sein Bewenden.

Aston Martin DB1, Bj. 1950. Vierzylinder-Reihenmotor. 1970 cm³. 90 PS. 127 km/h. Leihgeber: Miriam Geisler

Bei seiner täglichen Lektüre der Times entdeckte der britische Industrielle David Brown im Herbst 1946 eine auffällige Anzeige. Zwischen bibliophilen Raritäten und martialischen Souvenirs an den Zweiten Weltkrieg wurde da eine komplette Sportwagenfabrik feilgeboten.

Brown ging der Sache nach und stellte überrascht fest, daß es die renommierte Auto-Schmiede Aston Martin war, die diesen durchaus ungewöhnlichen Weg beschritten hatte, ihre finanzielle Misere in den Griff zu bekommen. Seitdem Firmengründer Lionel Martin 1914 seinen eigenen Nachnamen etwas gewaltsam mit der ersten Hälfte des Ortsnamens Aston Clinton – Schauplatz eines Bergrennens – zusammengebogen hatte, war das Unternehmen nie auf Rosen gebettet gewesen. Schließlich drohte der Zusammenbruch, in dem Maße, in dem Brown während des Krieges vor allem durch den Bau von Traktoren ein steinreicher Mann geworden war.

Im Februar 1947 kaufte er den kränkelnden Betrieb, der sich in Feltham in der Grafschaft Middlesex eingemietet hatte, für 20 000 Pfund Sterling und erstand wenig später für 52 500 Pfund die Nobelmarke Lagonda, ausschließlich ihres Fabrikgeländes in Staines.

Er fand eine Reihe von passionierten Autobauern vor, den Chassisspezialisten Gordon Sutherland und den Motoren-Ingenieur Claude Hill bei Aston Martin, dessen Kollegen W. O. Bentley sowie den Karosseriedesigner Frank Feeley bei Lagonda.

Bentley hatte einen Reihensechszylinder von 2580 cm³ mit zwei obenliegenden Nockenwellen konstruiert, während die Mitgift aus Feltham in dem Tourenwagen Atom bestand. Seine Vierzylinder-Maschine von 1970 cm³, deren Konzeption 1944 begonnen hatte, war eine Kreation Hills. Sein entsprechend verstärkter Fachwerkrahmen, der Chassis und Karosserieträger zu-gleich bildete, schien Brown eine gute Grundlage für einen Sportwagen zu sein, dessen Fertigung er in die Wege zu leiten gedachte, ein Drophead Coupé, das in der Tat zwischen dem September 1948 und dem Mai 1950 die bescheidene Stückzahl von 14 Exemplaren – dazu kam eine Limousine – erreichte.

Die Vorderräder hingen an zwei Kurbellängslenkern mit Schraubenfedern und einem Panhardstab. Die Hinterachse war 4,1:1 (wahlweise 3,9:1) untersetzt, und die 90 PS beziehungsweise 95 PS (bei einer Kompression von 8,5:1) von Claude Hills Stoßstangenmaschine wurden über ein Vierganggetriebe aus eigener Produktion an die Antriebsräder weitergegeben.

Seiner Samariterrolle und des eigenen Anteils an dem neuen Auto wohl bewußt, fügte Brown dem altehrwürdigen Markennamen seine Initialen DB an. Die Werksnummer 1 wurde indessen erst von späteren Chronisten nachgereicht – der Vollständigkeit halber.

Bristol 401, Bj. 1952. Sechszylinder-Reihenmotor. 1971 cm³. 85 PS. 152 km/h. 17,4 s 0 - 100 km/h. Leihgeber: A. A. Maskell

Im Jahre des Kriegsendes 1945 gründete die Bristol Aeroplane Company eine kleine Autoschmiede, um brachliegende Kapazitäten auszureizen. Das Konzept: wenige Wagen in Handarbeit zu bauen, gemäß dem hohen Standard, den man in der Flugzeugindustrie gewohnt war, und so autark wie möglich zu bleiben. Warum, spotteten Kritiker später, sollen die bei Bristol ein Teil für fünf Pfund zuliefern lassen, das sie für 30 Pfund selber machen können?

Im Modell 400, dem Erstling, der auf dem Genfer Salon 1947 vorgestellt wurde, fand sich gute Vorkriegsware zusammen – made in Germany. Das Chassis stammte im Prinzip vom BMW 326, die Maschine vom 328. Die Karosserie war vom 327 inspiriert. Wie das kam?

Bei einem Besuch 1934 in Deutschland schaute H. J. Aldington, der Frazer-Nash-Autos fabrizierte, zu einem Schwätzchen bei BMW-Direktor Franz-Josef Popp in München herein. Das Gespräch trug Früchte. Aldington erwarb Verkaufs- und Fertigungsrechte in England. Sein Unternehmen firmierte unter den Namen Frazer Nash-BMW. Im Juli 1945 holte sich der Brite, inzwischen zur Würde eines Oberstleutnants gelangt, aus dem zerbombten Werk in der bayrischen Hauptstadt eine 328, vermutlich jenen, mit dem Brudes/Roese auf der 13. Mille Miglia 1940 Dritte geworden waren.

Zugleich nahm sein Bruder Donald Kontakte mit Bristol auf, wo er in George White, dem Sohn eines der Gründer, einen aufgeschlossenen Gesprächspartner fand.

Der Flugzeugkonzern kaufte die Rechte von Frazer Nash und Frazer Nash-BMW und präsentierte der Motorpresse im September 1946 den Frazer Nash-Bristol. Aber schon ein halbes Jahr später, in Genf, fehlte der unhandliche Vorspann. Aldington hatte sich sein Teil zurückgeholt. Die deutschen Ingredienzen allerdings blieben, nur daß ihnen im Modell 401 vom Oktober 1948 eine elegante Leichtmetallkarosserie übergestreift wurde, die von Touring in Mailand entworfen worden war. Bristol-Ingenieur Dudley Hobbs hatte sie im Windkanal in Filton durchgefeilt.

Ebenfalls von Touring kam das patentierte Superleggera-Prinzip, die Außenhülle durch ein Gitterwerk von leichten Stahlrohren zu stützen. Ihre Dicke variierte übrigens – die Kotflügel zum Beispiel, auf die sich die Mechaniker beim Warten und Reparieren stützten, waren etwas kräftiger ausgebildet. Der Aufbau ruhte auf einem geschlossenen stabilen Kastenrahmen mit hinteren Auslegern. Die Vorderräder waren unabhängig an einem oberen Dreiecklenker und einer Querblattfeder unten aufgehängt; die hinteren rollten an einer starren Achse mit Torsionsstabfederung. Die Maschine, ein Reihensechszylinder, dessen Kopf einst von BMW-Spezialist Rudolf Schleicher überarbeitet worden war und sich durch halbkugelförmige Brennräume und einen komplizierten Ventiltrieb auszeichnete, ging ihrem Tagewerk nicht eben leise nach: Ein Wald von 18 Stößeln, schrieb einmal ein aufmerksamer Beobachter, mache da ein Geräusch, als ob 1000 Großmütter strickten.

Daß trotz dieses betulichen Vergleichs der Bristol 401 ein wirkliches 160-Stundenkilometer-Auto sein konnte, bewies Anthony Crook, und zwar in Montlhéry, nachdem er den Kanal zwischen Lympne und Le Touquet in einem Bristol-Frachtschiff überquert hatte.

650 Exemplare wurden bis Mitte 1953 gefertigt, dazu noch einmal 24 Cabriolets vom Typ 402. Obwohl diese, weit weniger attraktiv, ausschauten wie das Coupé minus Dach, war ihnen eine Karriere in Hollywood beschieden, wo sie Stars wie Jean Simmons und Stewart Granger als automobile Maß-Konfektion zur Schau trugen.

Jaguar XK 120 Coupé, Bj. 1953. Sechszylinder-Reihenmotor. 3442 cm^3. 160 PS.
194 km/h. 9,9 s 0 - 60 mph. Leihgeber: Peter Kuprianoff

Er kam, wurde gesehen und siegte. Und da es sich um ein Ereignis von nationaler Tragweite handelte, wurde der bronzefarbene Prototyp des XK 120 auch gleich im einzig passenden Rahmen vorgestellt, auf der Londoner Auto Show zu

Earls Court, die am 27. Oktober 1948 ihre Pforten öffnete.

Die Konkurrenz lud ihre Produkte vom Transporter, schaute hin – und verzweifelte, schrieb der amerikanische Motorschriftsteller Ken Purdy, und sein gleichfalls hochgeschätzter britischer Kollege John Blunsden faßte später in einem Jaguar-Buch zusammen, was die Magie dieses Autos ausmachte: Mit seinem Erscheinen hätten über Nacht alle Vorstellungen von einem Seriensportwagen zum alten Eisen gehört, denn es habe Raffinesse und Komfort mit ausgesprochen gutem Aussehen und brillanter Leistung verquickt, und dies alles zu dem ungemein niedrigen Preis von 998 Pfund – 650 weniger übrigens als der Betrag, den man für einen Aston Martin DB2 zu entrichten hatte.

Dabei handelte es sich beim XK 120 um eine Verlegenheitslösung, einen Lückenbüßer und Schnellschuß. Der Tourenwagen Mk VII würde nicht zeitgerecht für den Salon im Londoner Westen fertiggestellt sein, da man mit der Produktion der Karosserie ins Hintertreffen geraten war. Andererseits verfügte man über einen vorzüglichen Motor, einen Sechszylinder von 3442 cm^3 mit zwei obenliegenden Nockenwellen, das Meisterstück der Ingenieure Walter Hassan und William M. Heynes, der sich 1969 in den wohlverdienten Ruhestand zurückziehen sollte – als stellvertretender Vorsitzender des Konzerns.

Bereit stand auch das Fahrwerk des Mk VII, wie beim Mk V bestehend aus kastenförmigen Längsträgern und X-Traverse, Einzelradaufhängung vorn mit Trapez-Dreieckquerlenkern und Längstorsionsstabfedern, Starrachse hinten mit Halbelliptikfedern und hydraulischen Kolbenstoßdämpfern, deren Arbeit am anderen Ende von Teleskopstoßdämpfern übernommen wurde.

Ohne viel Federlesens beschloß man, das vorhandene Triebwerk und das (verkürzte) Chassis fürs erste mit einer zweisitzigen Roadsterkarosserie zu bekleiden. Zuständig hierfür erklärte sich, wie stets bis einschließlich des Jaguar XJ-S, Firmenchef William Lyons. Im hinteren Teil des Werks zu Foleshill komponierte er, die Rundung zum Prinzip erhebend, den Aluminiumaufbau des ersten XK 120 wie ein Phantombild.

Jedes Teil wurde so lange ausgewechselt, bis sich die einzelnen Elemente zu einer harmonischen Gesamterscheinung zusammenfügten. Er habe, berichten die Fama und zahlreiche Chronisten des Werks, dafür lediglich zwei Wochen benötigt. Die 120 in der Typenbezeichnung stand für die erwartete Höchstgeschwindigkeit in Meilen.

Der Wert war zweifellos ungewöhnlich hoch: So schnell lief gerade ein gutgelaunter ERA-Rennwagen. Und dennoch erwies er sich als Zeugnis britischen Understatements. Am 30. Mai 1949 mietete sich Lyons nämlich ein Stück belgische Autobahn zwischen Jabbeke und Aeltre, lud unverfroren die 20 führenden englischen Autojournalisten zum Dakota-Flug auf den Kontinent ein und ließ sie daran teilhaben, wie sein leicht beklom-

Jaguar XK 120 Roadster, Bj. 1954. Sechszylinder-Reihenmotor. 3442 cm³. 160 PS. 185,1 km/h. 12 s 0 - 60 mph. Leihgeber: Gerd Zarnekow und Peter Keel

mener Pilot Ron Sutton mit exakt 132,596 Meilen (bzw. 213,347 Kilometern) pro Stunde die Nase in den Wind streckte, denn die Frontscheibe hatte man als hinderlich entfernt.

Ein XK 100 mit einer Vierzylindermaschine von zwei Litern Hubraum wurde ebenfalls avisiert, aber nie gebaut. Der erste für einen Kunden bestimmte XK 120 verließ die Fabrik am 21. Juli 1949, mit einer Außenhaut aus Leichtmetall wie das letzte von 240 Exemplaren dieser Nullserie, das am 1. Mai 1950 nach Singapur geliefert wurde.

Schon aber war die Produktion der Stahlkarosserie durch die Pressed Steel Co. angelaufen. Nach wie vor aus Aluminium bestanden Türen, Motorhaube und Kofferraumdeckel – die einzigen Teile, die in der ursprünglichen Form belassen worden waren.

Die Ausstattung war üppig und reichhaltig. Man lagerte auf zweifarbig abgesetzten, breiten und weichen Ledersitzen, und jenseits des vierspeichigen Bluemel-Lenkrads informierte eine Fülle von zum Teil sehr großen Instrumenten den Fahrer über die Dienstauffassung des 160-PS-Triebwerks unter der langen Fronthaube. Dieses bot dem Auge einen durchaus erfreulichen Anblick, denn William Lyons hatte verfügt, was gut sei, müsse auch schön aussehen – ganz im Sinne der alten Griechen.

Der XK 120 Super Sports, dies die offizielle Bezeichnung, untersteuerte milde und ließ sich im Grenzbereich dazu provozieren, das Heck herauszuschwenken, wenn auch ohne Tücke. Allerdings taten sich die Lockheed-Bremsen sehr rasch schwer damit, die 1325 kg des eleganten Raubtiers zum Stillstand zu veranlassen, nicht zuletzt, weil sie sich hinter der Abdeckung der Antriebsräder ungebührlich erhitzten.

Im März 1951 stellte sich Familienzuwachs ein in Gestalt eines Coupés mit festem Dach, dessen Ähnlichkeit mit einem von Lyons entworfenen Einzelstück auf dem Chassis des SS 100 für die Earls Court Show von 1938 nicht zu übersehen war, und im April 1953 folgte das luxuriöse Drophead Coupé, dessen attraktives Faltverdeck ebenfalls die Dachlinie des Mk VII nachzeichnete. 1769 dieser Cabriolets wurden gebaut, 2678 Voll-Coupés und 7631 offene Zweisitzer.

Frühzeitig schon waren Versionen mit dem sogenannten Special Equipment verfügbar – stärkeren Motoren und härterer Federung. Und sehr bald stellten sich Erfolge im Rennsport ein. Im August 1949 gewann Leslie Johnson mit dem Roadster ein Produktionswagenrennen in Silverstone, und 1950 siegten Ian Appleyard bei der Alpenrallye, Stirling Moss auf der Tourist Trophy sowie Phil Hill im amerikanischen Pebble Beach – alle auf Jaguar XK 120.

Längst aber stand Lyons der Sinn nach Höherem: Mehr als irgendein anderer Wettbewerb sonderte Le Mans die Spreu vom Weizen, und mehr als irgendein anderer zählte ein Erfolg dort. Der Einsatz einiger XK 120 im Standard-Trimm endete 1950 glück- und glanzlos. 1951 war man besser gewappnet, durch den C-Typ auf der Basis des Serienwagens, aber kräftig modifiziert und mit einem Gitterrohrrahmen als Skelett.

Zwei fielen aus, da Ölleitungen brachen. Der dritte, unter Peter Whitehead und Peter Walker, kam durch in neuer Rekordzeit, während der legendäre "Lofty" England die Regie an den Boxen führte – der erste von den fünf Le-Mans-Siegen der Marke 1951, 1953 und 1955 bis 1957.

Riley Roadster RMC, Bj. 1950. Vierzylinder-Reihenmotor. 2443 cm³. 100 PS. 156 km/h 19 s 0 - 60 mph. Leihgeber: Lorenzo Yori

Die Anfänge der Riley (Coventry) Ltd, die 1912 gegründet wurde, reichten bis ins 19. Jahrhundert zurück. 1923 übernahm Victor Riley die Führung der Firma von seinem Vater William. Im September 1938 veranlaßten ihn finanzielle Probleme zu einer schmerzlichen Transaktion.

Er verkaufte das Familienunternehmen und zugleich seine eigene Selbständigkeit um 143 000 Pfund an Lord Nuffield, der die kränkelnde Akquisition einen Monat später seiner Nuffield-Firmengruppe einverleibte. Nur noch die Initiale R in der Typenbezeichnung – das M stand für Morris, den bürgerlichen Namen des Auto-Barons vor seiner Adelung – erinnerte an die früheren Besitzverhältnisse.

Nachdem Feindeinwirkung während des Zweiten Weltkriegs Werkhallen und Inventar zu Coventry in einen Trümmerhaufen verwandelt hatte, kam Victor Rileys Team unter Harry Rush 1945 bemerkenswert rasch wieder auf die Beine. Im September kündigte man einen Tourenwagen (Serie RMA) an, dessen Maschine von 1496 cm³ auf einer Schöpfung von Hugh Rose aus dem Jahre 1934 basierte. Der Radstand betrug 2850 mm. Im November 1946 folgte die Serie RMB, deren 2443-cm³-Triebwerk 1937 konzipiert worden war, mit einem Radstand von 3020 mm. Beide Motoren waren Langhuber und hatten zwei hoch angesetzte seitliche Nockenwellen sowie halbkugelförmige Brennräume.

Für die klassische Silhouette des Viertürers zeichneten Bert Holmes und Eric Carter verantwortlich, doch ließen sich Anklänge an den BMW 326 nicht leugnen. Das Dach war mit Kunststoff überzogen, und dem aufmerksamen Betrachter entging nicht, daß die Motorhaube des größeren Riley länger war und seine vorderen Kotflügel weiter ausschwangen. Gefertigt wurden die Karosserien im Morris Bodies Branch, ebenfalls in Coventry. Das Fahrwerk bestand aus einem Kastenrahmen mit Einzelradaufhängung an Trapez-Dreiecklenkern und Torsionsstäben vorn und einer Starrachse mit Halbelliptikfedern hinten. Mit einem Schubrohr, das erst 1952 durch eine geteilte Kardanwelle ersetzt wurde, feierte Uraltes fröhliche

Urständ. Im März 1948 – Victor Riley und diverse Direktoren waren im Dezember 1947 im Zuge eines umfassenden Stühlerückens von Morris gefeuert worden – erschienen als sportliche Derivate der Limousine ein offener Dreisitzer (Serie RMC) und ein Drophead Coupé (Serie RMD), beide mit der Zweieinhalbliter-Maschine.

Insbesondere der schmucke Roadster, der mit seinen markant gerundeten Türausschnitten und doppelten Stoßstangenhörnern vor allem für den amerikanischen Markt intendiert war, schien zu den schönsten Hoffnungen zu berechtigen.

Indessen trog der Schein, und so ließ man das Zwillingspaar nach 507 respektive 500 Exemplaren ohne jegliche Sterbehilfe sanft entschlummern, das Cabriolet im Oktober 1951, den Roadster im April 1950, nachdem die dritte Sitzgelegenheit entfallen und der Schalthebel von der Lenksäule auf den Wagenboden verpflanzt worden war.

1949 war man mit Sack und Pack zu MG nach Abingdon in die Grafschaft Berkshire umgezogen und firmierte seit dem Februar unter dem Namen Riley Motors Ltd., die ab 1952 unter der Kuratel von BMC stand. Sportliche Automobile des Traditionsbetriebs, verlautete aus den Vorstandsetagen des neuen Kombinats, seien nicht mehr erwünscht, ganz zu schweigen von sportlichen Aktivitäten wie in den dreißiger Jahren, als Größen wie George Eyston, Malcolm Campbell oder Raymond Mays bei Rennen, Rallyes und Rekorden mit Riley-Produkten glänzten...

Healey Silverstone, Bj. 1949. Vierzylinder-Reihenmotor. 2443 cm³. 100 PS. 160 km/h. Leihgeber: Axel Anders

Donald Mitchell Healey (1898-1988), aus Gründen der sprachlichen Ökonomie gern zu DMH gekürzelt, war ein Urgestein der englischen Motorindustrie. Ungemein willensstark, hatte er bereits als RAF-Pilot diverse Crashs überlebt einschließlich eines Abschusses durch die eigene Flugabwehr, heute in charmanter Beschönigung "friendly fire" genannt. Bald umrankte ihn die Legende vom "Healey luck", als habe er mit der Göttin Fortuna einen Pakt zu günstigen Konditionen geschlossen. Er mochte das nicht. Seine Errungenschaften, pflegte er zu sagen, seien die Früchte harter und konsequenter Arbeit.

DMH hatte sich dem besonderen Automobil verschrieben, dem Verfassen von Poesie auf dem Nährboden der Prosa farbloser Massenfertigung. Der Rennsport hatte es ihm angetan. Als Krönung einer ausschweifenden Tätigkeit als Renn- und Rallyefahrer konnte er immerhin einen Sieg bei der Rallye Monte Carlo 1931 in einem 4-Liter-Invicta vorweisen. 1946 gründete er in Warwick mit einem Startkapital von 50 000 Pfund Sterling die Donald Healey Motor Co. Ltd., auf die er sich stets bescheiden als "mein kleiner Betrieb" bezog.

Im gleichen Jahr entstand sein erster Sportwagen, unter der Haube einen getunten Riley-Vierzylinder von 2443 cm³ und 100 PS. Sein konventionelles Chassis bestand aus zwei Kastenträgern mit Quertraversen, mit schraubengefederter Einzelradaufhängung vorn und einer hinteren Starrachse. Aufgrund der miserablen Nachkriegsmaterialien war er von schwächlicher Konstitution, was ihm den durchaus liebevoll gemeinten Spitznamen "The Horror" eintrug, wurde allerdings in unermüdlicher Tätigkeit serienreif gepflegt.

Auf der Basis des "Horror" fußte der 2+2-sitzige Westland-Roadster, so genannt, weil ihn mit Peter Shelton ein Mitarbeiter der Karosseriefabrik Westland eingekleidet hatte, mit einigem aerodynamischem Feinschliff im Windkanal des Flugzeug-Konzerns Armstrong-Whitworth. Sein leichter Aufbau bestand aus einem Hartholzrahmen, beplankt mit Blechen aus einer Legierung von Aluminium und Magnesium. Das galt ebenso für das geschlossene Gegenstück Elliott Saloon, bei dem es sich seinem Namen zum Trotz um ein formschönes Coupé handelte. Mit ihm, brüstete sich die Healey-Werbung, biete man den schnellsten Serienwagen der Welt an, und DMH stellte dies eigenhändig unter Beweis mit 178 km/h auf der belgischen Autobahn zwischen Jabbeke und Aeltre – trotz einer dubiosen Pool-Treibstoffbrühe.

1949 stellte sich als Krönung des bisherigen Schaffens der Typ Silverstone ein, gezeichnet von Healey-Kostgänger Len Hodges mit starkem Input vom Chef persönlich, Auflage bis 1951: 105 Exemplare. Sein Name war Progamm, und seine Zwienatur als Angebot für Straße und Piste stand ihm ins Gesicht geschrieben. Das bewährte Riley-Triebwerk war um 203 mm nach hinten umgesiedelt worden, was die Voraussetzungen für eine fast ideale Balance schuf. An den schlanken Rumpf des Healey Silverstone lagerten sich vier Motorradkotflügel an. Hinter den vertikalen Gitterstäben des Kühllufteinlasses waren unmittelbar benachbart die beiden Scheinwerfer eingesperrt. Und am Heck trat wie die Frikadelle zwischen den Brötchenhälften das waagerecht gelagerte Reserverad zutage. Die Windschutzscheibe ließ sich zum Teil unter die Oberkante der Motorhaube absenken.

Mit den prestigeträchtigen 100 Meilen pro Stunde tat er sich dennoch schwer, was aber unzähligen Sporterfolgen zumeist in den Vereinigten Staaten keinen Abbruch tat. Dort entstanden bis 1954 in einem Joint Venture 506 Einheiten des Nash-Healey, einer Kreuzung zwischen dem Fahrwerk des Silverstone und den Sechszylindern des amerikanischen Herstellers, gekrönt von einem schmucken Aufbau von Pinin Farina.

Lea-Francis 2 1/2-litre Sports, Bj. 1950. Vierzylinder-Reihenmotor. 2496 cm^3. 106 PS. 158 km/h. 28,3 s 0 - 100 km/h.

Der Twelve, mit dem sich die Lea-Francis Cars Ltd., beheimatet an der Much Park Street zu Coventry, im Januar 1946 auf ihrem angestammten Gebiet wieder zu Wort meldete, war noch schmucklos nach seinen aufgerundeten Steuer-PS

(eigentlich 11,9 hp) benannt. Finanziert hatte man ihn mit satten Kriegsgewinnen, hinsichtlich seiner Substanz handelte es sich um echte Vorkriegsware. Sein quicklebendiger Vierzylinder von 1496 cm^3 stammte aus der Feder des vormaligen Riley-Kostgängers Hugh Rose, in aufwendiger Architektur mit zwei seitlich hoch im Block rotierenden Nockenwellen und entsprechend kurzen Stößelstangen.

Immerhin hatte man einen Ruf zu verteidigen, der von altersher gewachsen war. Schon die Velozipede, welche die unternehmungslustigen Herren Richard Henry Lea und Graham Inglesby Francis ab August 1895 gemeinsam in die Welt setzten, ein Tourer und ein Light Tourer, galten als Kabinettstückchen von hoher Qualität und pfiffiger Ideenvielfalt. Ihre Lenker zum Beispiel enthielten ein Werkzeugkit und ein Ölkännchen, und bald bot man Nabenschaltungen mit zwei oder drei Gängen an. Dieses Image verstand man von 1903 an auf die automobilen Erzeugnisse der Lea & Francis Motor Syndicate Ltd. zu übertragen und blieb auch sonst im Gespräch durch Sonderlinge wie den Hyper zwischen 1928 und 1931, den ersten englischen Serienwagen mit Kompressor und überdies sauschnell: Einer davon, Kennzeichen LV 8301, umrundete 1930 den Brooklands-Kurs beim Double Twelve Race und beim 500 Mile Race mit einem Bestwert von 181,5 km/h.

Und da der Sport der Vater aller Dinge ist, sublimierte man aus dem Nachkriegs-Twelve eine Sports-Version, auf der Basis des vorhandenen Chassis mit seinen Starrachsen und Blattfedern, dessen Radstand man um 305 mm auf 2514 mm kürzte. Im Juli 1947 stand ein Prototyp auf den Rädern, beim Service Department entwickelt und von der ortsansässigen Karosserieschmiede Abbey Panels mit einem offenen zweisitzigen Aufbau bekleidet, acht Wochen später ein zweiter mit etlichen Retuschen wie einem neuen Grill und einer niedrigeren Windschutzscheibe.

Auf diesem fußte der erste Serien-Sports, in dem sich Altes und Neues auf sonderbare, aber keineswegs unattraktive Weise verquickten, ein sich nach vorn stark verjüngender Wagenkörper, Wespentaille, ausladende Kotflügel, aus deren Spitzen die Scheinwerfer lugten, ein Hauch von Stromlinie vorn, ein Heck, das Baumustern der Dreißiger nachempfunden war. Die Werbung würdigte sein Erscheinen als Ereignis von nationaler Tragweite, bis Ende 1949 in 136 Exemplaren, die meisten davon allerdings bereits als Fourteen mit 1767 cm^3 und 72 PS. Ab Herbst 1948 waren dessen Räder vorn unabhängig an doppelten Querlenkern mit unteren Drehstäben aufgehängt, was seine ohnehin gute Straßenlage kaum verbesserte.

Bei den Shows in Earls Court und der Kelvin Hall zu Glasgow zündete man 1949 in Gestalt des Eighteen mit 2496 cm^3 und 106 PS die knapp 160 km/h schnelle letzte Stufe der Baureihe (Werbung: A fast car that is fascinating to handle), zwischen 1950 und 1953 in bescheidenen 78 Einheiten in den Markt eingespeist, dem Fourteen wie aus dem Gesicht geschnitten und doch in allen Punkten ein bißchen gewachsen. Für den Nachwuchs, der sich bei dem passionierten Lea-Francis-Piloten eingestellt haben mochte, hatte man eine weitere Sitzgelegenheit geschaffen. Die Türen waren nun vorn angeschlagen und gestatteten somit Angehörigen des schönen Geschlechts,

das Auto als Dame zu betreten und auch wieder zu verlassen. Und nicht übermäßig verläßliche Kurbelfenster wehrten die gröbsten Schikanen der englischen Witterung ab.

Da war der Lea-Francis schon zum Denkmal seiner selbst geworden, wie andere im Schatten des Jaguar XK 120...

MG TD, Bj. 1953. Vierzylinder-Reihenmotor. 1250 cm^3. 54,4 PS. 132,9 km/h. 21,3 s 0 - 60 mph. Leihgeber: Bernd Hoffmann

Im Sommer 1949 beschäftigte sich eine Konferenz des MG-Stabs unter dem Manager Jack Tatlow mit einer Eingabe der Händler aus Übersee. Der TC, hieß es da, sei zwar ein Schmuckstück, aber auch ein ruppiger Zeitgenosse, der mit seinen Insassen gelegentlich rauh umspringe. Ob man nicht dem Nachfolger gepflegtere Umgangsformen auf den ja häufig holprigen Weg geben könne?

Innerhalb von 14 Tagen stand das Konzept für den TD, ein Amalgam zwischen dem TC und der kompakt-komfortablen Y-Limousine von 1947. Von dieser übernahm man den Kastenrahmen mit Rohrtraversen, nachdem der Radstand um 127 mm auf 2388 mm verkürzt und die seitlichen Holme über die starre Hinterachse gekrümmt worden waren, was der Bodenfreiheit zugute kam.

Die Vorderräder wurden wie die des kleinen Tourenwagens an Trapez-Dreiecklenkern und Schraubenfedern geführt, während man hinten Halbelliptikfedern beibehalten hatte. Die Linienführung entsprach der des Vorgängers, nur daß der um 67 mm breitere und nun auch mit Stoßfängern bewehrte TD wesentlich gedrungener wirkte.

Dieser konservative Zug löste Erleichterung aus: Zum Glück, frohlockte zum Beispiel die englische Fachzeitschrift The Autocar 1950, schaue der Neue noch immer aus wie ein Midge – das war die längst eingebürgerte Koseform für Midget – und überhaupt nicht futuristisch, wofür den Männern am Produktionsort Abingdon ein herzliches Dankeschön gebühre. Und ein Werksprospekt verhieß dem potentiellen Käufer, selbst im dichtesten Stadtverkehr gerate die Reise im TD zum Vergnügen, zumal man bei freigegebener Durchfahrt allen andern aufund davoneilen werde.

Ganz so quecksilbrig gab sich indessen der kernige Roadster keineswegs, denn unter seiner kantigen Motorhaube schob nach wie vor der ehrwürdige Stoßstangen-Vierzylinder mit 54 PS seinen braven Dienst, umfächelt von einem Hauch von Unzerstörbarkeit. Wem solch langlebige Sanftmut nicht genügte, der konnte um 50 Pfund Sterling mehr (der Listenpreis des TD lag 1950 bei 445 Pfund) eine Mk II-Version ordern, deren 57,5 PS aus größeren Ventilen und SU-Vergasern H 4 sowie einer auf 8,6 : 1 erhöhten Kompression resultierten.

Auf die Spitze getrieben hatte die Angelegenheit der verwegene Oberstleutnant Goldie Gardner, dessen MG-Rekordwagen im August 1952 mit Durchschnitten bis zu 305 km/h über die Bonneville Salt Flats pfeilte. Unter den kundigen Händen des rasenden Offiziers und dem Hoch-Druck eines Kompressors war das winzige Triebwerk zu einem Meiler erstarkt, der 213 PS aktivierte, natürlich von der Lebenserwartung einer eben gestarteten Silvesterrakete.

Die Kritiker des TD, zumeist aus dem Lager der Besitzer eines TC, kreideten ihm an, es mangele an der gebotenen Härte, und überdies behagten ihnen seine Scheibenräder nicht, eine Notwendigkeit, die von einer neuen Auslegung der Lenkung bedingt war. Dennoch hielt die Fertigung mit der Nachfrage kaum Schritt: Zwischen dem 1. November 1949 und dem 17. August 1953 wurden 29 664 Einheiten hergestellt.

Bereits 1952 baute Syd Enever den Prototyp eines zeitgemäßen Nachfolgers, den EX 175. Er fand jedoch keine Gnade vor den Augen von Leonard Lord, seit der Fusion der Nuffield Group und der Austin Motor Company zur BMC im gleichen Jahr oberster MG-Dienstherr. Auf der London Motor Show 1952 hatte sich Lord für die Adoption des Austin-Healey 100 entschieden. Neben dieser Konkurrenz jedoch sah der MG TD erst recht so aus, wie er in Wirklichkeit war – ganz alt.

Aston Martin DB2, Bj. 1952. Sechszylinder-Reihenmotor. 2580 cm³. 105 PS.
177 km/h. 12,4 s 0 - 60 mph. Leihgeber: Dr. Max Roder

Aus dem Aston Martin DB1 wurden für die Rennsaison 1949 drei Prototypen mit stromlinienförmigen zweisitzigen Coupékarosserien und verkürztem Radstand entwickelt. Zwei von ihnen, für den Verkehr auf öffentlichen Straßen zuge-

lassen mit den Kennzeichen UMC 64 und UMC 65, wurden angetrieben von Geschöpfen des Triebwerkingenieurs Claude Hill, Stoßstangenmaschinen mit vier Zylindern und 1970 cm³.

Im dritten, UMC 66, ragte W. O. Bentleys Lagonda-Sechszylinder mit 2580 cm³ Hubraum auf, der mit seinem hochglanzpolierten Deckel über zwei obenliegenden Nockenwellen eher wie das monumentale Standbild eines Motors als wie ein Motor aussah. Für das 24-Stunden-Rennen von Le Mans 1949 mit den Piloten Leslie Johnson und Charles Brackenbury gemeldet, fiel UMC 66 allerdings bereits nach einem Viertelstündchen aus, weil seine Kraftquelle sich ungebührlich erhitzte. Das hielt Firmeneigner David Brown nicht davon ab, Bentleys Bauwerk (mit 105 PS) zur Standardausrüstung des DB2 zu machen, der im Mai 1950 in Serie ging.

Opus 2 wurde bis zum April 1953 in 410 Einheiten auf die Speichenräder gestellt und etablierte Aston Martin auf dem Sportwagenmarkt der Nachkriegszeit. Man offerierte ihn mit pontonförmigen strömungsgünstigen Leichtmetallkarosserien Frank Feeleys, der sich an mediterrane Vorbilder anlehnte, als Saloon und Drophead Coupé.

Der Fachwerkrahmen des DB2 aus Vierkantrohren wirkte eher filigran, entpuppte sich indessen als außerordentlich verwindungsarm. Das Fahrwerk – vorn Einzelradaufhängung an zwei Kurbellängslenkern, hinten Starrachse mit vier Längslenkern und Panhardstab, ringsum Schraubenfedern und hydraulische Kolben-Stoßstämpfer – bügelte rauhen Untergrund weitaus besser aus, als man das gemeinhin von englischen Sportwagen gewohnt war.

Der Kofferraum war nur von innen zu beladen. Im Oktober 1953 folgte der DB 2/4 Mk I, der innerhalb der nächsten zwei Jahre 564 Käufer fand, wobei man bei Aston Martin per definitionem nicht den mit flackerndem Blick driftenden Sportsmann im Auge hatte, sondern den Herrenfahrer im Sinne des gentleman ideal.

Der Mark I wurde bei Mulliners in Birmingham gefertigt. Eine mit dem Heckfenster identische große Klappe eröffnete nun den Zugang zum Gepäckabteil von außen. Zwei hintere Notsitze gewährten schmächtigen Mitreisenden spärlichen Spielraum. Die Hecklehne – vermutlich

eine Weltpremiere – war umklappbar. Eine Kuriosität fand sich zwischen den beiden vorderen Fauteuils, wo unter einer gepolsterten Abdeckung das Bordwerkzeug verstaut war. Das Triebwerk war mittlerweile auf 125 PS erstarkt.

Aston Martin Mk III Drophead, Bj. 1958. Sechszylinder-Reihenmotor. 2922 cm³. 162 PS. 193,1 km/h. 9,3 s 0 - 60 mph. 31 s 0-100 mph. Leihgeber: Graeme Ford und M. P. Buxton

Daneben gab es aber auch eines von 2922 cm³ und 142 PS, die gezähmte Variante einer entsprechenden scharfen Maschine aus dem hauseigenen Rennsportwagen DB3S. Relativ langhubig ausgelegt, trat der von zwei SU-Horizontalvergasern genährte Sechszylinder bereits ab 2000 U/min kräftig an. Ab 1954 wurde der DB2/4 nur noch mit diesem größeren Motor ausgeliefert. Lediglich der erste Gang war nicht synchronisiert.

Die Betätigung von Lenkung, Kupplung und Bremse verlangte nach viel Bizeps und Beinmuskulatur. In Kurven benahmen sich das Coupé wie auch das in 73 Exemplaren ebenfalls von Mulliners hergestellte Cabriolet gutmütig-untersteuernd bis neutral. Erst wenn man es zu bunt trieb, drängte das Heck nach außen.

Der DB2/4 Mk II, vom Oktober 1955 bis zum August 1957 in 199 Exemplaren gebaut, war fast unverändert gegenüber seinem Vorgänger. Die Karosserie wurde ihm jetzt allerdings bei Tickford in Newport Pagnell aufgesetzt, einer Werkstatt, die ebenfalls David Brown gehörte, wobei übrigens das gesamte Aston-Martin-Projekt nie mehr als zwei Prozent von dessen Umsatz ausmachte.

Zu Coupé und Cabriolet fand sich eine Hardtop-Version, eine Rarität in einer Auflage von drei Dutzend. Dem Triebwerk des DB Mk III (zwischen dem März 1957 und dem Juli 1959 550 Stück) bliesen neue Zylinderköpfe 162 beziehungsweise 178 PS ein. Wahlweise standen Girling-Scheibenbremsen vorn (später serienmäßig) und ein Overdrive zur Verfügung.

Die Nase entsprach der des DB3S, und Instrumente und Bedienungselemente waren revidiert worden. War der Herr am Volant, dort laut dem renommierten britischen Autotester John Bolster auch im Dinnerjacket nicht fehl am Platze, gar des Schaltens müde, wurde ihm dieser Tort auf Wunsch durch eine Automatik von Borg Warner erspart.

Dergleichen Luxus benötigten die Piloten natürlich nicht, die in den fünfziger Jahren Aston-Martin-Rennsportwagen zum höheren Ruhme Britanniens und David Browns über die Pisten der Welt lenkten, Männer wie Lance Macklin, Reg Parnell, Roy Salvadori, Graham und Peter Whitehead, Peter Collins, Stirling Moss oder Tony Brooks.

Aber obwohl man mit dem deutschen Professor Eberan von Eberhorst ab November 1950 schon früh einen begnadeten Konstrukteur und mit dem Teamchef John Wyer einen Mann von der Statur eines friderizianischen Generals hatte, gelang der große Wurf erst 1959,

als der Dreiliter DBR1/300 einen Doppelsieg in Le Mans und den Coupe des Constructeurs, also die Sportwagenweltmeisterschaft, nach Feltham holte.

Gleichsam im Abonnement hatte er drei 1000-km-Rennen auf dem Nürburgring gewonnen: 1957, 1958 und 1959.

Alvis TB21, Bj. 1951. Sechszylinder-Reihenmotor. 2993 cm³. 95 PS. 156 km/h. Leihgeber: B. Volkenandt

Im November 1940 verwandelte ein zwölfstündiger Bombenhagel auf Coventry die Liegenschaften der Alvis Limited in der Holyhead Road in eine Trümmerwüste. Da man mit dem Wiederaufbau alle Hände voll zu tun hatte, knüpfte man 1946 wieder da an, wo die Produktion vor den Kampfhandlungen eingestellt worden war, in Gestalt des Alvis Fourteen. Der Hubraum von dessen Vorkriegs-Vorgänger 12/70 war um 50 auf 1892 cm^3 vergrößert worden, und 65 PS bei 4400/min ermöglichten gemächliche Fortbewegung.

Auf der Motor Show in Earls Court 1948 gesellte sich den gestanden-ehrwürdigen Limousinen und Drophead Coupés namens TA14 der offene Zweisitzer Alvis TB14 hinzu, ein knallig-karmesinroter Paradiesvogel mit tief eingekehlten Türen, unter denen sich die vorderen Kotflügel bis fast auf die Höhe der Radnaben absenkten, und auch sonst von sanfter Verschrobenheit. Eine Broschüre spielte die Eigenart dieses Sonderlings gleichwohl herunter: Es handele sich um "ein Vollblut in echter Alvis-Tradition, das eine anmutige Form mit gelassener sportlicher Leistung verquicke".

Sein Frontgrill, hinter dessen Gitterstäben seine Scheinwerfer nach dem Vorbild des Peugeot 202 jener Jahre eingekerkert waren, schien inspiriert von zeitgenössischen Grand-Prix-Wagen wie dem Alfetta 158. Am meisten Aufsehen erregten indessen ein kleines Schönheitskabinett für die Dame an der Stelle des üblichen Handschuhfachs sowie eine Minibar in einer der Türen. Autos und Cocktails, barmte der angesehene Daily Mirror säuerlich, seien Dinge, die einfach nicht zueinander gehörten.

Übrigens handelte es sich bei dem TB14 um ein Findel- und Adoptivkind. Der belgische Industrielle und Rennfahrer Pierre Goldschmid hatte ihn um Alvis-Komponenten herum entwickelt, F.J. Bidee mit einem leichten Aufbau versehen. In seiner endgültigen und erneut stilistisch bereinigten Form erschien der biedere Exot ein Jahr später erneut in Earls Court. Die Annehmlichkeiten für den anonymen Alkoholiker am großen weißen Lenkrad und seine eitle Begleiterin waren verschwunden, die Scheinwerfer in die Spitzen der Kotflügel umgesiedelt worden. Mit der Fertigung der Karosserie in einer Auflage von 100 Exemplaren hatte man den ortsansässigen Spezialisten AP Metalcraft betraut. Von ein paar potenzfördernden Maßnahmen beflügelt, leistete der Vierzylinder drei PS mehr als in den bürgerlichen Alvis-Modellen. Bis Tempo 100 erreicht waren, mußte sich der Pilot dennoch 21,5 Sekunden gedulden.

Nur unwesentlich flotter war man mit dem Nachfolger TB21 unterwegs, obwohl Alvis-Personal auf dem Stand des Unternehmens 1950 in Earls Court fröhlich kolportierte, er sei 100 Meilen schnell. Seine Ähnlichkeit mit dem TB14 mochte er gar nicht verleugnen. Vorn erhob sich nun allerdings aufrecht der markentypische Alvis-Grill, der sich dennoch gut mit den üppig fließenden Linien des TB21 vertrug. Dahinter werkte ein kurzhubiger Sechszylinder mit drei Litern und 95 PS, von trotziger Robustheit wie auch der Rahmen aus U-Profilträgern mit Traversen. Die Aufhängung vorn war unabhängig an doppelten Querlenkern und Schraubenfedern. Die hintere wies mit einer Starrachse und halbelliptischen Federn mehr in die Vergangenheit – wie eigentlich das ganze Fahrzeug. 1953 versiegte die Fertigung nach nur 31 Einheiten. Da hatten Konkurrenten wie der Jaguar XK 120 längst ihren Siegeszug angetreten...

Frazer Nash Mille Miglia, Bj. 1952. Sechszylinder-Reihenmotor. 1971 cm^3. 101 PS. 200 km/h. Leihgeber: Ernst Zahnweh

Nicht mit der Menge ihrer Produkte machte sich die Frazer Nash Ltd., ab 1926 A.F.N. Ltd., Isleworth, Middlesex, um die Welt der Automobile verdient, sondern mit deren Charakter, zumal keines dem anderen aufs Haar glich. Gegründet hatte sie 1922 Captain Archibald Frazer Nash, aber schon Ende der Zwanziger lag ihr Schicksal in den Händen der Familie Aldington.

Für Butter, Brot und Bier sorgten die 707 Importwagen, die diese zwischen 1934 und 1939 als Inhaber einer BMW-Niederlassung verkaufte. Die 323 Frazer Nash zwischen den Kriegen verdankten ihre Existenz eher der Liebe und Leidenschaft der Aldingtons für den Rennsport. In den zehn Jahren nach 1947 war das nicht anders. Da brachten es die flinken Fahrzeuge der kleinen Manufaktur auf eine Population von lediglich 84 Exemplaren, während Vertretungen für Porsche und DKW die Wölfe und Gerichtsvollzieher von der Tür fernhielten.

Schicksalhaft und prägend blieb indessen die Verbindung zu den Bayern. Der frühere BMW-Ingenieur Dr. Fritz Fiedler setzte nach dem Zusammenbruch seine Karriere in England fort. Aus seiner Feder stammte das Chassis aller Frazer Nash der Nachkriegsjahre, ein Rohrrahmen mit vorn einzeln an doppelten Querlenkern und einer Querblattfeder aufgehängten Rädern sowie einer Starrachse hinten mit längs liegenden Torsionsstäben. Im Besitz von Harold John Aldington befanden sich überdies die Baupläne des Triebwerks für den BMW 328, das in leicht veränderter Form Unterschlupf unter Bristol-Motorhauben fand und auch Frazer Nash zugänglich gemacht und in verschiedenen Tuningstufen eingesetzt wurde, ein Sechszylinder mit seitlicher Nockenwelle und 1971 cm^3 Inhalt.

Im eigenen Hause entworfen, verrieten die Aufbauten der Auto-Individuen aus der London Road zu Isleworth gelegentlich ein erstaunliches Händchen für Formen. Der Erstling, ein Zweisitzer namens Grand Prix, schien gleichwohl kraß den BMW-Prototypen nachempfunden, die auf der zum Gran Premio Brescia eingedampften Mille Miglia von 1940 so erfolgreich gewesen waren. Hartnäkkig hielt sich gar das Gerücht, es handele sich um einen solchen. Am Nachfolger High Speed, einem ranken Zweiplätzer mit knapp anliegenden Motorrad-Kotflügeln, abnehmbaren Scheinwerfern, einem außen verlegten Auspuff und einem ebenfalls ausgelagerten Reserverad, erinnerte nur noch die leicht verfremdete BMW-Niere an die bajuwarischen Ursprünge.

Aus seinen zahlreichen Sporterfolgen ragte der dritte Platz in Le Mans 1949 mit H.J. Aldington selbst und Norman Culpan am Volant heraus, hinter dem siegreichen Ferrari Barchetta von Lord Selsdon und Luigi Chinetti und einem Delage. Daraufhin flaggte man ihn zum Le Mans Replica um. In einer Verbreitung von 34 Stück zwischen 1948 und 1953 beherrschten beide die Zweiliterklasse auf englischen Pisten nach Lust und Laune und krönten ihre Laufbahn durch den Targa-Florio-Sieg von Franco Cortese 1951, den einzigen Erfolg eines englischen Autos auf dem Madoniekurs. Das Modell Mille Miglia von 1950 war nichts weiter als eine voll eingekleidete und windschlüpfig ausgefeilte Metamorphose des Le Mans Replica. Zwei Jahre später erschien auf der Motor Show von Earls Court eine noch einmal gründlich revidierte Version, vor allem wegen ihres abgespeckten Chassis mehr als einen Zentner leichter und zu 132 PS hochgerüstet. Im Kampftrimm wie der Wagen von Ke Wharton 1953 verfügte sie gelegentl über eine De-Dion-Achse. Es blieb acht dieser Mk-II-Varianten in zwe ren. Dann senkte sich mit eine schen Coupé namens Le M gleichwohl nur eine winzige A neun Einheitenn beschied Vorhang über dem gleichn reichen Kapitel in der Fr

Ferrari 195 Inter (Ghia), Bj. 1950. V12 Colombo. 2340 cm³. 135 PS.
Leihgeber: Ronald Aemisegger

Ohne Zweifel waren sie krude Fahrmaschinen, die Ferrari-Sportwagen der frühen Jahre 1947 und 1948. In einigen Fällen bedeckten ihre Karosserien gerade das Notwendigste. Und Motorradkotflügel lieferten das dürftige Alibi dafür, daß es sich nicht um Neuauflagen der zweisitzigen Rennwagen handelte, in denen einst unerschrockene Beifahrer vorschriftsgemäß den Künsten und Kapriolen des Mannes am Volant ausgeliefert waren.

Die Typenbezeichnungen 125 S, 159 und 166 Spider Corsa enthielten jeweils den Hinweis auf den Inhalt einer ihrer zwölf Verbrennungseinheiten, die sich folglich zu den Hubräumen 1479 cm³, 1908 cm³ und 1995 cm³ addierten. Bis hinauf zu den 250-Modellen der Fünfziger und Sechziger ließ dabei Ferrari-Motoreningenieur Gioacchino Colombo, Schöpfer ihrer feingliedrigen V12-Architektur, den Hub von 58,8 mm unangetastet und holte mehr Kapazität stets über mehr Bohrung heraus.

Auf dem Turiner Salon des Jahres 1948 erschien der 166 mit einem offenen Aufbau von Touring, einer jener Kreationen, die auf der Stelle einschlagen und Geschichte machen, schon weil sie mehr oder minder ungeniert kopiert werden.

Die Mailänder Carrozzeria kleidete den Ferrari gemäß ihrem patentierten Superleggera-Prinzip ein. Über dem Rahmen, einem leiterartigen Gebilde aus Chrommanganrohren elliptischen Querschnitts mit Kreuz- und Quertraversen, wurde zunächst ein Fachwerk aus zwischen fünf und 15 mm starken Stahlrohren und –röhrchen errichtet, das roh die spätere Form vorgab und dann mit Aluminiumblechen belegt wurde.

Die Radaufhängung hatte bereits Tradition und wies den Weg für weitere Jahre, parallele Trapez-Querlenker mit einer in der Mitte schwebenden Querfeder vorn, die Starrachse mit Halbelliptikfedern und Doppellängslenkern hinten.

Offiziell hieß der Touring-Spider wie ein entsprechendes Coupé MM, in Erinnerung an den Erfolg von 166-Pilot Clemente Biondetti bei der Mille Miglia 1948.

Aber jedermann nannte ihn Barchetta, italienisch für kleines Boot. Mit drei Weber-Vergasern 30 (später 32) DCF

Ferrari 340 America (Touring), Bj. 1950. V12 Lampredi. 4101,66 cm³. 220 PS. 220 km/h. Leihgeber: Louis Frey

leistete Colombos Kurzblock-Aggregat 140 PS, während die Straßenversion Inter mit einem Kraftstoffzerstäuber und 110 PS auskommen mußte.

Auf den Rennstrecken war 1949 gegen die 166 MM kein Kraut gewachsen, und die Saison kulminierte mit dem Sieg der Barchetta-Riege Luigi Chinetti und Lord Seldon beim 24-Stunden-Rennen von Le Mans. Im Herbst 1950 war eine munter voranschreitende Hubraumexpansion bei 2562,51 cm³ angelangt. Der Modeneser Kleinbetrieb offerierte nun den 212 Inter mit 130 PS sowie die Wettbewerbsvarianten Export und Sport mit 150 und später 170 PS, an deren Erzeugung Vergaserbatterien unterschiedlicher Kaliber von Edoardo Weber maßgeblich beteiligt waren. Sport-Lorbeer stellte sich anfangs reichlich, später zögerlich und schließlich mit zwei Paukenschlägen ein: Die Tour de France im Spätsommer 1951 gewannen Pagnibon/Barraquet mit einem Barchetta, und auf der Carrera Panamericana im November belegten Taruffi/Chinetti und Ascari/Villoresi die beiden ersten Ränge, allerdings mit zwei 212 Coupés von Vignale.

Mit dem Barchetta begann sich 1952 in den Vereinigten Staaten ein noch relativ unbekannter junger Mann die Sporen zu verdienen, Phil Hill, Weltmeister 1961 – auf Ferrari. In einer Werksbroschüre vom Oktober 1950 war bereits der "große" Sportwagen 340 America avisiert, den die aufstrebende Manufaktur auf der Pariser Ausstellung im gleichen Monat vorstellte.

Während der schwarze Barchetta mit grüner Polsterung seinen Vorgängern zum Verwechseln glich, entdeckte man die wirkliche Premiere erst beim zweiten Hinschauen. Unter der vorderen Haube des America verbarg sich nämlich – ein vertrauter Anblick in den Monoposti der Marke – zum ersten Male der V12 von Colombos Kollegen Aurelio Lampredi mit seinem charakteristischen langen Motorblock, Hubraum 4101,66 cm³. Daß er auch dort nicht fehl am Platze war, stellte etwa Luigi Villoresi mit seinem Gesamtsieg bei der 18. Mille Miglia am 28. April 1951 unter Beweis.

Mehr für die Fortbewegung auf öffentlichen Verkehrsstraßen gedacht und vom Hersteller auch als Gran Turismo deklariert war der 342 America, dessen Chassis im Januar 1951 auf der Brüsseler Ausstellung zu sehen war und alsbald mit einem Coupé-Aufbau von Touring komplettiert wurde.

Sein Radstand betrug 2650 mm (zum Vergleich: 340 America 2420 mm, Mille Miglia und Mexico 2500 beziehungsweise 2600 mm). Der 342-Lenker durfte sich der Annehmlichkeit eines vollsynchronisierten Vierganggetriebes erfreuen, während die fünf Fahrstufen

Ferrari 250 MM (Pinin Farina), Bj. 1953. V12 Colombo. 2953 cm³. 240 PS. 208 km/h (Achsuntersetzung 4,67:1). Leihgeber: Hartmut Ibing

des 340 ohne dergleichen Komfort eingelegt werden mußten.

An der Renn-Front kämpften die beiden Modelle mit wechselndem Erfolg. Sie waren unbestritten schnell, stießen indes auf ebenbürtige Konkurrenz in Gestalt

des Mercedes 300 SL oder des Jaguar C-Type.

Bezog Enzo Ferrari seine Maß-Konfektion während der Endvierziger in der Regel bei Touring und den Stabilimenti Farina, wurden 1950 weitere Couturiers in den Kreis seiner Hoflieferanten aufgenommen, Alfredo Vignale zum Beispiel, der in fruchtbringendem Zusammenwirken mit dem brillanten Giovanni Michelotti Schönes schuf, und die Carrozzeria Ghia S.p.A., deren Geschicke von Mario Boano und Luigi Segre gelenkt wurden.

So fächerten sich die Zuständigkeiten für den 195 (2340 cm³) von 1950, einen Interims-Typ zwischen dem 166 und dem 212, überwiegend in Coupéform, folgendermaßen auf: Touring stattete den Sport aus (3 Weber-Vergaser 32 DCF, 145 PS), Ghia und Vignale den wie üblich zahmeren Inter (1 Vergaser, 130 PS).

Jeder war eine Einzelanfertigung, keiner völlig identisch mit dem anderen, und bescheiden blieben die Stückzahlen in jenen Gründerjahren: 37166 Inter, 24195 Inter, 84211 Inter. Eine Rarität blieb mit 17 Exemplaren auch der 250 MM, mit dem auf dem Genfer Salon im März 1953 wohl der Grundstein zu einer dauernden Verbindung von Ferrari und Pinin Farina gelegt wurde.

Um ein Vignale-Produkt hatte es sich noch bei der Karosserie der Experimental-Berlinetta 250 S gehandelt, mit der der verwegene Italiener Giovanni Bracco auf der Mille Miglia 1952 die 300 SL, eine Horde von 25 weiteren Ferrari, abscheuliches Wetter und sich selbst überwunden hatte.

Klein, sicher und – mit einem Radstand von 2400 mm – mehr flink und wendig als schnell waren die Coupés, die den Namen des berühmten Straßenrennens trugen als Souvenir an Braccos Parforceritt. Ihre Linie, das Meisterstück von

Farina-Designer Francesco Salomone, wirkte stilbildend bis spät in die fünfziger Jahre hinein. Und zur Konstante für lange Zeit sollte auch Colombos Dreiliter-Maschine werden, an der selbst dann noch stets etwas verbessert wurde, wenn es scheinbar nichts mehr zu verbessern gab. Die Weichen für die Zukunft waren gestellt...

Jowett Jupiter Mk 1A, Bj. 1954. Vierzylinder-Reihenmotor. 1486 cm³. 63 PS. 145 km/h. 14,5 s 0 - 100 km/h. Leihgeber: Werner Bald

Für Butter, Brot und die gelegentliche pint of beer sorgte bei der Jowett Cars Limited zu Bradford, Yorkshire, während des Zweiten Krieges die völlige Auslastung durch Rüstungsaufträge, welche die Belegschaft von 600 auf 2000 emporschnellen ließen. Daneben behielt man klug vorausschauend ihr eigentliches Anliegen im Auge: Mit ausdrücklicher Billigung seiner Chefs Callcott Reilly und Frank Salter entwickelte Jowett-Kostgänger Gerald Palmer zwischen 1942 und '44 den Javelin, zu deutsch Speer. Der Javelin sollte dem Schaffen der Firma gleichwohl eine völlig neue Richtung geben, von der betulichen Familienkutsche hin zum Schnellsten seiner Klasse.

Im Juli 1946 zeigte man einen Prototyp, ein Jahr später das endgültige Produkt mit einer bei den Briggs Motor Bodies in Doncaster auswärts gefertigten, halb selbsttragenden Leichtbaukarosserie mit Stromlinienheck und beinahe vollkommen integrierten Kotflügeln sowie sechs Seitenfenstern. Vor der Vorderachse duckte sich der bewährte Boxermotor der Marke mit 1,5 Litern Hubraum und zentraler Nockenwelle. Seine Zylinderbänke wurden von je einem Vergaser verpflegt. Das Fachblatt The Motor testete einen Prototyp mit 123 km/h Spitze, während etwa ein Morris Oxford nur 112 km/h lief – Ziel erreicht. Beglaubigt wurde dies durch etliche Sporterfolge.

Die mechanischen Komponenten des Javelin, darüber gab es bei Jowett keinen Zweifel, seien auch für einen Sportwagen trefflich geeignet. Absichtserklärungen folgte rasch die Tat, indem man in der renommierten Rennwagen-Manufaktur E.R.A. in Dunstable ein Chassis in Auftrag gab. Beraten wurde diese von dem deutschen Professor Robert Eberan von Eberhorst während eines Intermezzos zwischen dessen Anstellungen bei Auto Union und Cisitalia (vorher) und Aston Martin (später). Er entwarf einen Rohrrahmen mit Längsträgern und einer Kreuzverstrebung. Die Räder waren vorn an ungleich langen Querlenkern und hinten an einer Starrachse mit Längslenkern und einem Panhardstab aufgehängt. Auch die Federung durch Drehstäbe ringsum verriet des Professors Handschrift. Ein Vorläufer namens E.R.A.-Javelin, zeitgleich in London bei der Motor Show und in den Jowett-Ausstellungsräumen in der Albemarle Street gezeigt, mochte nicht gefallen wegen seines verhutzelten Coupéaufbaus. Überdies verwand sich sein Chassis heftig, ein Mängel, der von E.R.A. ausgemerzt wurde. Dennoch kündigte man den Vertrag und veröffentlichte im März 1950 Details des künftigen Roadsters, aus Aluminium wie der Javelin. Entworfen hatte ihn Jowett-Designer Reg Korner, und bei der Namenwahl zitierte man ohne falsche Scham den römischen Götterboß Jupiter aus den Archiven des Mythos. Das komplette Vorderteil einschließlich der üppig ausladenden Kotflügel ließ sich vorn anheben, was Wartung, Pflege und Reparaturen begünstigte. Das Verdeck war an drei Punkten am Rahmen der Windschutzscheibe befestigt. Auf seiner Sitzbank konnten durch die Verwendung einer Lenkradschaltung drei Personen nebeneinander Platz nehmen. Der Kofferraum – im Basispreis einbegriffen war ein Revelation-Kofferset – wurde zugänglich, wenn man ihre Rücklehne nach vorn umgelegt hatte, eine choreographische Übung, die mit dem Jupiter Mark 1A von 1953 hinfällig wurde. Aber weder dieser noch eine am Ende desselben Jahres folgende Metamorphose ähnlich dem Ferrari Barchetta mochten das Ungemach aufhalten, welches das kleine Unternehmen bereits bedrohte. Trotz einer Fülle von Top-Plazierungen im

Sport wie Klassensiegen in Le Mans zwischen 1950 und 52, bei der Tourist Trophy 1951 und auf dem Berner Bremgarten-Kurs im gleichen Jahr durch den Lokalmatador Theo Gurzeler wurde der Jupiter ohnehin nie sonderlich populär. 899 Exemplaren in vier Jahren – das war's.

Porsche 356 Cabriolet 1300, Bj. 1951. Vierzylinder-Boxermotor. 1286 cm^3. 44 PS. 148 km/h. 24,1 s 0 - 100 km/h. Leihgeber: Dr. Klaus-Otto Räker, Jörg Steidinger

Die Anfänge waren fürwahr bescheiden, vollzogen sich in Notunterkünften über knarrenden Dielen und mit kargen Budgets. Und hätte nicht der Zürcher Rupprecht von Senger, ein Auto-Enthusiast und Onkel von Verleger Hein Gericke, 50 000 Schweizer Franken zugeschossen, die Dr. Ing. h.c. F. Porsche AG wäre vielleicht nie aus den Startlöchern gekommen. Unter solch unwirtlichen Bedingungen entstanden bereits die meisten jener 46 in Leichtmetall gewandeten Ur-356, 23 Cabriolets und 23 "Limousinen", in den 33 Monaten vor dem 20. März 1951. Schauplatz war eine ehemalige Sägemühle zu Gmünd im österreichischen Bundesland Kärnten. Im Sommer 1949 indessen hatte sich ein Teil der Belegschaft nach Stuttgart begeben, die Villa der Familie Porsche an der Feuerbacher Heide als vorläufiges Hauptquartier bezogen und in der Augustenstraße 82a von der Karosseriefabrik Reutter ein 500 qm kleines Areal angemietet.

Professor Albert Prinzing, ein Freund und Vertrauter des Firmenchefs Professor Ferdinand Porsche, hatte erfahren, die amerikanische Besatzungsmacht werde das 1945 beschlagnahmte dreistöckige Porsche-Werk Spitalwaldstraße 2 am 1. Juli 1950 freigeben – der Termin verzögerte sich später auf den 1. September und schließlich auf unbestimmte Zeit. Seit dem 17. September 1948 bestand ein Vertrag mit dem Volkswagenwerk, durch den die

Porsche Konstruktionen GmbH an das rasch sich ausweitende Servicenetz der Wolfsburger angebunden wurde. Auf dem Genfer Salon im März 1949 hatte man das Terrain mit zwei der Aluminium-Autos aus Gmünd sondiert: Das Interesse war groß. Im folgenden Winter streckte, glättete und rundete Erwin Komenda die Silhouette des österreichischen Vorläufers und brachte sie in eine für lange Zeit gültige Form. Ein schwarzer Steg gliederte die Windschutzscheibe in zwei an den Seiten leicht gebogene Hälften, und die Stoßstangen schmiegten sich, ausgehend von den Radausschnitten, an die Enden des Stahlblechaufbaus. Wie dieser fast ausschließlich in Handarbeit vom Reißbrett übertragen, wurde das Chassis mit dem windschlüpfigen Oberteil fest verbunden, ein gepreßter und geschweißter Kastenrahmen. Alle vier Räder (mit 16-Zoll-Felgen) waren einzeln aufgehängt, vorn mit zwei Kurbellängslenkern und gebündelten Quertorsionsstabfedern, hinten an einer Pendelachse, die durch Längslenker und runde Drehfederstäbe geführt wurde.

Bei dem luftgekühlten Vierzylinder-Boxer unter der kleinen einteiligen Motorhaube jenseits der Hinterachse handelte es sich, im Grunde genommen, um ein VW-Aggregat, dessen 1086 ccm von zwei Solex-Fallstromvergasern zu strammen 40 PS ermächtigt wurden. Am Gründonnerstag 1950 schnippte man das letzte Stäubchen von dem ersten Porsche Stuttgarter Provenienz, der wegen seiner hellgrauen Farbe den Spitznamen "Windhund" erhielt. Zur würdigen Folie für die Welt-Premiere von Porsche-Opus 356, das in zwei Exemplaren vertreten war, einem Coupé und einem Cabriolet, geriet die Pariser Automobilausstellung im Oktober 1950. Der Status war jetzt der einer Kommanditgesellschaft, mit den Geschäftsführern Albert Prinzing und Ferry Porsche, dem Sohn des Professors, der am 30. Januar 1951 an den Folgen eines Schlaganfalls starb. Bereits am 21. März 1951 feierte man den 500. in Stuttgart gefertigten Porsche, am 28. August den 1000., und am Ende des Jahres hatten 214 Bedienstete ihr Scherflein zum 1103. insgesamt beigesteuert. Die luftgekühlte Maschine, noch immer mit dem senkrecht geteilten Kurbelgehäuse des VW-Motors, war nun in zwei weiteren Kalibern verfügbar, mit 1286 ccm und 44 PS (seit dem Frühjahr) und 1488 ccm und 60 PS (seit dem Oktober 1951).

Porsche 356 Coupé 1500, Bj. 1953. Vierzylinder-Boxermotor. 1488 cm³. 55 PS.
146 km/h. 17 s 0 - 60 mph. Leihgeber: Dr. Klaus-Otto Räker

Für das Modelljahr 1952 ließ man dem 356 behutsam weiteren Fortschritt angedeihen. Die Windschutzscheibe wurde einteilig, mit einem leichten Knick in der Mitte, der Aus- und Einblick gelinde verzerrte, das Paar der Stoßfänger höher angesetzt und vom Wagenkörper gesondert. Die Lochfelgen waren lackiert oder auf Extrawunsch verchromt. Runde Heckleuchten von der Größe der Blinker ersetzten die horizontal-rechteckigen des Vorgängers, und das Reserverad wurde nach vorn verlagert, um im flachen Bug des Porsche mehr Platz für Gepäck freizuräumen.

Eine umklappbare Lehne aus einem Stück gab dem Sitzschacht im Fond einen etwas wohnlicheren Anstrich. Ab September übernahm eine Kurbelwelle in Gleitlagern in den 1,5-l-Triebwerken die Stelle der bisherigen rollengelagerten, ein Eingriff, der die Leistung auf 55 PS absenkte. Dafür hielt der 1500 S vom Oktober des Jahres an 70 PS bereit, und die Sprachregelung "Dame" für die schwächere Version begann sich einzuschleifen, im Unterschied zum Super. Schon vor einiger Zeit hatte Maximilian Hoffman, Importeur diverser europäischer Autos in New York, angeregt, man möge doch einen leichten und schnellen offenen Zweisitzer für die besonderen Gegebenheiten des nordamerikanischen Markts schaffen – er werde für die Verbreitung schon sorgen. Man nahm den Denkanstoß aus Übersee gern auf und reagierte im Frühjahr 1952 mit dem 605 kg schweren America Roadster, der die Idee des Speedsters bereits vorwegnahm. Damit die schwäbischen Importe angesichts der in seiner neuen Heimat üblichen Riesenhubräume einigermaßen bestehen konnten, verschmähte Hoffman alle Maschinen unterhalb des 1500-S-Motors. Sämtliche Modelle wurden jetzt mit einem nach Porsche-Patent vollsynchronisierten Vierganggetriebe ausgerüstet. Im November 1953 erweiterte man die Palette in der oberen Mitte um den 1300 S, dessen Lenker über 60 PS aus 1290 ccm gebot. Die Kurbelwelle war rollengelagert und stammte fürs erste vom Hauslieferanten Hirth. Die gleiche Relation von Bohrung und Hub (74,5 x 74 mm) fand sich ab Juni 1954 im 1300 A, dessen Triebwerk solchermaßen für die Beherbergung der sogenannten Alfinger-Kurbelwelle eingerichtet worden war. Wie alle anderen wurde es im September mit einem dreiteiligen Kurbelgehäuse eigener Fertigung versehen. Mit dem Ende des Jahres wurde der 1100 aus dem Typen-Spektrum ausgesondert. Dafür hatte es im September mit dem Speedster eine wichtige Bereicherung erfahren. Im Vergleich zum America Roadster war die Frontscheibe niedriger, stärker geneigt und gewölbt. Ein Allwetterverdeck von eher symbolischem Wert ließ sich in seiner Gänze versenken, und nach englischem Vorbild gewährten Steckfenster rudimentären Schutz nach den Seiten. Die Gürtellinie lag im Bereich der Türen 35 mm niedriger als beim Cabriolet. Als im Oktober 1955 die Baureihe 356 A aus der Wiege gehoben wurde, hatte es der 356 auf eine Verbreitung von 7627 (davon 1900 Speedster) gebracht. Der Halbwert der Traum-Marke 10 000 war am 15. März 1954 erreicht worden. Schon lange hatte sich die Porsche KG einen Namen im Sport gemacht, wobei der Sieg ihres französischen Agenten Auguste Veuillet und seines Landsmanns Edmond Mouche mit einem der 800 kg leichten Gmünd-Coupés beim 24-Stunden-Rennen von Le Mans 1951 in der 1100-ccm-Klasse einen ersten Höhepunkt darstellte. Kaum zu zählen aber waren die Erfolge der Privatfahrer.

In der flott gemachten Hauszeitschrift Christophorus indessen sang Chefredakteur Richard von Frankenberg, wegen seines durch keinerlei Ängste beeinträchtigten Fahrstils der "Schreckensteiner" genannt, sozusagen als Poeta laureatus der Porsche-Dynastie nimmermüde das Loblied vom Fahren in seiner schönsten Form...

Alfa Romeo 1900 Super Sprint, Bj. 1956. Vierzylinder-Reihenmotor. 1975 cm³. 115 PS. 190 km/h. Leihgeber: H. J. Klein und Heinz Jaspert

Der Alfa Romeo 1900, seit 1950 Nachfolger des 6C 2500, war ein eher unscheinbares Auto von kühl-pragmatischer Linienführung. Im Gewand des Biedermanns verbarg sich indessen viel mehr, als dieses auf den ersten Blick zu verheißen schien.

Der Vierzylinder-Reihenmotor von 1884 cm³ mit zwei obenliegenden Nockenwellen, Leichtmetallzylinderkopf und -kolben leistete ursprünglich 90 PS, ebensoviel wie der Sechszylinder des 6C 2500, nur daß der 1900 mit 1050 kg um ein Drittel weniger wog als etwa der Freccia d'oro. Das Vierganggetriebe war vollsynchronisiert und wurde mittels einer Lenkradschaltung betätigt.

Die Lenkung selbst war nach links gerückt – eine kleine Palastrevolte im erlesenen Zirkel der schnelleren italienischen Automobile. Bislang war man der Ansicht gewesen, Überholvorgänge ließen sich besser einfädeln, wenn der Fahrer rechts sitze. Der 1900 hatte eine selbsttragende Karosserie und ein Fahrwerk mit vorderen Trapez-Dreieckquerlenkern und Schraubenfedern sowie eine starre, an Längslenkern geführte Hinterachse.

Eine Sache der Vergangenheit geworden war die Pendelachse mit ihren permanenten Sturzänderungen. Zugleich begegnete man der Unsitte der Starrachse zu trampeln, wenn die Räder zum Beispiel über ein Schlagloch rollten, indem man die ungefederten Massen verringerte. So wurde etwa das Differential mit dem Chassis verbunden.

Inzwischen ging die Aufnahmebereitschaft des Markts längst wieder über den Bedarf an bloßen Beförderungsmitteln hinaus. Man begann bei Alfa Romeo folglich zügig, das Potential des 1900 auszureizen. Anfang 1951 erschien der Sprint mit 100 PS und 2500 mm Radstand – 130 mm weniger als die Normalversion. Dieses Autos nahmen sich liebevoll die Karossiers an: Ein Cabriolet von Pinin Farina lief 170 km/h, das Touring-Coupé sogar 180. Die geschlossene Abart erwies sich als populäres Gerät für Wettbewerbe, wie geschaffen etwa für die Mille Miglia, jenes epische 1000-Meilen-Marathon von Brescia nach Rom und zurück.

1952 wurde Consalvo Sanesi auf einem Sprint Klassendritter. Als die Alfetta Tipo 159, die legendären Grand-Prix-Wagen des Mailänder Hauses, mit dem Ende der Saison 1951 schließlich ins Museum geschoben wurden, suchte Ingenieur Gioacchino Colombo einen Thronfolger und entwickelte aus dem 1900 ein reines Rennfahrzeug. Auf der International Motor Show New York 1953 wurde eine Coupé-Version der ob ihrer eigenwilligen Linienführung ungläubig staunenden Fachwelt vorgestellt, der C52, besser bekannt unter dem Kriegernamen Disco Volante.

In den Gitterrohrrahmen der Fliegenden Untertasse hatte man den auf 1997 cm³ aufgebohrten Motor des Sport eingepflanzt, der 158 PS abgab. Er sollte indessen die rundliche Flunder nicht zu irgendwelchen Erfolgen beflügeln, da die Führung des Luftstroms unter dem Boden sowohl des Coupés als auch des bereits im Oktober 1952 präsentierten Spiders die Traktion schmälerte.

115 PS evozierten die Alfa-Romeo-Ingenieure aus den 1975 cm³ des Super, der

seit Ende 1953 parallel zum 1900 gefertigt wurde und ihn schließlich ablöste. Fünf Gänge wie dieser hatte ein Super Sprint ab 1954, wiederum von Touring in Mailand, der zu 190 km/h in der Lage war. Auf dem Genfer Salon 1956 wurde er in einem neuen Gewand präsentiert, unverkennbar ein Alfa Romeo auch er, was man von einer weiteren Variation von Boano 1955 kaum noch sagen konnte. 949 Sprint wurden gebaut, acht davon im ersten Jahr, 854 Super Sprint, 15 von ihnen im letzten Jahr der Produktion.

Lancia Aurelia B20 GT 2500, Bj. 1955. V6. 2451 cm³. 118 PS.
182 km/h. 14,8 s 0 - 100 km/h. Leihgeber: R. Nyffenegger

Vincenzo Lancia, Sproß einer ebenso reichen wie redlichen Kaufmannsfamilie aus Turin, gründete dortselbst am 27. November 1906 eine eigene Automobilfabrik. Seine Fahrzeuge sahen nie sonderlich ansprechend aus, bestachen aber durch Ideenreichtum, Leistung und Solidität.

Als er im Februar 1937, gerade 56jährig, an einem Herzversagen starb, wußte er, daß sein Lebenswerk in den kompetenten Händen seines Sohnes Gianni eines Tages gut aufgehoben sein würde. Bevor dieser allerdings, noch ein Knabe, seine Dienstgeschäfte übernehmen konnte, überbrückte seine Mutter Adele in strenger Rechtschaffenheit das entstandene Interregnum.

In Gianni Lancias Ägide fiel die Aurelia-Limousine von 1950, der auf dem Turiner Autosalon im Frühjahr des nächsten Jahres das attraktive Fastback-Coupé Aurelia B20 folgte. Beide Autos, gewachsen in der Regie des ehemaligen Alfa-Romeo-Ingenieurs Vittorio Jano, wurden als innovativ und progressiv herausgestellt, standen aber bei näherem Hinsehen in einer geheiligten Familientradition, nahmen Denkanstöße in die Nachkriegszeit herüber, die von Stammvater Vincenzo ausgegangen waren.

Da war die Einzelradaufhängung vorn mit Vertikalführung an den die Schraubenfedern enthaltenden Teleskoprohren. Da war die selbsttragende Karosserie, für die im Falle des B20 bei ihrem Schöpfer Pinin Farina oder Viotti über einem von Lancia angelieferten Plattformchassis mehr als 100 gehämmerte Bleche miteinander verschweißt wurden. Da war das Transaxle-Prinzip: Kupplung, Vierganggetriebe, Achsantrieb, Differential und hintere Bremsen bildeten eine kompakte Baueinheit. Und da war die V-Architektur der sechs Verbrennungseinheiten, deren Dreizylinder-Blöcke sich im Winkel von 60 Grad voneinander spreizten.

Dieses kurze (610 mm) und leichte (150 kg) Triebwerk war unter den Händen von Francesco de Virgilio entstanden, Janos Assistenten, der wie jener seit 1937 in Lancias Sold stand. Es hatte ursprünglich 1991 cm³ und leistete 75 PS, in einer zweiten Serie von 1952 80 PS. Obwohl diese frühen Coupés somit etwas schmalbrüstig einherkamen, waren sie ungemein handlich und leichtfüßig.

Im Grenzbereich mußte man sich vor heftigem Übersteuern hüten, was das Gespann Giovanni Bracco/Umberto Maglioli nicht davon abhielt, mit einem B20 von 115 PS auf der Mille Miglia 1951 bis auf Platz 2 hinter Gigi Villoresis Ferrari 340 America vorzustoßen, während Luigi Fagioli 1952 den dritten Rang hinter Bracco (Ferrari Vignale Berlinetta) und Kling (Mercedes 300 SL) belegte, assistiert von Beifahrer Borghi und strömendem Regen. Über Mangel an Leistung brauchte sich ab 1953 niemand mehr zu beklagen, denn nun schöpfte der V6 118 PS aus 2451 cm³.

Der B20 hieß von Stund an Gran Turismo 2500, wies vorn und hinten rundlichere Proportionen auf und war auf dem besten Wege, sich zu einem formidablen Sportgerät zu mausern, eine Klassenziel, das spätestens mit der vierten Serie von 1954 erreicht war. Denn zusammen mit der bisherigen hinteren Einzelradaufhängung entfiel jetzt auch seine Neigung, jähzornig mit dem Heck herumzuschwenken. Dafür hatte im rückwärtigen Souterrain eine De-Dion-Doppelgelenkachse mit Tragrohr Einzug

gehalten, geführt durch Halbelliptikfedern und einen Panhardstab, ein kostenträchtiges Verfahren, das sich indes als robust und zweckmäßig empfahl. Die Radachsen waren gegenüber der Federmitte nach hinten versetzt, die Stoßdämpfer nach vorn geneigt.

Lancia Aurelia B24, Bj. 1956. V6. 2451 cm³. 110 PS.
174 km/h. 12,5 s 0 - 100 km/h. Leihgeber: Pierre Le Grand und Rainer Schulte-Bulmke

Die Lenkung war mit 2 1/5 Umdrehungen von Anschlag zu Anschlag sehr direkt übersetzt, und mit seinen effizienten Bremsen (Trommeldurchmesser vorn 300 mm, hinten 280 mm) ließ sich der 2+2-Sitzer in vier Sekunden von 100 km/h bis zum Stillstand zusammenstauchen. Das Armaturenbrett wurde beherrscht von den beiden großen Rundinstrumenten des Drehzahlmessers, der bei 5300 U/min warnte, nun werde gleich leichtes Ventilschwirren hörbar werden, und des Tachometers, der ungewöhnlich genau arbeitete. Wasser- und Ölthermometer fehlten, was der Gesundheit des Triebwerks ein gutes Zeugnis ausstellte.

Im übrigen wurde die ohnehin reiche Grundausstattung durch eine Fülle von Extra-Angeboten ergänzt wie Borrani-Räder, Nardi-Sportvolants und Lederbezüge, aber auch eine fakultativ erhältliche Mittelschaltung. Der Zusatz S (= sinistra) im Typenkürzel verwies darauf, daß es sich bei dem fraglichen B20 um einen Linkslenker handele. In der Regel saß der Pilot rechts, und für Ungeübte gestaltete sich dann der Umgang mit dem zu ihrer Linken an der Lenksäule angebrachten Ganghebel mißlich.

Der erneut retuschierte Aufbau wurde bei Farina, Bertone oder Maggiori montiert. Auf die Möglichkeiten, die im Gran Turismo 2500 schlummerten, machten der Monegasse Louis Chiron und der Genfer Ciro Basadonna mit einem Paukenschlag aufmerksam, als sie bei der Rallye Monte Carlo vom 18.-25. Januar 1954 siegten. Spätere B20-Generationen gewannen an Komfort und Gewicht und verloren an Kraft – die Motoren der fünften Serie ab 1956 waren mit 110 PS um einiges entschärft, wenn auch langlebiger, aber für die sechste von 1957 hatte man noch einmal zwei PS mehr mobilisiert, ohne dieses Prinzip aufzugeben.

Im Juni 1958 wurde mit dem 3118. Exemplar die Produktion des B20 eingestellt, dem alsbald die Rolle des gesuchten Klassikers zuwuchs. Das gleiche Los war dem offenen B24 beschieden, der seit 1954 die Aurelia-Palette nach oben hin abrundete, auf der mechanischen Basis des Coupés, also von vorneherein mit der De-Dion-Achse. Farinas Konzept für den schmucken Zweisitzer war offensichtlich durch zeitgenössische Ferrari-Modelle inspiriert.

Mit 2450 mm Radstand (Coupé: 2660 mm) wirkte er gedrungener, mit seiner Knüppelschaltung sportlicher und überdies hatte man ihn gediegene Ledersessel spendiert. Das Gros der Interessenten vermutete man in Übersee, und so steckte der Spitzname America diesen möglichen Markt auch semantisch ab. Nur die ersten 240 B24 wurden mit einer Panoramascheibe und dem dazugehörigen leichten Zeltdach geliefert, durch das es auch schon einmal hineinnieselte. Die restlichen 1381 waren weniger spektakulär, aber luxuriöser ausgestattet mit Ausstell- und Kurbelfenstern sowie einem Stoffverdeck, das eine wohnlichere Atmosphäre vermittelte, mehr Convertible als Spider.

Auf diesbezüglichen Wunsch hielt man auch ein properes Hardtop bereit. Die Aurelia Gran Turismo dienten den Renn-Assen jener Tage bevorzugt zur privaten Fortbewegung, Mike Hawthorn etwa oder Jean Behra. Als Juan Manuel Fangio einmal das Flugzeug in Paris verpasste, mietete er sich einen B20 und fuhr mit diesem nach Monza – ein schönes Kompliment an ein schönes Auto...

Maserati A6G 2000 Zagato, Bj. 1956. Sechszylinder-Reihenmotor. 1986 cm³. 150 PS. 195 km/h. Leihgeber: J. P. Bisiaux

Der Lokomotivführer Rodolfo Maserati hatte sechs Söhne. Vier von ihnen, Alfieri, Bindo, Ernesto und Ettore, leisteten sich 1926 den Luxus eines Rennwagens, der aus ihrer eigenen Werkstatt in Bologna stammte, ihren Familiennamen trug und von Alfieri und Ernesto mit beträchtlichem Erfolg chauffiert wurde.

Zum Vergleich: Enzo Ferrari war gerade 28 und feilte heftig an seinem Ruf als guter Fahrer und noch besserer Organisator. Aber selbst vor der Gründung seiner Scuderia Ferrari am 1. Dezember 1929 – mit Autos von Alfa Romeo – hing vorerst der Schleier des Futurs, der auch gnädig verhüllte, daß die aufstrebende Officine Alfieri Maserati S.p.A. 1937 der Firmengruppe Orsi S.A.S. einverleibt werden würde. Mit dieser Fusion war gewissermaßen das Maserati-Emblem entwurzelt, jener Dreizack, den auf der Piazza del Nettuno zu Bologna der Meeresgott, eine Statue Jean de Boulognes, mit seiner nervigen Rechten umspannt.

Der Commendatore Adolfo Orsi verfügte nämlich, der renommierte Kleinbetrieb habe nach Modena umzuziehen. Im Rahmen eines Zehnjahresvertrags blieben indessen Bindo, Ernesto und Ettore der Stätte ihres bisherigen Wirkens erhalten, als Berater und Experten in Sachen Motorsport tagtäglich zwischen dem alten und dem neuen Standort pendelnd.

1947 trennte man sich ohne sonderliches Einvernehmen, und die Fratelli Maserati richteten sich fortan wieder in Bologna ein, wo sie in Gestalt der Officine Specializzate Costruzioni Automobili, kurz OSCA, ein Konkurrenzunternehmen aufzogen. Ihren guten Namen ließen sie zurück, denn dies war in einer Klausel der Vereinbarung festgelegt. Die Führung der Geschäfte sowie der ungefähr 30 Angestellten in der Via Ciro Menotti 322 zu Modena aber übernahm der ernsthafte junge Omer Orsi. Unter seinen fähigen Händen gediehen die rennsportlichen Aktivitäten der Marke und kulminierten mit Juan Manuel Fangios fünfter Weltmeisterschaft 1957.

Daneben beschäftigte man sich eher halbherzig mit dem Bau von Straßensportwagen, 139 in zwölf Jahren. Den Anfang machten zwischen 1946 und 1950 60 Coupés mit der Benennung A6/1500 GT, allesamt eingekleidet von der Carrozzeria Pinin Farina. Der Erstling erregte auf dem Genfer Salon 1947 freundliche Aufmerksamkeit wegen seiner gestreckten Linie und war mit einem Sonnendach ausgestattet, das nach vorn öffnete und somit zischende Frischluft direkt auf die Häupter der Insassen kanalisierte.

Am A6G/2000 GT von 1951 bis 1957 versuchten sich Farina, Frua, Vignale, Allemano und Zagato mit offenen und geschlossenen Aufbauten. Er kam in zwei Schüben: Während für die Aktivierung der zwölf Ventile des Reihensechszylinders in der ersten Serie (16 Exemplare) noch eine einsame obenliegende Nockenwelle zuständig war, teilten sich in der zweiten Auflage (59 Wagen) deren zwei diese Arbeit. Für ihr Debüt bei der Genfer Show im März 1954 waren die beiden Ingenieure Gioacchino Colombo und Luigi Bellentani gerade rechtzeitig damit fertiggeworden, eine Zweiliter-Rennmaschine auf immerhin noch 140 PS zu besänftigen.

Entschieden wohler auf Rennstrecken als selbst auf den immer noch leeren italienischen Verkehrsstraßen fühlten sich die vier brutal aussehenden A6GCS Berlinette von Farina 1954 und 1955, von denen einer wie ein Markenzeichen eigenen Rechts den Namen des römischen Maserati-Händlers Guglielmo Dei trug.

Mercedes-Benz 300 S Roadster, Bj. 1953. Sechszylinder-Reihenmotor. 2996 cm³. 150 PS. 175 km/h. Leihgeber: Hein Gericke

Bei der Frankfurter IAA 1951 stand er gleichsam auf der Wasserscheide zwischen gestern und morgen. Alles andere als ein Interimsmodell, zeichnete sich der Mercedes-Benz 300, bald volkstümlich-stolz der "Dreihunderter" genannt, dennoch aus durch ein höchst eigenständiges Profil und wurde als Dienstfahrzeug Konrad Adenauers zum Symbol der aufblühenden Bonner Republik.

Seine gelassenen Linien ließen bereits künftiges Ponton-Einerlei anklingen. Aber noch ruhte sein Aufbau auf einem separaten x-förmigen Ovalrohrrahmen, in dem jedoch eine Aufhängung vom Feinsten installiert war, mit doppelten Querlenkern und Schraubenfedern vorn und einer Zweigelenk-Pendelachse hinten mit doppelten Schraubenfedern. Zusätzliche Drehstäbe für jedes Rad sollten höheren Zuladungen begegnen. Sie waren elektrisch aktivierbar vom Fahrersitz aus, auf welchem dem Charakter des Wagens entsprechend häufig ein Chauffeur Platz genommen hatte.

Sein langhubiger Reihensechszylinder mit stark prestigehaltigen 2996 cm³ und einer obenliegenden Nockenwelle wurde von zwei Vergasern gespeist und hatte – Premiere bei Daimler-Benz – eine 12-Volt-Lichtmaschine. Mit seinen 115 PS war die gewichtige Limousine, der von Anbeginn an ein fünfsitziges Cabriolet zur Seite gestellt wurde, durchaus behende: Bei Bedarf und in Eile hielt der ungeduldige Kanzler seinen Fahrer schon mal an, ihre Spitze von 160 km/h auch tatsächlich auszureizen. In drei Ausbaustufen, ab 1955 (300c) mit einer Eingelenk-Pendelachse, ab 1957 (300d) mit einer Einspritzung von Bosch, wuchs die Leistung auf 160 PS.

Auf dem Pariser Salon im Oktober 1951 gesellte sich dem staatstragenden Glied der Familie der Sportler 300 S hinzu. Er war die Apotheose klassischen Autobaus vor der endgültigen Machtergreifung der Horizontalen und des rechten Winkels. In der schönen Dreieinigkeit Coupé, Cabriolet und Roadster wurde er bis 1958 in 760 Exemplaren unter eine wohlhabende Klientel gebracht. Die beiden offenen Versionen unterschieden sich nur wenig voneinander. Der Roadster hatte ein leichtes und zur Gänze versenkbares Verdeck, während beim Cabrio eine aufwendigere Konstruktion für üppige Wohnlichkeit sorgte. Alle fußten sie auf dem 300, dessen ursprünglicher Radstand von 3050 mm um 150 mm verkürzt, Verdichtung von 6,4 : 1 auf 7,8 : 1 erhöht, Gemischaufbereitung um einen Solex-Vergaser vermehrt und Leistung auf 150 PS angehoben worden waren. Schein und Sein befanden sich damit in vollem Einklang miteinander: Mit möglichen 176 km/h gehörte der Mercedes 300 S zu den Schnellsten im ganzen Land.

Dennoch und trotz aller Annäherung an Perfektion blieb der Fortschritt nicht stehen. Zusammen mit dem retuschierten 300c wurde auf der IAA 1955 der 300 Sc eingeführt, wie jener ausgestattet mit einer Eingelenk-Pendelachse mit tiefliegendem Schwerpunkt. Die Verdichtung war ein weiteres Mal auf 8,55 : 1 gesteigert worden, und der seidig summende und 175 PS starke Sechszylinder wurde bereits alimentiert von einer Direkteinspritzung von Bosch, wie sie sich bei den Rennwagen der Marke bewährt hatte.

Nach außen hin erkennbar war der 300 S der zweiten Generation an Ausstellfensterchen, größeren Blinkleuchten, zwei mit Chromleisten verblendeten waagerechten Kühlschlitzen oberhalb der vorderen Kotflügel, dem Schriftzug "Einspritzmotor" am Kofferraumdeckel und verchromten Lochscheibenrädern.

Nicht jede dieser Maßnahmen, vor allem das modische Mehr an Chromzierrat, kam seiner Attraktivität zupaß. Überdies hatte seit 1954 der ein gutes Stück billigere 300 SL die Aufmerksamkeit und die Sympathien auf sich gezogen. Der alte König war noch nicht tot, da regierte schon der neue...

Pegaso Z102, Bj. 1954. V8. 3178 cm³.
195 PS. 215 km/h. Leihgeber: Collection „Gaston"

Pegasus – so hieß das aus dem Rumpf der Medusa entsprungene Flügelroß, später auch als Symbol der Musen und der Dichter bekannt. Hinter der mythologischen Anspielung im Namen der illustren Sportwagenmarke verbarg sich dreierlei. Da war zum einen der erklärte Wille des Generalissimo Francisco Franco Bahamonde, im automobilen Entwicklungsland Spanien einen kräftigen Akzent zu setzen. Da war zum anderen der ungestüme Schaffensdrang des begabten Technikers Wilfredo Ricart (1897-1974), der sich zum Beispiel im Grand-Prix-Sport mit dem Heckmotor-Alfa Tipo 512 einen Namen gemacht und den Verdruß von Enzo Ferrari auf sich gezogen hatte. Und da war zum dritten Ricarts Entschlossenheit als Leiter der Empresa Nacional de Autocamiones S.A. in Madrid (E.N.A.S.A.), einem Hersteller von Diesel-LKW und Bussen, die Moral der ihm anvertrauten Werktätigen nach soviel seriengefertigter Prosa durch ein wenig Poesie in der Gestalt eines spektakulären Sportwagens zu beflügeln.

Das war der Pegaso Z102, vorgestellt auf dem Pariser Salon von 1951, immerhin das erste Straßenauto der Welt mit einer Viernockenwellen-Maschine, einem V8 von 2473 cm³ und 165 PS. Der geräuschvolle Antrieb vollzog sich ursprünglich über Ketten, bald jedoch mittels Zahnrädern. Weitere Merkmale dieses ebenso komplexen wie störanfälligen Kraftwerks waren seine Trockensumpfschmierung und natriumgekühlte Auslaßventile. Man munkelte, es drehe mehr als 9000/min.

Der technischen Leckerbissen gab es noch mehr, zum Beispiel die Aufhängung des Pegaso, dem sportliche Erfolge gleichwohl verwehrt blieben. Die Federung der Hinterräder erfolgte durch zwei parallele Quertorsionsstäbe mit verstellbarer Vorspannung, per Gelenkhebel mit dem De-Dion-Querrohr verbunden. Die stark verrippten hinteren Trommelbremsen lagerten sich direkt an das Differentialgehäuse an. Die Vorderradaufhängung bestand aus Dreieckquerlenkern und Längstorsionsstabfedern. Das Fünfganggetriebe hatte man nicht nur mit der Hinterachse verblockt, sondern zur besseren Balance hinter dem selbstsperrenden Differential von ZF untergebracht. Frühe Coupés und Cabriolets waren mit Aufbauten aus eigener Produktion ausgestattet. Spätere Fahrzeuge wurden nach Mailand verschifft und bei Touring mit Maßkonfektion versehen. Da sich dieses Verfahren als unangemessen kostspielig erwies, behielt man am Ende die attraktiven Touring-Designs zwar bei, übernahm aber die Einkleidung in eigener Regie in der ehemaligen Hispano-Suiza-Fabrik in Barcelona, E.N.A.S.A.-Eigentum seit 1946. Höchst extravagante Pegaso-Versionen schuf Star-Couturier Saoutchik in Paris. Keine zwei Pegaso waren völlig identisch.

Noch 1951 wurde der Achtzylinder auf 2816 cm³ vergrößert. Er leistete nun, von vier Doppel-Fallstromvergasern von Weber statt nur einem gespeist (später griff man wieder auf die ursprüngliche Lösung zurück), lärmende 220 PS, wenn er durch einen Marshall-Nordec-Kompressor unter Druck gesetzt wurde. 1954 folgte eine dritte Stufe mit 3178 cm³ und 190 PS in einer Saugversion, während die geladene Spielart mit 225 PS auftrumpfte. Hinsichtlich der Leistungsangaben war man auf Vermutungen angewiesen, da sich die Firma in dieser Hinsicht vornehm zurückhielt.

Auf der Pariser Autoausstellung im Herbst 1955 wurde der Nachfolger Z 103 vorgestellt, mit V8-Motoren von 3992 cm³ und 4780 cm³, letzterer mit 289 PS. Diese überraschten durch die Simplizität ihrer Architektur mit einer zentralen Nockenwelle. Trotz dieser erstaunlichen Artenvielfalt ähnelte das Unternehmen Pegaso dem biblischen Berg, der das Mäuschen gebar: In acht Jahren entstanden lediglich 86 Exemplare. Dafür profitierte der Lastwagenverkauf der E.N.A.S.A. – eine seltsame Symbiose...

Allard J2X Le Mans, Bj. 1952. V8. 5420 cm^3.
162 PS. 200 km/h. Leihgeber: A. Anders

Sydney Allard, 1910 im Londoner Süden geboren, drei Brüder, eine Schwester, war ein Suchtmensch – der Droge Automobil heil- und hoffnungslos verfallen. Daß er 1950 in Le Mans Dritter wurde, die Rallye Monte Carlo 1952

gewann und sich auch in der englischen Dragsterszene einen Namen machte, ist an und für sich schon bemerkenswert genug. Zu einer einzigartigen Erscheinung wurde er jedoch, weil all dies mit Fahrzeugen aus eigener Fertigung geschah.

Diese stellte er nach alter Väter Sitte in Handarbeit her. Die bunte Vielfalt seiner Geschöpfe spiegelte sich wider im fröhlichen Wirrwarr ihrer Benennung. In chronologischer Reihenfolge setzte Allard zwischen 1946 und 1955 die Modelle J1, K1, L, M1, P1, J2, K2, J2X, M2X, P2, 21C, 21Z, K3 und J2R in die Welt, pfropfte diesem Kürzel-Chaos indessen auch sprachliche Blüten auf in Gestalt volltöniger Namen wie Monte Carlo, Safari, Palm Beach, Red Ram und Gran Turismo. Alles in allem entstanden rund 2200 Allards.

Daß sich "The Guv'nor" in der Welt der Begriffe mit einer gewissen Sorglosigkeit bewegte, zeigte bereits sein Umgang mit der eigenen Identität. Zwischen 1937 und 1945 hieß sein im Londoner Stadtteil Putney und später in Clapham ansässiges Unternehmen nämlich verwirrenderweise Adlards Motors Ltd., lediglich weil dort bereits ein Unternehmen mit diesem Label firmiert hatte.

Allard war Minimalist. Seine archetypischen Mobile kamen meistens nur notdürftig bekleidet daher mit Motorrad-Kotflügeln vorn und kargen Behausungen für Antrieb und Passagiere. Die Simplizität amerikanischer Chassis und der großvolumigen Stoßstangentriebwerke aus dem Land der unbegrenzten Möglichkeiten (für die Motorisierung sorgten häufig die Kunden selber) hatte es ihm angetan. Diese Philosophie führte in aller Regel dazu, dass eine Menge Pferdestärken für die Beförderung relativ weniger Kilos zuständig war, dubioser Straßenlage und schwächlichen Bremsen zum Trotz. Entsprechend fiel die Klientel aus: eine verschworene Gemeinschaft von Kerlen mit Haaren auf der Brust, die wie "The Guv'nor" selber den Tod nur bedingt und den Teufel überhaupt nicht scheuten.

Am meisten Ruhm trug diesem der J2X ein, entstanden aus dem J2 von 1950, einem asketischen Zweisitzer, wie üblich auf einem trutzigen Kastenrohrrahmen. Hinten wurden dessen Räder an einer De-Dion-Achse mit Schraubenfedern geführt, vorn unabhängig an Schwingachsen und ebenfalls mit Schraubenfedern, welche die bisherige Querblattfeder abgelöst hatten.

Nur 940 kg leicht, war bereits der J2 ein Monument der Stärke, schon mit der Standard-Maschine Mercury V8 von 4375 cm^3 und 110 PS, noch mehr mit einer Kraftspritze von 30 weiteren PS durch den Allard-Berater und künftigen Retter des Chevrolet Corvette Zora Arkus-Duntov, erst recht mit einem brutal brotzelnden Cadillac-Motor, der 180 PS freisetzte.

Den 99 J2 folgten 1951 fast auf dem Fuße 83 J2X, die ihrerseits Triebwerke von Cadillac, Chevrolet, Chrysler, Lincoln und diversen amerikanischen Tuningschmieden beherbergten. Das X stand für extension, eine 190 mm lange Wucherung des Chassis nach vorn, welche dem Motor und Teilen der Aufhängung und

somit auch den Passagieren mehr Lebensraum freimachen sollte. Nicht zuletzt der Straßenlage war dieser Eingriff ungemein bekömmlich. Alles umhüllende Aufbauten wiesen die elf Wettbewerbswagen J2R auf – eine widerstrebende Konzession Allards an gewandelte Bestimmungen.

Austin-Healey 100/4 BN1, Bj. 1954. Vierzylinder-Reihenmotor. 2660 cm³. 94 PS. 165,7 km/h. 10,3 s 0 - 60 mph. Leihgeber: Max Nötzli

Bei einem Bummel über die London Motor Show im Oktober 1952 blieb Leonard Lord, Chef der gerade aus der Wiege gehobenen British Motor Corporation, fasziniert vor einem eisblauen offenen Zweisitzer stehen, dem Healey 100. Die schmissige Linie des Exponats stammte aus der Feder von Gerry Coker, der zwei Jahre zuvor zu der kleinen Sportwagenschmiede des 54jährigen Donald Healey in Warwick gestoßen war.

Unter der schönen Hülle verbarg sich vergleichsweise Simples: ein Underslung-Kastenrahmen mit Kreuzverstrebung, den Ingenieur Barry Bilbie entworfen hatten, vorn Einzelradaufhängung mit Trapez-Dreieckquerlenkern und Schraubenfedern, hinten eine Starrachse mit Halbelliptikfedern und Panhardstab, der Vierzylinder-Reihenmotor des Austin A40 von 2660 cm³ und 94 PS sowie dessen Getriebe. Sein erster Gang lief ungenutzt mit, während den beiden oberen Fahrstufen ein Overdrive zugeschaltet werden konnte. Die Windschutzscheibe ließ sich umlegen, ein Detail, auf das Healey gesteigerten Wert legte.

Lord lud den kleinen Unternehmer spontan in sein Hotel ein, und nach mehreren Drinks schied man in bestem Einvernehmen voneinander. Der Hundred würde vom folgenden Tage an Austin Healey heißen, und der Klausel, die sich an diesen Handel knüpfte, fügte sich Donald Healey mit Vergnügen: Nichts sollte an der Konzeption des Autos verändert werden. Zwanzig Pilotfahrzeuge entstanden in Warwick, dann zog man zu Austin nach Longbridge/Birmingham. Zwischen März 1953 und August 1955 entstanden 10 688 100/4 BN1 und wurden mit 750 Pfund um 100 Pfund billiger angeboten, als dies ein vorsichtiges Preisschildchen auf der Show ausgewiesen hatte. Bis zum August 1956 folgte der leicht modifizierte BN2, der mit einem Vierganggetriebe und einer robusteren Hinterachse 3924 Liebhaber fand.

Etwa im gleichen Zeitraum wurden von Healey 1159 Exemplare des 100M aufgelegt, der mit 112 PS dem dringlichen Wunsch der Kundschaft nach mehr Leistung entsprach und an seiner Zweifarblackierung sowie vermittels eines quer über die Motorhaube gespannten Riemens zu erkennen war. Ausschließlich im Jahre 1955 fertigte Healey in einer auf 50 limitierten Edition den 100S. Das S gemahnte an den dritten Platz eines BN1 beim 12-Stunden-Rennen zu Sebring im Jahr zuvor, und noch höher zu bewerten war der sechste. Rang von Stirling Moss und Lance Macklin mit einem 100S 1956 bei der gleichen Veranstaltung.

Diese Version hatte eine Karosserie aus Aluminium mit einer Hutze auf der Motorhaube, ein elliptisches Kühlergrill sowie Dunlop-Scheibenbremsen rundum, und ein bei Harry Weslake in Rye sublimierter Zylinderkopf aus Leichtmetall verhalf dem Austin-Triebling zu 132 PS. Aus dem Typ Westminster des gleichen Fabrikats stammte der Reihensechszylinder, der ab August 1956 im Motorabteil von 10 286 100/6 BN4 Einzug hielt und zunächst 102 PS aus 2639 cm³ schöpfte.

Das Chassis war im Bereich der Türen gestreckt, der Radstand mit 2336 mm um 46 mm gewachsen, was kargen Raum für zwei Notsitze im Fond schaffte. Ab Herbst 1957 wurden die großen Healey neben dem Sprite und dem MGA in der MG-Fabrik in Abingdon montiert. Allenthalben beklagte man, in der existierenden Form sei die neue Maschine viel zu schmalbrüstig, so daß ab November 1957 im BN4 und vom April 1958 an in 4150 BN6, reinen Zweisitzern, 117 PS für Freude durch Kraft sorgten.

Fiat 8V, Bj. 1952. V8. 1996 cm^3. 115 PS.
186 km/h. 10,4 s 0 - 60 mph. Leihgeber: Jan Martens

Für jemand, der ausschließlich in kommerziellen Kategorien dachte, war er zweifellos ein totgeborenes Kind, der 8V, den Fiat auf dem Genfer Salon 1952 zeigte. Und reichlich zwei Jahre später, nach einer mageren Ausbeute von 114 Exemplaren, sahen sich Skeptiker in der

Tat bestätigt, denn das Projekt entschlummerte, ohne die Autowelt erschüttert zu haben.

Seine Daseinsberechtigung bezog das schmale Coupé indessen woanders her. Es stellte ein Angebot an Leute dar, die sich keinen Ferrari oder Alfa Romeo leisten konnten, von Leuten, deren Enthusiasmus für das Automobil sich nicht am tristen Trott des Fließbands abnutzen sollte. Der Kopf hinter dem 8V war der Dottore Dante Giacosa, ein unkonventionell denkender Mann, der bereits an der Konzeption des Cisitalia Gran Sport Coupés von 1948 beteiligt gewesen war.

Tagtäglich war man damit beschäftigt, dem italienischen Nachkriegs-Bürger wieder auf die Räder zu helfen. Folglich, meinte Giacosa, verdienten die Fiat-Ingenieure einmal ein Rosengärtchen, in dem sie ihren Neigungen nachgehen konnten, ein wenig Poesie inmitten eines Übermaßes an Prosa. So erlaubte man sich etwa den Luxus, die Form des 8V im Windkanal des Polytechnikums zu Turin zu optimieren, lange bevor dergleichen gang und gäbe war.

Die Karosserie des Genfer Exponats bestand aus zwei aufeinandergesetzten Stahlblechschalen, die bei der Montage mit dem üblichen Rohrrahmen verschweißt wurden. Die Hinterräder waren aus aerodynamischen Gründen abgedeckt. In einer anderen Version, die auf der Turiner Ausstellung 1954 vorgestellt wurde, bestand der ganze Aufbau aus fiberglasverstärktem Polyester. In der ersten Ausführung führten Einzellampen ein leicht zurückgezogenes Dasein in den Spitzen der Kotflügel. Später waren Doppelscheinwerfer jeweils schräg übereinander angeordnet.

In jedem Falle erfolgte die Einkleidung des 8V per Hand, in den Experimentalstudios von Fiat und bei Ghia oder Zagato. Was den Unterbau anbelangte, so griff man vergnügt auf Serienteile aus dem 1100 und dem Geländewagen Campagnolo zurück. Alle vier Räder waren einzeln aufgehängt mit senkrechte gekapselten Schraubenfedern und Stabilisatoren sowie zusätzlichen Stoßdämpfern hinten. Die beiden Zylinderreihen des V8, der dem Sonderling den Namen gegeben hatte, standen im ungewöhnlichen Winkel von 70 Grad auseinander, und damit reckte sich das Triebwerk eher in die Höhe als in die Breite. Je nach Tuningstufe leistete es 105, 115 oder 127 PS, und auf der gesperrten Autostrada zwischen Mailand und Turin schwang sich der Zweiliter bei Versuchsfahrten zu stolzen 207 km/h auf. Alle vier (später fünf) Gänge waren synchronisiert, und sie wurden vermittels eines langen gekröpften Hebels gewechselt, welcher der Rechten des Piloten genau parallel zur Lenksäule entgegenragte.

Um bequem schalten und walten zu können, mußte man den Fahrersitz ziemlich weit zurückstellen und saß dann genau in der Mitte des Fahrzeugs, eine karge Zelle mit dem Reserverad teilend, das waagerecht über der Hinterachse lagerte. Auch auf den Rennstrecken

machte der flinke Fiat keine schlechte Figur. So wurden die Gebrüder Leto di Priolo auf der 21. Mille Miglia 1954 bei den Gran Turismo über 1600 cm^3 Zweite hinter einem Lancia, und ein 8V gewann im selben Jahr die Zweiliterklasse der italienischen Meisterschaft in der gleichen Kategorie.

AC Ace Bristol, Bj. 1958. Sechszylinder-Reihenmotor. 1971 cm³. 122 PS. 187 km/h. 9,1 s 0 - 60 mph. Leihgeber: Werner Oswald

Auf der London Motor Show von 1953 wurde der erste englische Sportwagen mit unabhängiger Radaufhängung rundum vorgestellt: der AC Ace. In seinem Aussehen lehnte er sich an den von Touring gestylten Ferrari Barchetta 166

an, der 1949 in Le Mans erfolgreich gewesen war. Sein Fahrwerk trug deutlich die Handschrift von Designer John Tojeiro, der Anfang der fünfziger Jahre auf Bestellung Renn- und Sportwagen anfertigte.

Ein kräftiges leiterartiges Rohrrahmenchassis und vermittels unterer Querlenker und obenliegender Querblattfedern aufgehängte Räder garantierten eine für damalige Verhältnisse exzeptionelle Straßenlage des zweisitzigen Roadsters, dessen Karosserie aus Aluminium bestand. Seine ursprüngliche Kraftquelle, ein Reihensechszylinder von 1991 cm³ mit einer obenliegenden Nockenwelle, der mit Hilfe von drei SU-Vergasern auf 86 PS erstarkt war, ging auf eine Konstruktion des Firmengründers John Weller von 1919 zurück.

Zwischen 1954 und 1959 dominierte der Ace bei Sportwagenrennen in seiner Klasse in Englang und den USA, insbesondere nachdem sich die Firmenbesitzer, die Gebrüder Hurlock, entschlossen hatten, ab 1956 das hauseigene Triebwerk, das weiterhin wahlweise zur Verfügung stand, durch einen Bristol-Motor zu ersetzen. Dieser, ebenfalls ein Sechszylinder-Reihenmotor von zwei Litern, aber mit seitlicher Nockenwelle, leistete 122 PS und basierte auf einer BMW-Konstruktion der Vorkriegszeit, der Maschine des Modells 328. In Verbindung mit einem Getriebe des gleichen Fabrikats, in dem alle Gänge bis auf den ersten synchronisiert waren, erwies sich der Bristol-Motor als sehr elastisch. Man konnte in der obersten Fahrstufe mit 30 km/h bei 1000 U/min dahinbummeln, aber auch stotterfrei bis zur Drehzahlgrenze von 6000 U/min hinaufbeschleunigen, wobei ab 2500 Umdrehungen der Kurbelwelle kräftiger Schub einsetzte und ab deren 4000 die Kommunikation zwischen Fahrer und Beifahrer problematisch wurde.

Auf englischen Straßen reichte eine Füllung des 60-Liter-Tanks für ungefähr 460 Kilometer. Das Auto tendierte dazu, im Grenzbereich mit dem Heck abzuwandern, allerdings gutmütig nach rechtzeitiger Vorwarnung. Die Lenkung war ziemlich indirekt, aber leicht zu bedienen. Unter allen Umständen ließ sich der Ace damit präzise dirigieren. Um die Türen von außen zu öffnen, mußte man einen Teil der Seitenscheibe abklappen und die Griffe innen betätigen.

Der AC Ace wurde praktisch unverändert bis 1962 gebaut. Ab 1962 war er mit einem Laycock-de-Normanville-Schnellgang erhältlich. Im Oktober 1957 wurden die später serienmäßigen Scheibenbremsen vorn gegen einen Aufpreis als Alternative zu den bisherigen Trommelbremsen angeboten, und im letzten Jahr der Fertigung dieses Modells, 1962, überarbeitete man in dem kleinen AC (für Auto-Carrier)-Werk in Thames Ditton in der Grafschaft Surrey noch einmal die Frontpartie.

Die ganze Produktionszeit hindurch hatte man die Wahl zwischen einer teu-

ren geschweiften Windschutzscheibe und einer billigeren flachen. Zeitgenössische Testberichte merkten als einen der ganz wenigen Kritikpunkte an, daß die wichtigsten Instrumente zu tief in der Armaturentafel angesiedelt und teilweise von den Speichen des Lenkrads verdeckt waren.

AC Aceca Bristol, Bj. 1960. Sechszylinder-Reihenmotor. 1971 cm³. 128 PS. 205 km/h. 9,4 s 0 - 60 mph. Leihgeber: W. Storz

Auf der Motor Show in Earls Court gesellte sich 1954 dem Ace der Aceca zu, ein komfortables Coupé, das bald den Spitznamen "Businessman's Express" erhielt. Seine Fastback-Linienführung war offensichtlich von den Aston-Martin-Coupés inspiriert, aber eine Schöpfung von AC-Direktor Alan Turner. Der Aceca war in technischer Hinsicht im wesentlichen identisch mit dem Roadster. Die formale Ähnlichkeit beschränkte sich allerdings auf die markentypische Frontpartie. Wegen ihres höheren Gewichts beschleunigte die geschlossene Version etwas weniger brisant als die offene, der Sportfahrer deswegen auch den Vorzug gaben, erreichte andererseits aber auf Grund ihrer windschlüpfigeren Karosserie eine höhere Endgeschwindigkeit, nämlich an die 200 km/h (Ace: 187 km/h).

Im Verlaufe der acht Jahre, während der es gebaut wurde, modifizierte man das Coupé nur unwesentlich. Ab 1958 waren die unteren Ecken der Windschutzscheibe rund statt eckig, ab 1960 die Dachrinnen Teil der Karosserie und nicht mehr aufgeschraubt. In einem Test für die Autoparade lobte E. O. Probst die saubere Verarbeitung des luxuriös ausgestatteten Zweisitzers bis ins kleinste Detail. Der Einstieg in das niedrige Auto sei für schlanke Leute dennoch bequem, nur das steil stehende Lenkrad, das sich allerdings den Bedürfnissen des Piloten entsprechend verstellen lasse, behindere etwas. Die verstellbaren lederbezogenen Sitze seien kübelartig geformt und böten selbst bei schneller Kurvenfahrt besten Halt.

Probst bescheinigte dem Wagen "horrendes Temperament" wegen seines günstigen Leistungsgewichts von 7,4 kg/PS und mutmaßte, die Leistungen, die sich mit dem eng gestuften, spielerisch zu schaltenden Viergangetriebe herausholen ließen, fänden ihre Grenzen nicht am Fahrzeug selbst, sondern an den Fähigkeiten des Fahrers.

1959 durchlief der Bristol-Konzern eine finanzielle Krise. Man teilte AC unverblümt mit, bedauerlicherweise müsse man die Produktion der Maschinen einstellen. Glücklicherweise bot sich mit dem 2,6-Liter-Sechszylinder des Ford Zephyr, der von Ruddspeed getunt und mit Leistungen zwischen 120 und 170 PS verfügbar war, ein Ausweg. Ende 1959 wurde die Modellpalette um den viersitzigen Greyhound ergänzt, da einige Kunden nach mehr Transportkapazität verlangt hatten. In dieser Variante wurden die Querblattfedern durch Schraubenfedern ersetzt. Vorne kamen Trapez-Dreiecklenker, hinten schräge Längslenker zum Einbau.

In geldlicher Hinsicht war die Ace-Ära unergiebig: Derek Hurlock, der Charles Hurlock in der Führung der AC Cars Limited ablöste, beklagte einmal, daß dem Unternehmen während dieser Zeit aus dem Autobau kein Profit erwachsen sei. Zwischen 1953 und 1962 wurden 732 Ace und 327 Aceca gebaut.

Bristol 404, Bj. 1954. Sechszylinder-Reihenmotor. 1971 cm³. 107 PS. 169 km/h. Leihgeber: S. Draper

Der luxuriöse Vier- bis Sechssitzer Bristol 403, im Frühjahr 1953 eingeführt als zeitgemäße Abwandlung des 401 mit einer stärkeren Kurbelwelle und größeren Einlaßventilen, mochte seine Familienähnlichkeit zu seinen deutschen BMW-Vorfahren noch immer nicht verleugnen. Dem zweiplätzigen Coupé 404 nur ein halbes Jahr später war sie gänzlich abhanden gekommen. Sein rasch sich einbürgernder Spitzname Business Man's Express umriß zugleich seine Zielgruppe, die gleichwohl nur zögerlich zugriff – bis zum Produktionsende 1955 wurden lediglich 52 Exemplare abgesetzt.

Das war bedauerlich, handelte es sich doch um ein durchaus attraktives Automobil. Nach Gepflogenheit des Hauses hatte man bei seiner Formgebung wieder um den Windkanal zu Rate gezogen. Der Leichtmetallaufbau, in aufwendiger Handarbeit gefertigt, ruhte auf einem Rahmen aus Pechkiefernholz mit einer Substruktur aus Aluminium im Umfeld der Türen. Die gerade Gürtellinie endete in sanften Rundungen. Hinten erinnerten zierliche Finnen an die mächtigen Heckflossen des Bristol-Renncoupés Typ 450. Die schmucklos-funktionelle Kühleröffnung zitierte das Maul der Brabazon-Flugzeuge des Mischkonzerns.

Wie beim Aston Martin DB1, nur umgekehrt, waren das Reserverad (links) und die Batterie in Kämmerchen hinter der Vorderachse untergebracht, deren oben angeschlagenen Deckel sich bündig in ihre Umgebung einfügten. Ein externer Zugang zum Kofferabteil war hingegen nicht vorgesehen. Das Chassis stand noch in bester BMW-Tradition: ein Kastenrahmen, verstärkt durch einen Stahlboden und den Tunnel für die Kardanwelle, eine Starrachse mit längs liegenden Torsionsstäben hinten, Einzelradaufhängung vorn an oberen Dreieckslenkern und einer Querblattfeder. Zwei Motoren waren verfügbar, eine sanftere Variante mit 107 PS und eine schärfere und den Formel-2-Triebwerken der Marke nicht unähnliche Version mit 125 PS, die allerdings mit einem entschiedenen Mangel an Elastizität im unteren Drehzahlbereich erkauft werden mußten. Die drei oberen Gänge der Fernschaltung waren synchronisiert.

In der Autosport-Ausgabe vom 16. Oktober 1953 zeigte sich der renommierte, aber auch sehr britisch-vaterländisch eingestellte Motorjournalist John Bolster ungemein angetan. Man hatte ihm das Show-Exponat der Pariser Ausstellung anvertraut, und so gehörte die damals schon gut ausgeprägte Rush Hour der französischen Hauptstadt gewissermaßen zum Testpensum. Der Proband bestand sie mit Glanz, stets, berichtete Bolster, habe sich der Wasserhaushalt des Bristol im grünen Bereich befunden. Kopffreiheit und Sitzposition seien mustergültig gewesen, desgleichen Layout und Ausstattung des Cockpits. Was immer den Fahrer über Betriebsmoral, Wohlbefinden und momentane Auslastung des Bristol 404 auf dem Laufenden halte, sei übersichtlich in einem Gehäuse hinter seinem Lenkrad zusammengefaßt. Gewiß, der sei ein teures Auto. Aber er gebe einem auch dieses undefinierbare Gefühl von Qualität, das man nur mit viel Geld kaufen könne. Bolster schloß mit dem Satz: "Für eine lange, schnelle Reise à deux ist der 404 in der Tat ein fliegender Teppich."

Dennoch wurden ihm zwei Dinge zum Verhängnis. In den Vereinigten Staaten bot der Geschäftsmann Stanley Howard "Wacky" Arnolt mit dem Arnolt-Bristol auf dem gleichen Fahrgestell und mit einem

schmucken Aufbau von Bertone ein ganz ähnliches Fahrzeug zum halben Preis an. Und für die Hälfte der 3542 Pfund, 15 Schillinge und zehn Pence, die der Business Man für den 404 entrichten mußte, gab es den Jaguar XK140. Und der war in allen Belangen sogar noch besser.

Chevrolet Corvette, Bj. 1954. Sechszylinder-Reihenmotor. 3856 cm³. 152 PS. 170 km/h. 11 s 0 - 100 km/h. Leihgeber: Rolf Gersch

Das Salz in der Suppe der vier Millionen Autos, die 1952 in den USA zuglassen wurden, waren 11 199 Sportwagen durchweg europäischer Provenienz, mit 0,27 Prozent ein schmales, aber kapital- und prestigeträchtiges Segment. Solche Relationen und der Umstand, daß vorgeschobene Beobachter aus der Ford-Kommandozentrale meldeten, der Konkurrent plane den Bau eines sportlichen Fahrzeugs, bewegten General Motors, ihrerseits der Herausforderung aus der Alten Welt zu begegnen mit einem Wagen, der zugleich den American way of living repräsentieren sollte.

Im Herbst 1951 begann Chevrolet-Designer Harley Earl mit seiner hektischen Arbeit an dem Projekt Corvette, so benannt nach einem erfolgreichen Kriegsschiff. Zum technischen Regisseur des Unternehmens wurde 1953 der gebürtige Belgier und emigrierte Russe Zora Arkus-Duntov, ein Kosmopolit, der 1934 sein Staatsexamen an der TH Berlin-Charlottenburg abgelegt, sich als Kompressor-Spezialist in Frankreich betätigt uns später um sein neues Vaterland USA verdient gemacht hatte, indem er Schwingungsprobleme an den Maschinen von dessen U-Booten löste.

Ed M. Nole, Chefingenieur bei Chevrolet und später Präsident der General Motors, soll vor Freude einen Luftsprung getan haben, als er das erste Modell des Corvette sah. Patriotisch-positive Reaktionen löste das Debüt des ersten amerikanischen Sportwagens nach den legendären Duesenberg J von 1929 auf der Motorama Show 1953 im New Yorker Waldorf Astoria Hotel aus, wozu die geschwungenen Linien des Zweisitzers und Gags wie die vergitterten Scheinwerfer oder die durch zwei Löcher in der Karosserie ins Freie mündenden Auspuffrohre das ihrige taten.

Letztere aber bestand aus Kunststoff, ein Fiberglas-Puzzle von 162 kg aus 46 Einzelteilen, das ab 30. Juni 1953 in Flint, Michigan, und nach den ersten 315 Exemplaren in St. Louis, Missouri, mit den mechanischen Komponenten vereinigt wurde. Das neue Material empfahl sich, weil komplizierte Formen einfacher, billiger und schneller zu gestalten waren als mit Stahlblech.

Die 300 Corvette, die im Gründerjahr das Fließband verließen – 1954 waren es 3640, 1955 nur noch sechs mit dem ursprünglichen Motor –, erstrahlten in jungfräulichem Polo White, während ihr Interieur gänzlich in flammendem Rot gehalten war. An elf Punkten war der Aufbau mit dem Chassis verbunden, einem einfachen Kastenrahmen mit Kreuzverstrebungen, den Maurice Olley entworfen hatte. Die Vorderräder hingen an je zwei ungleich langen Querlenkern, während die Hinterräder nach uralter Väter Sitte durch eine starre Achse miteinander verbunden waren, die sich gegen Längsblattfedern abstützte.

Konservativ-unsensationell war auch die Motorisierung, mit welcher der Corvette den Hafen verließ. Sein Reihensechszylinder namens Blue Flame von 3856 cm³, den drei Horizontalvergaser zu 152 PS ermunterten, war ursprünglich für einen Lastwagen eingeplant gewesen und sorgte in milderer Form in diversen Limousinen von General Motors für gemächlichen Vortrieb.

Ein Teil seiner Leistung ertrank schmählich im Wandleröl der Powerglide-Zweigangautomatik, die, wie zeitgenössische Tester wehklagten, meist anderer Meinung war als der Käpitän des Corvette. Wenn es darum ging, die Irrungen und Wirrungen der Anfangsphase beim Namen zu nennen, nahm nicht einmal Arkus-Duntov ein Blatt vor den Mund. Vorder- und Hinterachse, konstatierte er zum Beispiel nach zahlreichen Testmeilen, befänden sich in einem permanenten Bürgerkrieg gegeneinander...

Ferrari 250 Europa, Bj. 1953. V12 Lampredi. 2963 cm^3. 200 PS.
Leihgeber: Oldtimer Garage, Bern

Schon mit den Baureihen 166, 195 und 212 unternahm Enzo Ferrari tastende Gehversuche auf die Produktion von Seriensportwagen hin. Mit dem 250 Europa schließlich tat er den entscheidenden Schritt. Der kleine Grenzverkehr zwischen dem Pulverdampf der Piste und der kühlen Noblesse der Autosalons und Showräume bahnte sich an, und das Phänomen Ferrari begann sich auch in den Niederungen des gewöhnlichen Straßenverkehrs zu ereignen. Dabei muß man sich jeden Gedanken an massenhafte Fertigung aus dem Kopf schlagen. Vielmehr ragte bereits mit jenen frühen Geschöpfen des Magiers von Maranello ein Stückchen unzeitgemäßer Handwerkertradition in das Fließband-Einerlei des 20. Jahrhunderts, die jedem Fahrzeug gleichsam ein persönliches und unverwechselbares Profil verlieh.

Der 250 Europa teilte sich auf der Pariser Ausstellung 1953 den Stand des französischen Importeurs Autoval und das Interesse der Betrachter mit dem 375 America. Die Namen waren programmatisch, umrissen zugleich den jeweils intendierten Markt. Äußerlich kaum zu unterscheiden, hoben sich die beiden durch die unterschiedlichen Kapazitäten ihrer Langblock-Zwölfzylinder voneinander ab, die einem Rennmotor des Ingenieurs Aurelio Lampredi entlehnt waren.

Während für das Land der unbegrenzten Möglichkeiten 4522 cm^3 angemessen erschienen, bedingten steuerliche Gepflogenheiten auf dem alten Kontinent eine Beschränkung auf 2963 cm^3. Von der Affinität zum Rennwagen zeugten auch das vollsynchronisierte Vierganggetriebe sowie das Fahrgestell des Europa – ein Elliptikrohrrahmen, vorn Einzelradaufhängung an Trapez-Dreieckquerlenkern und einer Querblattfeder, hinten Starrachse mit Halbelliptikfedern und Doppellängslenkern, Houdaille-Stoßdämpfer ringsum.

Ungefähr 17 der 22 Exemplare zwischen dem September 1953 und dem Juli 1954 – 16 Coupés und ein später nach seiner ersten Besitzerin benanntes Cabriolet "Ariowitch" – waren von Pinin Farina eingekleidet worden, der sich aufgemacht hatte, dem Automobil das Dramatische, Monumentale und Dekorative zu nehmen, wie er später einmal eingestand, und dennoch just dieses erzeugte. Kompakter, wendiger und insgesamt ausgewogener als sein Vorgänger gab sich der 250 Gran Turismo, der im Oktober 1954 wiederum im Grand Palais zu Paris seine Aufwartung machte und, einem zeitgenössischen Prospekt zufolge, noch eine Weile die Bezeichnung Europa GT trug.

Man hatte den Radstand von 2800 mm auf 2600 mm gekürzt, und die Hauptlängsträger wölbten sich jetzt über die Hinterachse. An der Front hatte mit Schraubenfedern künftiger Ferrari-Standard Einzug gehalten, während ein kürzerer und leichterer V12 von Gioacchino Colombo an die Stelle von Lampredis gewichtigem Aggregat getreten war. Wie vorher ergab sich die Typenbezeichnung 250, leicht aufgerundet, aus dem Hubraum (2953 cm^3), durch die Anzahl der Verbrennungseinheiten geteilt. 26 der ungefähr 36 Fahrgestelle dieser 250 GT-Generation trugen Stahlblechkarosserien von Pinin Farina, die Züge einer Kleinserie verbanden.

Auch die restlichen zeugten fast durchweg von Hand und Stilwillen des Maestro, Einzelanfertigungen wie jenes zweifarbige Coupé von Michelotti und Vignale, an dessen verbürgter Einmaligkeit sich seit Ende 1954 die belgische Prinzessin von Réthy erfreuen durfte. Es war übrigens der letzte Ferrari, den das Gespann anzog...

MG TF 1500, Bj. 1954. Vierzylinder-Reihenmotor. 1466 cm³. 65 PS.
141,9 km/h. 16,2 s 0 - 60 mph. Leihgeber: Dr. Wolf Pröpsting

Die Kühlerattrappe stand schräg, Scheinwerfer und Rücklichter waren halb in den Aufbau integriert, die Kotflügel schwangen weiter aus als am Vorgänger, den er um 50 mm an Länge übertraf und in der Höhe um 16 mm unterbot.

Und dennoch stellte sich mit dem MG TF auf der London Motor Show in Earls Court im Herbst 1953 den Blicken und dem Urteil der Besucher der Repräsentant einer langen Kette milder Evolution ohne fehlendes Glied, der letzte, wie sich zeigen sollte.

Schon seit einiger Zeit und immer dringlicher hatte Direktor John Thornley bei der MG-Mutter BMC antichambriert, man wolle endlich einen Sportwagen von aktuell-schmissiger Stromlinie bauen, dem der Werks-Slogan "Safety Fast" wie angegossen passe. Aber BMC-Boß Leonard Lord hatte lediglich grünes Licht dafür gegeben, den TD noch einmal gründlich durchzuretuschieren. So blieb unter der zweifellos gelungenen Karosserie-Kosmetik alles beim alten.

Die Räder – auf entsprechenden Wunsch wurden wieder Speicheneinsätze angeboten – hingen vorn an Trapez-Dreieckquerlenkern und Schraubenfedern, hinten an einer Starrachse mit Halbelliptikfedern. Unter der längeren Haube hockte der sogenannte Wettbewerbsmotor des TD Mk II mit 57,5 PS auf dem Gebälk des Kastenrahmens. Die Hinterachsuntersetzung von 4,875 : 1 (vorher 5,125 : 1) stellte sicher, daß man 5500 Umdrehungen der Kurbelwelle je Minute in jeder der vier Fahrstufen nur ungern überschritt. Was die drei großen Instrumente unter dem Tal zwischen den beiden markanten Buckeln der Stirnwand vor Fahrer und Beifahrer anbelangte, hatten Thornleys Detail-Designer aus der Not des von oben verordneten Konservativismus eine Tugend gemacht. Sie wiesen gemäß einer uralten Gepflogenheit und analog zum Firmenzeichen die Form eines Oktogons auf.

Im August 1954 markierten George Eyston und der Rennfahrer Ken Miles mit dem MG-Rekordwagen EX 179 in Utah einige Bestleistungen über längere Strecken. Bei dem Saugmotor des Wüsten-Projektils handelte es sich um die leicht aufgebohrte Maschine des TF (Kürzel YPEG), die alsbald mit 1446 cm³ und der für den Alltagsbetrieb heruntergeschnittenen Leistung von 65 PS in den letzten 3400 von insgesamt 9600 Exemplaren das bisherige Triebwerk des Serien-Midget ersetzte.

Die Akzeptanz, die der TF erfuhr, erwies sich als weitgehend davon abhängig, ob der zuständige Journalist fortschrittlicher oder bewahrend-nostalgischer Denkungsart war. "Es gehört schon eine kräftige Portion Arroganz dazu", wetterte etwa Tom McCahill in der US-Publikation Mechanix Illustrated, "dem amerikanischen Käufer diesen alten Teekessel in die Gurgel rammen zu wollen."

Der Brite Gordon Wilkins indessen trat im Herbst 1953 fürs Cars eine sentimentale Reise in das Themsestädtchen Abingdon an, MG-Standort von altersher, und freute sich auch angesichts des TF darüber, daß alles so herrlich unverändert geblieben sei. Die Paradoxie dieser Autos bestünde darin, daß man sich in ihnen nie bejahrt, nicht einmal mittelalterlich vorkomme. Und der Berichterstatter von Road & Track mußte sich ein Jahr später vor jeder Ausfahrt in dem smarten Klassiker mit der gesamten Redaktion um die Nutzungsrechte zanken. Ken Miles hatte ihm den Testwagen mit den Worten übergeben: "Hier hast du ihn. Versuche, ihn kaputtzumachen." Es gelang nicht.

Porsche 550 Spyder, Bj. 1955. Vierzylinder-Reihenmotor. 1498 cm^3.
110 PS. 225 km/h. 7 s 0 - 100 km/h.

Einer der erfolgreichsten Rennsportwagen der Nachkriegsgeschichte ging auf eine private Initiative zurück. Sie ereignete sich im Jahr der Not 1949, und der mutige Mann, dem die Welt den Porsche 550 Spyder verdankte, hieß Walter

Glöckler, seines Zeichens VW-Händler zu Frankfurt.

Der schweißte einen leichtes Rohrgeflecht zusammen, verankerte darin einen VW-Porsche-Vierzylinder von 1086 cm^3, den Alkoholkonsum zu 58 PS ermunterte, ließ das Ganze durch die Karosseriewerkstatt Weidenhausen schräg gegenüber von seinem Betrieb einkleiden und wurde mit dem hurtigen Alkoholiker 1950 deutscher Meister. Das Werk in Zuffenhausen beobachtete dessen Werdegang aufmerksam, und als er nicht aufhörte zu siegen, begab man sich im Winter 1952 an ein eigenes Produkt, von dem Glöckler-Porsche im besten Einvernehmen inspiriert.

Als Antriebsquelle hielt zunächst der Stoßstangenmotor des Serienmodells 1500 Super her. In Le Mans 1953 machte man dessen Leistungsdefizit wett durch einen stromlinienförmigen Dachaufsatz. Das reichte zum Klassensieg. Beim Training für einen Sportwagenlauf im Rahmen des Großen Preises von Deutschland erschien der Spyder mit dem Triebwerk des Professors Dr. Ernst Fuhrmann, das ihn berühmt machen sollte, mit vier Nockenwellen, die durch Königswellen zu ihrem Treiben animiert wurden, Volumen 1498 cm^3, Leistung 110 PS bei 7800/min. Sein erster richtiger Renneinsatz bei der Mille Miglia am 2. Mai 1954 steuerte viel zum jungen Ruhm des sechstplazierten Porsche-Piloten Hans Herrmann bei, nicht zuletzt weil dieser auf dem langen Wege von Brescia nach Brescia mit Beifahrer Herbert Linge eine hinderliche Bahnschranke kühn unterquerte.

Ende jenes Jahres war der 550 Spyder – Firmenchef Ferry Porsche bevorzugte die Bezeichnung 1500 RS – auch für Privatleute verfügbar, wovon rund 100 Kunden Gebrauch machten, unter ihnen Zelebritäten wie der Stardirigent Herbert von Karajan. Sein Chassis war aus Rohren komponiert und fand sich mit der Einschalen-Außenhaut, die in ihrem schlüssig-schmissigen Verlauf vom Bug über die prononcierten Kotflügel zum Heck dem Auge wie dem Wind schmeichelte, zu "einem selbsttragenden Verbundbau mit Bodenrahmen" zusammen. Die Räder waren einzeln aufgehängt, vorn an längsliegenden Traghebeln und zwei quer installierten Vierkant-Blattfederstäben, während die hintere Pendelachse mit Längslenkern und je einem runden querliegenden Drehstab geführt wurde. Das Verdeck aus leichtem Cabriostoff war umleg- und abnehmbar und wurde am oberen Rahmen der einteiligen Windschutzscheibe aus Schichtglas mit zwei Laschen befestigt. Auch sonst herrschte sanfte Zivilisation, etwa in Gestalt von Bouclé-Teppich und zwei abschließbaren Türen.

Technik und Äußeres des 550 wurden einer ständigen Evolution unterzogen. 1956 machte der 550 A seine Aufwartung, mit einem dreifach steiferen und fünffach besser gegen Verbiegen gefeiten Gitterrohrrahmen, in den hinten eine Pendelachse mit tiefgelegtem Drehpunkt installiert war. Der Fuhrmann-Vierzylinder leistete nun, von zwei Doppelfallstromvergasern Weber 40 DCM anstelle des früheren Solex-Zerstäubers gepäppelt, 135 PS bei 7200/min, und als schönster Erfolg bislang stellte sich am 10. Juni der Sieg bei der Targa Florio in den Händen des Italieners Umberto Maglioli ein.

Kultstatus indessen gewann das Modell durch das Sterben einer Ikone: Am 30. September 1955 kam Filmstar

James Dean auf der Fahrt zu einem Rennen bei einem Unfall in der kalifornischen Wüste in seinem silbernen Exemplar unverschuldet ums Leben.

Die Trümmer wurden wie Reliquien gehandelt. Hätte man sie zusammengesetzt, hätte es für mindestens zehn 550 Spyder gereicht.

Sunbeam Alpine, Bj. 1953. Vierzylinder-Reihenmotor. 2267 cm³. 80 PS.
152,9 km/h. 18,9 s 0 - 60 mph. Leihgeber: Oldtimer Galerie, Toffen

Im Jahre 1952 modelte George Hartwell, Rootes-Händler in Bournemouth und brillanter Rallyefahrer, für seinen eigenen Gebrauch ein Sunbeam-Talbot 90 Mk IIA Drophead Coupé um in einen offenen Zweisitzer. Nicht nur, daß die Privatinitiative vom Management der Rootes-Gruppe, die sich die maroden Reste der Firmen Talbot und Sunbeam im Januar beziehungsweise Juli 1935 einverleibt hatte, abgesegnet wurde. Man beschloß sogar, Hartwells Hybriden in eigener Regie herzustellen.

Der Underslung-Kastenrahmen des Basismodells wurde zu diesem Behufe verstärkt, und allgemeinem Rootes-Usus entsprechend, waren die Vorderräder an Trapez-Dreieckquerlenkern und Schraubenfedern, die hinteren an einer Starrachse mit Halbelliptikfedern geführt. Der Reihenvierzylinder leistete 80 PS, wo sich der rundliche Typ 90 Mk IIA mit drei weniger bescheiden mußte.

Der Name Alpine sollte die Erfolge des Konzerns bei der Alpenrallye, 1949 mit Peter Monkhouse und Hartwell selbst, 1952 mit Stirling Moss und John Cutts, ins Gedächtnis zurückrufen. Zur Beglaubigung gewann Moss mit einer von der Rootes-Rennabteilung präparierten Version bei dieser Veranstaltung im Juli 1953 und im darauffolgenden Jahr erneut den Coupe des Alpes, zum dritten Mal hintereinander, eine alpine Kombination gewissermaßen. Ansonsten aber stand das Sunbeam-Adoptivkind, ein bißchen übergewichtig, nicht sonderlich beweglich und ziemlich temperamentlos, stets auf verlorenem Posten gegen die überdies preiswerteren Konkurrenten Triumph TR2 und Austin Healey 100.

Und so legte man 1955 nach zwei Bauserien und rund 3000 Exemplaren – die genauen Ziffern sind verschollen – eine Denkpause ein.

Triumph TR2, Bj. 1954. Vierzylinder-Reihenmotor. 1991 cm³. 90 PS. 167,3 km/h. 11,6 s 0 - 60 mph. Leihgeber: W. Fuller

In mindestens einem Punkte glich die Geschichte des Triumph TR2 einem Märchen: die Zahl drei kehrte in ihr wieder wie ein Leitmotiv. Erst beim dritten Anlauf stellte sich Erfolg ein.

Ende der vierziger Jahre erhielt Designer Walter Belgrove von Sir John Black, dem Chef der Triumph-Mutter Standard, den Auftrag, für einen Nachfolger des 2000 Roadster zu sorgen. Belgroves Schaffensdrang wurde durch Kleingedrucktes eingeschnürt. Der Neue solle soweit als möglich auf Standard-Teilen basieren, der Fortschritt dürfe aber in Gestalt eines elektro-hydraulischen Mechanismus für Verdeck, Sitze und Scheinwerfer einkehren. Die drei bauchig-unsportlichen TRX-Zweiplätzer, die Belgrove 1950 vorzeigte, mit seinem Monogramm an den vorderen Kotflügeln, bewegten indessen weder die Welt noch seinen Arbeitgeber sonderlich, und so wurde das Projekt vorerst auf Eis gelegt. Dennoch beobachtete Black argwöhnisch die Erfolge des Jaguar XK 120 und des MG TD. Sein Versuch, die Morgan Motor Company in seine Firmengruppe einzugliedern, scheiterte, da Henry Frederick Stanley Morgan des Autokraten Schecks und Sirenenrufen mannhaft widerstand.

Folglich erging, mit ähnlichen Auflagen wie beim ersten Versuch, eine erneute Weisung an ein Team unter Harry Webster, eine Standard-Waffe für die Roadster-Rüstung zu schmieden. Die offene Kriegserklärung erfolgte auf der London Motor Show im Oktober 1952.

Bei dem Exponat, etikettiert mit "The Triumph Sports Car", handelte es sich defacto um den TR1, nur daß noch niemand an eine fortlaufende Numerierung dachte. Die Form, wiederum von Belgroves Reißbrett, antizipierte grundsätzlich die des TR2, abgesehen zum Beispiel vom rundlichen Heck, auf dem huckepack das Reserverad thronte. Vor allem das Chassis zeigte jedoch Schwächen, das Schau-Stück wanderte auf den Schrott, und Sir John begann ungeduldig zu werden.

Im Winter 1952/1953 peitschte man ein forciertes Entwicklungsprogramm durch, währenddessen der eigens für diesen Zweck angeheuerte BRM-Ingenieur Ken Richardson wahre Wunder wirkte. Und so wurde auf dem Genfer Salon im März 1953 der Triumph TR2, der zweite übrigens von drei Vorserienwagen und just fertig geworden, endlich mit dem Beifall bedacht, der 30 Monate hatte auf sich warten lassen. Er war schmuck, robust, sparsam und preiswert; das billigste Auto auf dem Markt, das zu 100 Meilen pro Stunde imstande sei, wie John Bolster in der Fachzeitschrift Autosport im März 1954 jubelte.

Sein Kastenrahmen war durch eine Kreuzverstrebung versteift. Die Räder wurden vorn an Trapezlenkern mit Schraubenfedern und hinten an einer Starrachse mit Halbelliptikfedern geführt. Die Leistung des Reihenvierzylinders, einer Vanguard-Variante mit 1991 cm³, war von den 75 PS des Vorgängers auf 90 PS angehoben worden. Sofort blühte das Geschäft mit dem Zubehör, vor allem Speichenrädern und einem Overdrive, das zunächst nur dem vierten Gang, später aber der zweiten bis vierten Fahrstufe zugeschaltet werden konnte.

Der Herbst 1954 brachte etliche Verbesserungen wie höher angesetzte Türen, neue Rückleuchten und größere Trommeln für die hinteren Lockheed-Bremsen – bislang hatten sie vorn zum Blockieren geneigt. Fakultativ gab es nun ein Fiberglas-Hardtop für alle, denen es zu sehr zog oder das Machtwort nicht behagte, mit dem sich anfänglich der brummige Auspuff artikulierte, dem einen Musik, dem anderen Lärm. In dieser Hinsicht aber war man sich einig: Bei jedem der 8628 Triumph TR2 zwischen dem August 1953 und dem Oktober 1955 wurde schierer Spaß mitgeliefert – ganz ohne Aufpreis.

Alfa Romeo Giulietta Sprint, Bj. 1966. Vierzylinder-Reihenmotor. 1290 cm³. 80 PS. 162 km/h. 14,2 s 0 - 100 km/h. Leihgeber: G. D. Edelhoff

Anfang der fünfziger Jahre waren die letzte Schutthalde auf dem Alfa-Romeo-Werkgelände abgetragen, der Wiederaufbau und die Modernisierung des Staatsbetriebs mit kräftigen Zuschüssen aus den Fonds des Marshall-Plans abgeschlossen. Mit dem Modell 1900 hatten sich die Mailänder in der Zweiliterklasse und damit im Bewusstsein einer

ganz bestimmten Käuferschicht eingenistet.

21 304 waren schließlich gebaut – ein Achtungserfolg, kein Faktor, der eine zügige Expansion anheizen konnte. Man entschloß sich folglich, vom Podest der gehobenen Mittelklasse herabzusteigen, nicht zuletzt deshalb, weil die italienischen Steuergepflogenheiten Autos mit geringerem Hubraum deutlich begünstigten. Was die Konzeption des "kleinen" Alfa anbelangte, bediente man sich gleichsam aus dem Bestand des bisher Erarbeiteten.

Die Maschine des 1900, ein Vierzylinder-Reihenmotor mit zwei obenliegenden Nockenwellen, wurde im Prinzip beibehalten. Der Hubraum indessen schrumpfte auf 1290 cm³, indem die Bohrung von 82,55 mm auf 74 mm, der Hub von 88 mm auf 75 mm verringert wurden, während man die Verdichtung von 7,5 : 1 auf 8,5 : 1 anhob, so daß das Leichtmetall-Aggregat immer noch 53 PS produzierte.

Der viertürige Aufbau war verschweißt mit dem Plattformrahmen, die Aufhängung – vordere Trapez-Dreieckquerlenker, hintere Starrachse mit Längsschubarmen und Stabilisatordreieck – ebenso aufwendig wie zukunftssicher konzipiert. Als Gegenstück zu der volltönenden Komponente, mit der sich Stammvater Nicola Romeo im Firmenemblem verewigt hatte, bot sich auf der Suche nach einem geeigneten Namen Julia an. Allerdings verharmloste man die unglückselige Heroine des Shakespeare-Dramas, dem Charakter des Wägelchens entsprechend, zur Giulietta, zum Julchen.

Mit den 177 690 Exemplaren, die zwischen 1954 und 1965 produziert wurden, mauserte sich der Mailänder Konzern zu einer gewichtigen Größe innerhalb der italienischen Industrie. Drei Dinge indessen teilte die Berlina-Version der Giulietta, die das Rückgrat des Verkaufserfolges bildete, mit ihrem Bühnen-Pendant nicht, nämlich Schönheit, Charme und Ausstrahlung. Daß auch Auge und Herz potentieller Kunden angesprochen würden, dafür ließ Alfa Romeo, wie üblich, auswärts schneidern.

Schon vor der Berlina, als Appetizer gewissermaßen, erschien 1954 das Sprint-Coupé von Bertone, das den Weltruhm des Karosseriebauers begründete, nachdem es 1955 mit 1415 Exemplaren in die Massenfertigung gegangen war. Der Aufbau wurde dazu angeliefert und auf dem alten Fabrikgrundstück in Portello mit den Alfa-Romeo-Zutaten vereinigt, nicht ohne daß das gelbe Bertone-Wappen vor den Türen auf die Herkunft des Wagenkörpers hinwies.

Ab 1956 gesellte sich zum Sprint ein Veloce, der 90 PS unter der kurzen Haube hatte gegenüber den 80 PS der Standardversion. Ohne große Mühe entlockte man dem ohnehin sportlich ausgelegten und drehzahlfesten kleinen Motor zehn weitere PS, um zwei exklusiveren und vor allem für den Rennbetrieb bestimmten Varianten auf die Sprünge zu helfen, dem SS von Bertone und dem SZ von Zagato. Beide wurden auf dem Turiner Herbstsalon 1957 vorgestellt.

Bis zum Erscheinen der Simca-Abarth beherrschten die Giulietta-Coupés die 1300er GT-Klasse nach Belieben. Ende

Alfa Romeo Giulia Spider, Bj. 1962. Vierzylinder-Reihenmotor. 1570 cm³. 92 PS. 176 km/h. 11,1 s 0 - 100 km/h. Leihgeber: Fritz Peters

der fünfziger Jahre gab es bereits, allerdings nicht sonderlich standfeste, Mutanten der Giulietta-Maschine mit mehr Hubraum, die durchweg auf private Initiative zurückgingen und vom Mutterhaus eher geduldet als gefördert wurden. So entstand unter den Händen von Virgilio Conrero, der schon 1953 für den Schweizer Privatfahrer Robert Fehlmann einen Hybriden auf Alfa-Romeo-Basis gebaut hatte, ein Triebwerk von 1500 cm³, und der Südafrikaner Sid van der Vyver installierte ein Aggregat von der gleichen Kapazität in Grand-Prix-Chassis von Lotus und Cooper. Das waren gleichsam die Schwalben, die zukünftige Sommer machen sollten, um so mehr, als Alfa Romeo eine breite Marktlücke in der 1600 cm³-Klasse ausspähte.

So erblühte 1962 die Giulietta zur Giulia, eine Metamorphose, die die Coupés mitvollzogen, obwohl sie noch bis 1965 auch mit dem kleineren Motor ausgeliefert wurden. Fast parallel zur Entwicklung des Sprint verlief die eines von Pinin Farina karossierten Spiders, dessen Serienanfertigung 1955 aufgenommen wurde, nachdem zahllose Prototypen erprobt worden waren. Mit 2250 mm Radstand, 130 mm weniger als das Coupé, war dieser ein kompromißloser Zweisitzer. Die auffälligste optische Novität im Laufe seiner Existenz war ab 1962 eine Hutze in der Motorhaube, die indessen nicht der Luftzufuhr für den Solex-Doppelvergaser diente, sondern dem höher bauenden Giulia-Motor den notwendigen Lebensraum freimachte.

Daß das Spider-Programm forciert wurde – höchst erfolgreich, denn 17 096 wurden verkauft – war nicht zuletzt das Verdienst des Dottore Orazio Satta Puliga, eines hageren Flugingenieurs Jahrgang 1911. Er zählte sozusagen zum lebenden Inventar des Hauses und war die treibende Kraft hinter dem klassischen Vierzylinder-Doppelnockenwellenmotor, der bis in die achtziger Jahre hinein Alfa-Romeo-Autos gute Dienste erwies.

Das besondere Ambiente, das ganz und gar Südliche der sportlichen Giulietta-Derivate aber bleibt bis auf den heutigen Tag spürbar, unabhängig von einem gewandelten und sich wandelnden Zeitgeschmack. Vielmehr schien etwa der Sprint einen Akkord zu setzen, der auch viel später noch nachklang, bei zahlreichen Fastback-Coupés zum Beispiel, deren Schöpfer den Blick zurück offenbar nicht scheuten.

In der Tat vermag man aus keinem Blickwinkel irgendeine stilistische Mogelei oder auch nur etwas historisch unbedingt Abgelegtes zu entdecken. Licht und freundlich war das Interieur. Auf Wunsch wurde der Sprint zum 2 + 2, das heißt, man konnte hinten Sitze anbringen lassen, aber nur Hinterbänklern von zwergenhaftem Wuchs war dort ein entspanntes Reisen möglich. Für Sitzriesen stand es indessen auch vorn mit der Kopffreiheit nicht zum besten, ein Manko für nordisch-aufgeschossene Lenker, über das selbst die ansonsten vorzügliche ergonomische Durchformung des Arbeitsplatzes nicht hinwegtröstet.

Die Fenster waren rahmenlos, was sich bis auf ein flatterndes Windgeräusch nicht unangenehm bemerkbar machte. Vor sich, gut einsehbar durch das obere Segment des Zweispeichenlenkrads, hatte der Pilot den Drehzahlmesser, auf dessen Skala auch der Öldruckmesser angesiedelt war. Das Ölthermometer war mit Wasserthermometer, Benzinuhr und Anzeigenlampen für Blinker, Tankinhalt und Fernlicht in einem Rundinstrument zur Linken untergebracht, während sich rechts der Tachometer mit Tageszähler

Alfa Romeo Giulietta Sprint Speciale, Bj. 1960. Vierzylinder-Reihenmotor. 1290 cm^3. 98 PS. 174 km/h. 13,9 s 0 - 100 km/h. Leihgeber: F. W. Overländer

sowie Kontrollampen für Lichtmaschine und Heizgebläse fand. Drei dürre Kippschalter links für Innenbeleuchtung, Instrumentenilluminierung und Scheibenwischer führten zu Verwechslungen, solange sich die instinktive Vertrautheit längerer Fahrpraxis noch nicht eingestellt hatte. Die Zugknöpfe für Heizung und Belüftung fielen wie das winzige verschließbare Handschuhfach in die Zuständigkeit des Beifahrers, der, wie die Statistik auswies, meistens eine Dame war.

Auch ohne vom Choke animiert zu werden, sprang der Motor im allgemeinen willig an. Bei kalter Witterung konnte er indes seine transalpine Herkunft nicht verleugnen und gab sich auf den ersten Kilometern mürrisch, schläfrig und rauh. Auf das ihm gemäße Betriebsklima angewärmt, entwickelte er sanguinisches Temperament und tat der Umwelt durch einen keineswegs leisen, aber angenehm baritonalen Auspuffton kund, man habe einen richtigen Sportwagen vor sich.

Erst bei Geschwindigkeiten über 150 km/h behinderte der Sprint die Kommunikation zwischen seinen Insassen ernstlich, wurde doch Tempo 125 im vierten Gang erst durch 5000 Umdrehungen der Kurbelwelle pro Minute, 150 durch deren 6000 ermöglicht. Ein Fünfganggetriebe wurde nur den SS- und SZ-Modellen spendiert und später den Giulia Sprint. Der Tester der Fachzeitschrift auto motor und sport stellte damals zaghaft in Frage, ob das Triebwerk seines Kandidaten tatsächlich 80 Pferdestärken mobilisiere, da sich dessen Beschleunigung auf die Zehntelsekunde, die Endgeschwindigkeit von 162 km/h fast mit den Werten eines Porsche von 60 PS deckten.

Er gelangte zu dem Ergebnis, die italienische CUNA-Norm lese sich stets schmeichelhafter als die Deutsche Industrie-Norm, der Alfa sei mit 940 kg mehr als einen Zentner schwerer als sein Konkurrent und um einiges weniger strömungsgünstig. Überdies steckte der Testwagen mit 3200 km auf dem Zähler noch mitten in der Pubertät – die Erfahrung lehrte, daß Alfa-Romeo-Motoren 7000 bis 10 000 km brauchten, um völlig frei zu werden. Was die Straßenlage des Sprint anbelangte, schienen seine Väter ein Elixier gefunden zu haben, das das kleine Auto buchstäblich am Boden kleben ließ. Es sah allerdings noch schneller aus, als es tatsächlich war, da in zügig gefahrenen Kurven der Eindruck entstand, Fahrwerk und Karosserie seien nur locker und unzureichend miteinander verbunden.

Eine Momentaufnahme: die verwegene Fahrt des damals noch jungen und unbekannten schwedischen Rennfahrers Joakim Bonnier beim 1000-km-Rennen auf dem Nürburgring 1956. In der ersten Linkskurve des Streckenteils Schwalbenschwanz wollte dessen erheblich untersteuernder Sprint, wie es den Anschein hatte, in jeder Runde Aufbau nebst Piloten in eine Umlaufbahn katapultieren. Die serienmäßigen Pirelli-Cinturato-Reifen mit ihrem seitlich herumgezogenen Profil waren für ein solches Fahrverhalten offensichtlich glänzend geeignet und zeigten dann auch an den Flanken deutliche Abnutzungserscheinungen.

Aus seinem 53-Liter-Tank bediente sich der Sprint höchst behutsam – auch bei beherztem Umgang mit dem kleinen Italiener war ein Aktionsradius von fast 500 Kilometern die Norm. Genauso bescheiden gab sich der Spider, der in Deutschland kurioserweise in den fünf Jahren zwischen 1958 und 1963 billiger wurde.

Alfa Romeo Giulietta Sprint Zagato, Bj. 1962. Vierzylinder-Reihenmotor. 1290 cm³. 98 PS. 180 km/h. 12 s 0 - 100 km/h. Leihgeber: B. Grube

Mußte man für die frühe 1,3-Liter-Spielart noch rund 14 500 Mark auf den Tisch blättern, genügten für den 1600er mit seinem Fünfganggetriebe 13 950. Trotz einer ebenso spektakulären Seitenneigung wie der Sprint verhielt er sich in Kurven annähernd neutral, eine Folge des kürzeren Radstands, der aber auch für einen Hang zu seitlichem Wegstempeln nach Bodenwellen verantwortlich war. Selbst Fahrer von Gardemaß fanden eine ihnen angemessene Sitzposition, obwohl die Rundumsicht merklich eingeschränkt war, sobald das umständlich zu demontierende Zeltverdeck wieder die Witterungsunbilden von den Insassen abhielt – jedenfalls teilweise. Denn sogar wenn man dem handlichen Roadster das um die 1400 Mark verfügbare Hardtop aufgestülpt hatte, zwitscherte stets irgendwo Fahrtwind oder sickerte Regen herein.

Seinen weitaus spartanischeren englischen Konkurrenten hatte der Alfa Spider zum Beispiel Kurbelfenster voraus, dem Sprint einen voluminöseren Kofferraum, da das Reserverad hinter den beiden Sitzen mitreiste. Ohne jeden Zweifel zählte der Giulietta Spider zu den ganz großen Würfen Pinin Farinas – eines jener Autos, deren Verschwinden vom Markt bei vielen ein ungläubiges "Warum eigentlich?" auslöst. Der Sprint Zagato (SZ) löste nach einiger Zeit den Sprint Speziale (SS) als schärfste Waffe von Alfa Romeo für den Sport ab. Unter extrem beengten Raumverhältnissen hängte der Karossier Zagato im Laufe der Jahre 1960 – 1962 209 Giulietta-Chassis eine ganz leichte, knappe und kurze Coupé-Verkleidung um.

Gleichwohl wurde keineswegs jeglicher Komfort auf dem Altar einer ansonsten lupenreinen Funktionalität geopfert. So hatten die Türfenster einen Kurbelmechanismus, der vor allem abwärts funktionierte, und das Gepäckabteil nahm immerhin einen flachen Reisekoffer auf.

Entschieden wohnlicher war der längliche und bizarr geformte SS eingerichtet, der allerdings vollgetankt auch 126 kg mehr auf die Waage brachte als der pummelig anmutende SZ. Die Leistungssteigerung auf 100 PS wurde dem Normalmotor auf konventionelle Weise abgenötigt: Man erhöhte die Verdichtung auf 9,7 : 1, verwendete schärfere Nockenwellen und ersetzte den Solex-Doppel-Fallstromvergaser durch zwei horizontale Weber-Doppelvergaser 40 DC 03. Auch mit einem ins Schnelle übersetzten fünften Gang erreichten aber beide Modelle die Prospekthöchstgeschwindigkeit von 200 km/h allenfalls bergab, bei Rückenwind und in der besten vorstellbaren Sommerlaune.

Bevor man überhaupt irgendeinen Anlauf in dieser Richtung nahm, wollten ohnehin, wie üblich, 5,7 Liter Öl angeheizt sein. Die letzten 30 SZ wurden daher insgesamt noch einmal einer Radikalkur unterzogen, die Überhänge vorn und hinten verlängert, weitere 13 kg abgespeckt. Den Erkenntnissen des Professors Kamm gemäß ließ man das Heck abrupt abreißen, um die Turbulenzen hinter dem Fahrzeug zu minimieren, und erzielte mit einem solchermaßen präparierten Prototyp auf einer noch nicht freigegebenen Autostrada mit einer geeigneten Hinterachsübersetzung 240 km/h – ein wahrlich beachtlicher Wert für einen 1300er.

Die Besitzer des SS, von dem zwischen 1957 und 1962 1366 gefertigt wurden, hatten sich längst alle Renn-Ambitionen aus dem Kopf geschlagen. Was ihnen blieb, war ein Wagen, der ausschaute, als sei kein Kraut gegen ihn gewachsen. Und das genügte den meisten durchaus...

Ford Thunderbird (mit Continental Kit), Bj. 1955. V8. 4784 cm³. 198 PS.
10 s 0 - 100 km/h. Leihgeber: Toni Bärlocher

So etwas", sagte im Oktober 1951 Ford-Manager Lewis D. Crusoe, 57, zu George Walker, einem freischaffenden Industrie-Designer, der einen Beratervertrag mit dem amerikanischen Auto-Giganten hatte, "könnten wir eigentlich auch machen." Die beiden schlenderten

durch die Gassen und Gässchen zwischen den Ständen des Pariser Salons, und Crusoe deutete mit einer vage umfassenden Handbewegung auf das Beste, was der Sportwagenmarkt jener Jahre zu bieten hatte, den Pegaso, den Bugatti 101, den Jaguar XK 120.

Als sei er einer religiösen Erweckung teilhaftig geworden, stürzte Walker daraufhin zum nächsten verfügbaren Telefon und gab die Erkenntnis seines Freundes an die Ford-Zentrale zu Dearborn durch. In diesem Augenblick sei die Idee vom Donnervogel geboren worden, will die Legende wissen, denn sie lebt von den Geistesblitzen des einzelnen und verabscheut das anonyme Wirken von Kollektiven. Natürlich war der Name Thunderbird noch nicht in Sicht. Er wurde später aus mehr als tausend Vorschlägen wie Panther, Playboy, Python oder Robin Hood ausgewählt und von Crusoe nobel honoriert: mit einem Gutschein über 250 Dollar für einen anständigen Anzug.

Bei dem Thunderbird handelte es sich um ein mythisches indianisches Lebewesen, das durch seinen Flügelschlag Donner, Blitz und erquickenden Regen erzeugt und überdies Kraft, Schnelligkeit und Wohlstand symbolisiert, und nicht bloß um ein Neon-Wort, das für leeren Lärm steht. Man strebte ein Miteinander von Leistung und Luxus an, in einem Zweisitzer von reichlich Raumangebot, in dessen Triebwerk und Chassis soviel aus der Serie wie möglich eingebracht werde sollte.

Für das Design zuständig war ein Team um Frank Hershey, der sich als Künstler verstand, welcher als Auto-Ingenieur zwangsläufig an die Normen des Notwendigen stieß. Die Linienführung des Thunderbird fiel erstaunlich schlicht aus vor dem Hintergrund eines Zeitgeschmacks, der Schnörkel, Arabesken und Orgien von Chrom begünstigte. Europäische Stilelemente standen Pate – oder das, was man für solche hielt. So sei, fand man allgemein, das Frontgrill von dem des schwarzen Ferrari inspiriert, den Henry Ford der Zweite zu dieser Zeit fuhr.

Die Karosserie bestand aus Stahl, und schon damit wollte man sich vom Corvette des Konkurrenten General Motors abheben, den die Ford-Leute einerseits als Herausforderung, andererseits jedoch als ungehobeltes Spielzeug empfanden. Die Projektgruppe Styling traf sich jeden Freitag in bestem Einvernehmen, und ebenso gut klappte die Absprache mit den anderen Abteilungen, die am Werden des wispernden Donnervogels partizipierten. Das Chassis stellte Bill Burnett, nachdem er seine Phantasie an einem skurril entstellten Ford Tudor ausgetobt hatte, den man unter schallendem Gelächter "Burnetti" taufte.

Er griff auf den üblichen Kastenrahmen mit Kreuzversteifung zurück, und die Vorderräder wurden an Dreieck-Querlenkern und Schraubenfedern, die hinteren an der unvermeidlichen Starrachse geführt. Die Maschine, ein V8 von 4784 cm³ und 193 PS mit dem manuell zu schaltenden Dreiganggetriebe plus Overdrive oder 198 PS mit hydraulischem Drehmomentwandler und ebenfalls drei Fahrstufen, war das Feinste, mit dem des Motoren-Department unter Victor G. Raviolo aufwarten konnte.

Ford Thunderbird, Bj. 1957. V8. 5112 cm³. 269 PS.
194 km/h. 9,8 s 0 - 100 km/h. Leihgeber: Alfred Bühler

Alle standen unter beträchtlichem Zeitdruck. Am 9. Februar 1953 hatte das Ford-Management für das Unternehmen Thunderbird grünes Licht gegeben. Bei der Detroit Auto Show ab 19. Februar 1954 wurde die zukünftige Klientel mit einem perfekt zubereiteten Prototyp aus Holz eingestimmt. Am 9. September desselben Jahres begann die Produktion, und vom 22. Oktober an lief die Offensive gegen den Klassen-Feind Corvette auf vollen Touren. Mit der ursprünglich intendierten Sportlichkeit war es indessen nicht weit her. Bei einem Vergleichskampf zwischen drei Thunderbird und zwei Jaguar XK 120M im März 1955 auf der Rennstrecke von Thompson/Connecticut blies man nach nur drei Runden das Halali, da die britischen Raubkatzen den wild wogenden und stampfenden Donnervögeln bereits 800 Meter abgenommen hatten.

Dergleichen Eskapaden passten dem eher profitorientierten Robert McNamara, der Lewis Crusoe 1955 als Chef der Division ablöste, ohnehin nicht ins Konzept. Bei einem richtungweisenden Gespräch zwischen den beiden am 30. Dezember 1954 legte man neue Direktiven fest: die Facette sportiv hatte aus dem Thunderbird-Image zu verschwinden. Für 1958 plante man einen Viersitzer, und sogar – ein Greuel für die rasch wachsende Freak-Gemeinde – der Bau eines Station Wagon wurde erwogen. Schon der Jahrgang 1956 trug der Tendenz zu mehr Komfort Rechnung.

Klagen waren gekommen – das Auto sei zu hart und die Lenkung zu direkt. Und so führte Bill Burnett längere und flexiblere Blattfedern hinten ein, während es 4,3 Umdrehungen des nun schüsselförmigen Lenkrads von Anschlag zu Anschlag bedurfte anstatt der bisherigen 3,3. Hardtops aus Fiberglas gehörten bald zur Standardausrüstung, wobei 90 Prozent der Kunden auf die markanten seitlichen Bullaugen nicht verzichten mochten, einen Gag, der an die altehrwürdige Tradition des Kutschenbaus erinnern sollte.

Das Reserverad war jetzt nach hinten ausgelagert und stand aufrecht im Anschluß an den Kofferraum. Diese Vorkehrung war bereits 1955 als Extra in einem sogenannten Continental Kit verfügbar gewesen und brachte alles in allem 135 kg auf die Waage, was zwar der Gewichtsverteilung zugute kam, das Modelljahr aber nicht überdauerte. Die Leistung der Maschine war auf 202 PS angehoben worden, und wahlweise

erhielt man ein Aggregat von 5112 cm³ und 225 PS (mit Fordomatic) oder 215 PS (bei Handschaltung). 1957 standen sechs Triebwerke zur Verfügung, die zwischen 212 und 340 PS mobilisierten, letzteres mit einem Kompressor und bereits so stark, daß ihm das simple Fahrwerk keinesfalls mehr gewachsen war. Wie 1955 begegneten fünffach geschichtete Blattfedern hinten den Unebenheiten der Fahrbahn weniger nachsichtig als die Vierfach-Federn von 1956, und 14-Zoll-Sicherheitsräder ersetzten die bisherigen 15-Zoll-Räder.

Das Gesicht des Thunderbird war mit einem größeren Grill und der auf dieses abgestimmten Stoßstange leicht retuschiert worden, und mit angedeuteten Heckflossen zollte man der zeitgenössischen Auto-Mode widerstrebend Tribut. Zwei Besonderheiten indessen hielten wiederum nur ein Jahr: ein Radio namens Volumatic, dessen Lautstärke mit zunehmenden Fahrgeräuschen wuchs – Spötter behaupteten, es sei umgekehrt – und die Dial-O-Matic-Sitze. Diese fuhren nach dem Betätigen des Zündschlüssels eine vorher eingespeicherte Position wieder an, was zu Ehezwistigkeiten führte, wenn etwa ein hochgewachsener Mann auf die für seine kleine Frau vorgesehene Einstellung ans Lenkrad gequetscht wurde.

1955 verließen 16 155 Thunderbird das Fließband, 1956 15 631 und 1957 21 380. Spätere – und sehr erfolgreiche – Generationen von Donnervögeln verdienten das Prädikat Sportwagen nicht mehr, und sie sollten es auch nicht.

Jaguar XK 140 Drophead, Bj. 1956. Sechszylinder-Reihenmotor. 3442 cm^3. 210 PS. 208,4 km/h. 11 s 0 - 60 mph. Leihgeber: Karlheinz Bölling

Sensationen, das ist der Lauf der Welt, verlieren in der zweiten Auflage an Strahlkraft. Und so stand der Jaguar XK 140, auf den sich im Oktober 1954 die Scheinwerfer der Show von Earls Court richteten, gleichwohl im Schatten seines populären Vorgängers XK 120. Schon was seine Spitzengeschwindigkeit anbelangte, hielt er keineswegs, was seine Typenbezeichnung versprach. Waren die verheißenden 120 Meilen pro Stunde beim Erstling eher zu niedrig gegriffen, so hatte man nun die 140 entschieden zu hoch angesetzt.

Gewiß wartete der Reihensechszylinder, vor allem dank höherer Nocken, nun mit den 190 PS der früheren Special-Equipment-Variante auf, aber erst mit dem Zylinderkopf des C-Typs und 210 PS brachte es etwa das Coupé auf 138 Meilen (oder 222 Kilometer) in der Stunde – in den Mittfünfzigern unter allen Umständen eine bemerkenswerte Errungenschaft.

Special Equipment bedeutete jetzt nicht mehr ein Plus an Leistung, sondern an Luxus – und Licht. Denn mit dem Extra-Paket erwarb man Chromspeichenräder und Nebellampen von Lucas, unbeschadet einer langen Zubehörliste, die auch den sportlich Orientierten zu seinem Recht kommen ließ. Eines der Versuchs-Laboratorien des in Coventry ansässigen Konzerns hieß nämlich Le Mans. Und Firmenchef Sir William Lyons, 1956 für seine Verdienste um Königin und Vaterland geadelt, zögerte selten, wenn es darum ging, Sinnvolles in die Serie zu übernehmen, das in der Feuertaufe der Rennen gehärtet worden war.

Das Fahrwerk – mit ihm der Radstand von 2590 mm – blieb im wesentlichen unangetastet, abgesehen davon, daß man die hinteren Kolbenstoßdämpfer durch Girling-Teleskopdämpfer ersetzt, die Torsionsstäbe verdickt und die Burman-Lenkung zugunsten der exakteren Zahnstangenlenkung von Alford & Alder mit $2^3/_4$ Umdrehungen von Anschlag zu Anschlag aufgegeben hatte. Dafür war das Triebwerk um 75 mm nach vorn verpflanzt worden. 50,3 Prozent des Wagengewichts statt bislang 47,5 Prozent lagerten damit auf den Vorderrädern, was dem Geradeauslauf zugute kam und das den XK-Modellen immanente Untersteuern leicht verstärkte.

Die Auffächerung des Programms in Roadster, Coupé und Drophead (gebaut wurden jeweils 3354, 2808 und 2789) blieb bestehen, aber an ihrem veränderten äußeren Habitus ließen sich die XK 140 sehr wohl von der ersten Generation unterscheiden. Im Kühlergrill hatten sieben vertikale dicke die doppelte Anzahl von schmalen Leisten verdrängt. Knapp unterhalb der Ebene der Zusatzlampen waren die Fahrtrichtungsanzeiger in die vorderen Kotflügel eingebettet, während man das komplette hintere Leuchtenensemble neu gestaltet hatte.

In der Verlängerung einer Chromleiste eröffnete ein Druckknopf zu Häupten eines schlanken Handgriffs den Zugang zum Kofferraum, und das rückwärtige Kennzeichen, ehedem auf dessen Deckel angesiedelt, durfte einen Platz zwischen stämmigen Eckstoßfängern beziehen, flankiert von voluminösen Hörnern. Schließlich hatte eine stetig wachsende Gemeinde von Jaguar-Jüngern in den USA die XK-Reihe von Anbeginn an auf den Altar für den klassischen europäischen Sportwagen gehoben.

Auch vorn waren die dürren Halbstoßstangen der britischen Edel-Importe rohen Remplern durch rüde chauffierte amerikanische Zweieinhalbtonner kaum gewachsen gewesen, so daß man kurzerhand den Bug des XK 140 ebenfalls hinter einem robusten Rammschutz verschanzte.

Jaguar XK 140 Roadster, Bj. 1957. Sechszylinder-Reihenmotor. 3442 cm^3. 210 PS.
195 km/h. 8,4 s 0 - 60 mph. Leihgeber: Hansjürg Zschaler

Die Verlagerung der Maschine wirkte sich vorteilhaft für die Raumverhältnisse im Cockpit aus, um so mehr, als die jeweils zwei 6-Volt-Batterien aus ihrer Unterkunft hinter den Sesseln in Zellen unterhalb der vorderen Kotflügel evakuiert beziehungsweise dort gegen eine 12-Volt-Batterie ausgetauscht worden waren. Dabei sprangen im Coupé, dessen Dach

man um 170 mm nach hinten verlängert hatte, und in der Drophead-Variante zwei Notsitze heraus, im Roadster zusätzlicher Platz für Gepäck, der sich in allen drei Modellen durch das Umlegen der Rückwand mit dem normalen Kofferabteil kombinieren ließ.

Boten geschlossene und Cabrioversion eine Menge Komfort, so wurde der offene Zweier bewußt naturbelassen, Jaguar pur sozusagen und das liebste Kind des nordamerikanischen Kunden, der auf Annehmlichkeiten wie etwa Kurbelfenster mannhaft verzichtete oder gar mit heruntergeklappter Frontscheibe am Wind segeln wollte, von der Gunst moderater Witterung und der Gloriole des harten Burschen umgeben.

Sein Armaturenbrett, steil stehend und nicht im Winkel wie zuvor, wurde in der Tat seinem Namen gerecht und entbehrte plan- und schmucklos des sonst üblichen Walnußzierats. Sehr viel vom Ambiente des XK 140 fing ein Fahrbericht der englischen Publikation The Autocar vom 9. Dezember 1955 ein. Bei dem Prüfling handelte es sich um ein Coupé mit dem potenzsteigernden C-Zylinderkopf und dem Overdrive von Laycock de Normanville, Kaufpreis 1830 Pfund, sieben Schillinge und elf Pence, wie das Blatt penibel vermerkte.

Natürlich pilgerte man nach Frankreich, magisch angezogen gleichermaßen von der Wildbahn der Routes Nationales und Le Mans, dem dieses Auto und damit die Nation soviel verdankte. Nachdem das Test-Team bei der Anreise auf belgischen Autobahnen die vergleichsweise bescheidene Höchstgeschwindigkeit von 208,4 km/h markiert hatte, befand man sich auf dem Rückmarsch in Rekordlaune. Der Start am Sarthe-Circuit erfolgte um 10.20 Uhr, die Zieldurchfahrt am Flugplatz von Le Touquet um 14.28 Uhr, trotz zweier kurzer Halte und obwohl es auf den letzten 90 Meilen regnete.

Wenn man den Overdrive eingeschaltet habe, sei der Jaguar wie mit Siebenmeilenstiefeln dahingeeilt, und wie ein Zaun seien die Pappeln beiderseits der leeren Alleen vorbeigehuscht.

Erstaunliches wusste man über den Komfort des Wagens zu berichten. Selbst bei Tempo 160 habe man sich in Zimmerlautstärke unterhalten können, trotz des unüberhörbaren Ansaugschlürfens der Maschine und sogar angesichts des Weinens der für diesen Trip aufgezogenen Rennreifen. Auch bei niedrigen Geschwindigkeiten sei die Aufhängung diskret mit rauhem Untergrund fertiggeworden, keine Spur von dem Zähneschnattern, das man gemeinhin mit Sportwagen assoziiere, und selbst bei 175

km/h über Kopfsteinpflaster habe der Beifahrer seine Notizen leserlich zu Papier bringen können.

Sogar die Bremsen, eigentlich ein notorischer Schwachpunkt des Wagens, wurden in das Lob mit einbezogen, einzige Beanstandung: die vorderen hätten gelegentlich gekreischt. So bestand der Kandidat denn auch summa cum laude – er sei eine wandelnde Reklame für die britische Automobilindustrie...

Jensen 541 R, Bj. 1960. Sechszylinder-Reihenmotor Austin DS 7. 3993 cm^3. 152 PS. 198,7 km/h. 10,6 s 0 - 60 mph. Leihgeber: Leonhard Boulton

Das erste Mal machte die bis dahin relativ unbekannte Jensen Motors Ltd., ansässig zu West Bromwich in der englischen Grafschaft Staffordshire, bei der Ford Motor Show 1934 in der Londoner Albert Hall von sich reden. Das Brüderpaar Richard und Alan Jensen hatte ein Fahrgestell und einen V8-Motor des amerikanischen Konzerns mit einer viersitzigen Cabrio-Karosserie bekleidet, die wegen der Gefälligkeit ihrer Form Aufmerksamkeit und wegen der Person des Adressaten Neugier erregte, denn dieser war kein Geringerer als der Filmstar Clark Gable. Edsel Ford fuhr den Wagen und erteilte die Genehmigung, ihn in zwanzig Exemplaren aufzulegen.

Nach dem Kriege meldeten sich die Jensens mit einem neuen Modell zu Wort, dem sie angemessenerweise den Namen PW (für Post War) gaben. 1949 folgte mit dem Interceptor ein Gran Turismo des kleinen, aber ambitionierten Werks. Er kündete bereits von der Zusammenarbeit mit Austin, die durchaus auf Geben und Nehmen beruhte. Immerhin hatte Jensen-Designer Eric Neale auch den A40 Sports entworfen, der wie eine maßstabsgetreu verkleinerte Ausgabe des Interceptor anmutete. Und Austin-Direktor Leonard Lord hatte abgesegnet, daß die ehrgeizigen Brüder in ihr eigenes Projekt seine 3993-cm^3-Maschine einbauen durften, die ursprünglich für Nutzfahrzeuge bestimmt gewesen war.

Die Produktion des hausgemachten GT-Autos gedieh indes über das bloße Hobby nie hinaus, um so mehr, als die Kapazität der Karosseriefabrik fast gänzlich mit der Montage des Healey 100 in Beschlag genommen wurde. Andererseits erzeigte sich die Auftrags-Arbeit als recht lukrativ, und schon schmiedete man Pläne für einen weiteren Eigen-Bau, den 541, schöner als der Interceptor, schneller – und billiger.

Richard Jensen entwarf das Konzept, Neale die Details, und auf der Motor Show 1953 in Earls Court präsentierte man einen Prototyp mit einer Karosserie aus Stahl, der 1954, als die Produktion anlief, durch Fiberglas ersetzt wurde, abgesehen von den beiden Aluminiumtüren. Der Aufbau ruhte auf einem Kastenrahmen mit rohrförmigen Längsträgern, Plattform und Traversen. Die Vorderräder waren einzeln an Trapez-Dreieckquerlenkern aufgehängt, die hinteren an einer Starrachse mit Halbelliptikfedern geführt. Nichts rappelte, wie die Fachpresse verwundert feststellte.

Der Jensen-Pilot konnte nach seinem Gutdünken eine markante Klappe im Kühler-Maul öffnen oder schließen und damit den Wärmehaushalt des biederen Austin-Reihensechszylinders DS 7 beeinflussen, der 131 PS leistete, was man offiziell aber nicht an die große Glocke hängte. Im Herbst 1956 erhielt der 541 Scheibenbremsen von Dunlop, und im Oktober 1957 wurde ihm der 541 R mit einem verstärktem Chassis und 152 PS zur Seite gestellt, deren Existenz wiederum nur im Flüsterton kolportiert wurde.

Wahrhaft das Accessoire für einen Gentleman, versah auch dieser Jensen seinen Dienst komfortabel und diskret: Wenn das Laycock-de-Normanville-Overdrive seines Moss-Getriebes zugeschaltet war, brauchte sich die Kurbelwelle bei 160 km/h nur 3500 Mal pro Minute zu drehen.

493 Einheiten des R wurden gebaut, 225 des 541 und 127 einer dritten Serie, des 541 S, der ab Oktober 1960 ausgeliefert wurde, 20 mm breiter, 30 mm höher, allerdings auch um ungefähr 20 PS schwächer als der Vorgänger, worüber man erst recht strenges Stillschweigen bewahrte. Die originelle Kühlerabdeckung fehlte nun, und mindestens eines hatten die meisten Jensen 541 S mit der Welt bestem Auto gemeinsam: die Automatik, die Rolls-Royce mit einer Lizenz von General Motors herstellte und verfeinerte.

Mercedes-Benz 190 SL Roadster, Bj. 1955. Vierzylinder-Reihenmotor. 1897 cm³. 105 PS. 170 km/h. 14,3 s 0 - 100 km/h. Leihgeber: Günther von Dahlen

Er war nicht von schlechten Eltern und stammte aus gutem Hause. Mit seinem Ruf stand es dennoch nicht zum besten. Zudem wurde dem 190 SL zeit seines Lebens sein großer Bruder als Maßstab vorgehalten, der 300 SL, mit dem zusammen er am 6. Februar 1954 bei der International Motor Sports Show in New York zum gemischten Doppel gegen den Rest der Sportwagen-Welt angetreten war.

Bevor indessen für die zahlreichen Interessenten der kleinere der beiden Träume zur tagtäglichen Wirklichkeit wurde, mussten sie sich bis zum Mai 1955 gedulden, denn erst dann lief die Massenproduktion an. Inzwischen – seit dem Genfer Salon im März dieses Jahres – häuften sich auch die Bestellungen aus Europa. Zu verzichten brauchte niemand - bis zum Februar 1963 liefen 25 881 190 SL vom Band, als Roadster, der eigentlich ein Cabriolet war mit seinen Kurbelfenstern, oder als Coupé, bei dem es sich, im Grunde genommen, um ein Hardtop-Modell handelte, dessen festes Leichtmetalldach man abnehmen konnte.

Der Klientel war weit gefächert, von den Exponenten des seriösen und leichteren Kulturschaffens bis hinab ins Halbseidene der Demimonde. So legte zum Beispiel das Frankfurter Lebemädchen Rosemarie Nitribitt, das sich durch Leben, Taten und Höllenfahrt trüben Ruhm erwarb, seinen 190 SL als Kunden-Köder aus. Wirkte der Flügeltüren-SL viril, schon visuell von einem Hauch von Abenteuer umgeben, war sein sanfteres Pendant eher kapriziös, aber mit einem guten Schuß von Biederkeit, wobei seine sportiv-schmissige Linienführung das eine und die übrigen Zutaten das andere bewirkten. Ein sportlich-komfortables Alltagsfahrzeug mit Eignung für milde Wettbewerbe, so etwa definierte die Herstellerfirma seinen Standort. Solides aus großen Serien verhalfen dem 190 SL zu dem Ruf, er sei einfach nicht totzukriegen. Der Motor, vier Verbrennungseinheiten in Linie mit einer kettengetriebenen obenliegenden Nockenwelle und zwei Flachstrom-Registervergasern, 105 ehrliche PS stark, war praktisch ein Teil des Reihensechszylinders aus dem Tourenwagen 300, jenseits von 3000 Umdrehungen je Minute der dreifach gelagerten Kurbelwelle ein brummiger Geselle, wie zeitgenössische und spätere Rezensenten nörgelten.

Der Stahlblech-Aufbau war mit der Rahmen/Bodenanlage verschweißt, deren Zentralträger sich vorn und hinten gabelte. Der bogenförmige Vorderachskörper aus massiven Profilen, an dem die Räder einzeln an doppelten Trapez-Querlenkern mit einer zentral angebrachten Schraubenfeder und Teleskop-Öldruckstoßdämpfern hingen, bildete mit der Maschine und dem vollsynchronisierten Vierganggetriebe einen demontierbaren Fahrschemel. Der Drehpunkt der hinteren Eingelenk-Pendelachse war tiefgelegt, um vehementen Sturzänderungen entgegenzusteuern.

Das Benehmen des 190 SL auf der Straße geriet mit diesen Voraussetzungen zwar anständig, aber nicht überwältigend, zumal er seine Insassen permanent mitleidslos über den Zustand der Fahrbahn auf dem laufenden hielt. Deren Stöße teilten sich dem Piloten überdies vermittels des Lenkrads mit, während der Mittelschalthebel die Vibrationen der Maschine und deren Eigenbewegungen an seine Rechte weitergab.

Zunächst verordnete man dem schier unentbehrlichen Requisit für Filme und Modejournale ein uniformes Silbergrau. Ab Modelljahr 1957 machte Daimler-Benz dem 190 SL jedoch die Vielfalt seiner üblichen Farb-Palette zugänglich. Und 1959 wurde das Heckfenster sowohl des Stoffverdecks als auch des Hardtops vergrößert, eine Retusche, die die Handschrift des französischen Stylisten Paul Bracq verriet, wie die Physiognomie des gesamten Fahrzeugs.

Mercedes-Benz 300 SL Coupé, Bj. 1955. Sechszylinder-Reihenmotor. 2996 cm^3. 215 PS. 228 km/h. 9,3 s. 0 - 100 km/h. Leihgeber: Dr. Heinz Noeth

300 SL. Man kann den Begriff skelettieren. Dann bleibt eine Kombination aus Zahlen und Buchstaben, die besagt, es handele sich um einen Dreiliter, der sportlich sei und leicht. Das erste ist nachweisbar, das zweite unbestritten, und das dritte stimmt nicht. Denn etwa das Coupé, das diesen Namen trug, brachte mit 130 l Treibstoff an Bord immerhin 1310 kg auf die Waage.

Für jeden aber, dem das Auto ein wenig mehr bedeutet als nur ein fahrbares Gerät, lagert sich um das kühle Kürzel 300 SL ein Zauber. In ihm fließt die Faszination der ersten Stunde, die sich zeit- und alterslos bis in die mobile Gesellschaft der achtziger Jahre erhalten hat, zusammen mit einem Mythos, der im Laufe der Jahrzehnte noch an Leuchtkraft gewann. Offiziell beginnt de Geschichte des Mercedes 300 SL am 6. Februar 1954 auf der New Yorker Motor Sports Show. Aber natürlich hatte seine Präsentation coram publico Vor-Geschichten, hinter den Kulissen und auf anderen Ebenen.

Da war, eine Auto-Generation eher, der Rennsportwagen 300 SL von 1952. Zusammen mit Franz Roller, Manfred Lorscheidt und Ludwig Kraus hatte ihn Rudolf Uhlenhaut, Leider der Personenwagenentwicklung bei Daimler-Benz und selbst ein begnadetes Fahrtalent, aus der behäbigen Staatslimousine 300 sublimiert. Dann siegte jener SL-Urtyp zum Nachkriegs-Einstand des guten Sterns auf dem Berner Bremgartenkurs, siegte in Le Mans, siegte so viel, daß es selbst seinen Schöpfern den schwäbischen Dialekt verschlug.

Und da war ein Vorstoß des findigen amerikanischen Mercedes-Generalvertreters Maxie Hoffman gewesen. Ein Auto wie der 300 SL, hatte er der Untertürkheimer Zentrale zu verstehen gegeben, werde sich in den Vereinigten Staaten gut verkaufen lassen, wenn es sich einigermaßen gesittet benehme und mit elementarem Komfort aufwarte. Eben dies galt für das New Yorker Exponat – und die 1399 weiteren Coupés, die ihm bis zum Mai 1957 folgen sollten, Silberpfeile, denen man gewissermaßen etwas von ihrer Spitze genommen hatte. Dabei waren sie viel stärker als ihre Vorfahren auf der Piste. Wo sich jene mit einem Vergasermotor und 175 PS bescheiden mußten, war nun der Reihensechszylinder des Serien-SL mit einer Hochdruckeinspritzanlage des späteren Chefkonstrukteurs Dr. Hans Scherenberg auf 200, 215 oder 225 PS erstarkt.

Im Winkel von 40 Grad geneigt, da man an Bauhöhe sparen sollte, verrichtete er seine eindrucksvolle Arbeit im unteren Drehzahlbereich mit friedlichem Limousinenschnurren, das jäh in wütendes Geheul umschlug, wenn er gefordert wurde. Die Karosserie des W 198, wie der 300 SL im Werks-Code hieß, war nach Ideen von Paul Bracq durch den Ingenieur Karl Wilfert vollendet worden und wurde nach Brauch der Väter in Handarbeit über Holznegativen gezogen.

Fast alles an ihr war Funktion, kaum etwas Effekt, nicht einmal die berühmten Flügeltüren, die Damen mit dem beinahe unlösbaren Problem konfrontierten, den Ein- oder Ausstieg als Dame zu überstehen. Man hatte den Weg nach oben gewählt, weil sich unmittelbar unter den hohen seitlichen Bordkanten die äußeren Streben des ingeniös ausgedachten Rohrgeflechts verbargen, das den Rahmen bildete, eine Vielzahl miteinander verknüpfter Dreiecke, deren Seiten fast ausschließlich auf Druck und Zug, nicht aber auf Biegung und Torsion beansprucht wurden.

Mercedes-Benz 300 SL Roadster, Bj. 1962. Sechszylinder-Reihenmotor. 2996 cm³. 215 PS. 221,6 km/h. 8,8 s 0 - 100 km/h. Leihgeber: Manfred Sohn

In dieses filigrane Fachwerk hatte die Gruppe um Uhlenhaut geschmiedete, ungleich lange Querlenker gepflanzt, an denen die Vorderräder geführt wurden. Und hinten beherbergte es das Antriebsgehäuse, an dem die kurzen Arme der

Zweigelenk-Pendelachse aufgehängt waren. Sie bildete den notorischen Schwachpunkt de Coupés, ein Schrecknis für den Ungeübten, denn beim Federn änderten sich Spurweite und Radsturz ständig.

In seinem Buch The Racing Driver sang Denis Jenkinson ein Lied davon, der unerschrockene britische Journalist, der am 1. Mai 1955 seinen Landsmann Stirling Moss auf der 22. Mille Miglia während seines siegreichen Parforceritts mit einem Mercedes 300 SLR von Brescia nach Rom und zurück begleitete. Im Training hatten die beiden nämlich mehrere der 300 SL-Flügeltürer als Muletto benutzt, und abgesehen davon, daß eine dieser Dienstfahrten an einem mit Sprengstoff beladenen italienischen Armeelastwagen endete, terrorisierte die schöne Bestie ihre Dompteure durch unvermutete Übergänge zwischen Unter- und Übersteuern. Ihre Tage waren gezählt.

Im Sommer 1956 orteten die findigen Redakteure des Fachblatts auto motor und sport ein rollendes Chassis, zwar unverkennbar das eines 300 SL, aber mit verdächtig niedrigen seitlichen Längsträgern, im Heck eine Eingelenk-Pendelachse mit tiefer gesetztem Drehpunkt. Des Rätsels Lösung stellte der amerikanische Sportwagenmeister Paul O'Shea im Oktober jenes Jahres auf der eigens gesperrten Solitude-Rennstrecke im Einzugsgebiet von Stuttgart vor, den W 198/II – einen Roadster, von dem zwischen dem Februar 1957 und dem gleichen Monat 1963 1858 Exemplare aufgelegt werden würden.

Bedeutsame Stationen in der Modellhistorie waren das Hardtop, das ab Sommer 1958 geliefert wurde, und die Dunlop-Scheibenbremsen, die vom März 1961 an die bisherigen Trommelbremsen ersetzten. Zwar war der 300 SL neuer Art noch immer kein "Boudoir auf Rädern", wie die Männer von der Mercedes-Rennabteilung, Härteres gewohnt, den Vorgänger einst spöttisch-unangemessen betitulierten.

Aber er stellte eine chevalereske Verbeugung dar vor Damen, die Damen bleiben wollten, und ging überhaupt behutsamer mit seinen Passagieren um, schon wegen seiner normal vorn angeschlagenen Türen, Kurbelfenster und einem Lenkrad, das füllige Chauffeure nicht mehr nach unten abzuklappen brauchten – und konnten –, um ihren Sitzplatz einzunehmen oder zu verlassen.

Unter der flacheren und längeren Heckhaube fand sich ein größerer Kofferraum, nicht zuletzt auf Kosten des Tanks, dessen Kapazität auf 100 l ge-schrumpft war, und die vorderen Leuchten hatte man in senkrechten Einheiten versammelt. Mit mehr Chromzierat und einer stärker gewinkelten, weiter herumgezogenen Panoramascheibe bot der Roadster auch mehr fürs Auge, jedenfalls wie dieses damals befriedigt werden wollte.

Die schiere Dramatik und wohldosierte Boshaftigkeit der geflügelten SL-Jahrgänge vor ihm indessen erreichte er nicht, und auch nicht ihre Symbolträchtigkeit für die Wiedergeburt eines Landes, das sich nach dem Wirtschaftswunder und dem konjunkturunabhängigen Fräuleinwunder am 6. Februar 1954 in New York eine weitere Extravaganz leistete – das Autowunder.

BMW 503 Cabriolet, Bj. 1957. V8. 3168 cm^3. 140 PS.
190 km/h. 13 s 0 - 100 km/h. Leihgeber: Dr. G. Knöchlein

Per aspera ad astra, durch Nacht zum Licht, – diese Phase der Nachkriegszeit geriet für die Bayerischen Motoren Werke entschieden dorniger als für andere Firmen. 60 Prozent ihrer Produktionsanlagen hatte der Zweite Weltkrieg auf dem Gewissen, und vor dem Stammwerk Eisenach senkte sich danach der Eiserne Vorhang, der die dort bis 1955 gefertigten BMW-Autos in der Regel vor westlichen Augen verbarg, es sei denn, sie fanden als Devisenbringer den Weg nach hüben.

Auf dem Frankfurter Salon im April 1951 signalisierte indes der BMW-Typ 501, daß man auch im Stammwerk München nicht müßig gewesen war. In der Vielzahl seiner fließenden Rundungen zeigte sich gleichwohl Vorkriegs-Philosophie in zeitgenössischem Habitus, und mit seinem Sechszylinder-Triebwerk tat sich auch nichts grundsätzlich Neues hinter der bekannten BMW-Niere. Erst 1953 lief seine Serien-Produktion schleppend an, mit ihr der unaufhaltsame Weg in eine Sackgasse. Man werde, hatte man sich in München vorgenommen, Erlesenes für die Creme der Gesellschaft schaffen. Die kleine Zielgruppe war damit umrissen und wurde zugleich dezimiert durch das Modell 502. Bei seinem Anblick auf dem Genfer Salon 1954 stellte mancher resignierend fest, daß er sich diesen BMW nicht mehr werde leisten können – oder noch nicht.

Seine 1410 kg wurden von einer V8-Maschine von 2580 cm^3 und 100 PS (später auch 3168 cm^3 und 120 PS) aktiviert, Deutschlands erstem V8 und dem ersten V8-Serienmotor der Welt aus Aluminium. Mit 90 Grad standen seine beiden Zylinderreihen ein ganzes Stück weiter auseinander, als sich Finger zu einem V (für Victory)-Zeichen spreizen lassen. Folglich entstand mit dem bollernden Isetta, dem Inbegriff des Bubble Car, wie die Engländer dergleichen rollende Asphaltblasen respektlos nennen, auch ein BMW für den kleinen Mann. Ein Sportwagen der Münchener, so schien es, ließ noch auf sich warten.

Inzwischen aber hatte im fernen New York ein denkwürdiges Gespräch stattgefunden, zwischen Maximilian Hoffman, dem rührigen Importeur der Bajuwaren, und dem vierzigjährigen Albrecht Graf Goertz, gebürtig in Brunkensen bei Hannover, aber seit 1937 naturalisierter Amerikaner. 1952 hatte dieser in der Neuen Welt sein eigenes Design-Studio eröffnet, wo er alles Erdenkliche in Form brachte, unter anderem auch Autos. Der BMW-Statthalter zeigte dem Grafen hauseigene Entwürfe für ein sportliches Auto, die es offenbar als eine Totgeburt auswiesen. Er äußerte, er wolle mit italienischen Karossiers Kontakt aufnehmen, um eine Dummheit zu verhindern.

Hoffmans Erzählungen stimmten Goertz nachdenklich, und er schickte eigene Entwürfe nach Deutschland, mit flüssigeren und aggressiveren Linien, "hungriger" seien sie gewesen, wie er später befand. Ohne zu zögern, betraute man den Aristokraten mit der Konzeption zweier Wagen. Was den 503 anbelangte, sah er sich vor einem Dreifach-Dilemma. Erstens, aber das galt gleichermaßen für den 507, würde sich der Erwartungshorizont einer potentiellen Kundschaft an den Maßstäben orientieren, die der legendäre 327 von 1937 abgesteckt hatte.

BMW 503 Coupé, Bj. 1959. V8. 3168 cm³. 140 PS.
190 km/h. 13 s 0 - 100 km/h. Leihgeber: Ulrich Vetter

Zum anderen sollte der Aufbau, ein Coupé und ein Cabriolet, mit Bodengruppe und Aufhängung des 502 zusammengegeben werden, einem BMW "Vollschutz"-Kastenrahmen mit Rohrtraversen, vorn Einzelradaufhängung an nadelgelagerten Trapez-Dreieckquerlenkern und einstellbaren Längstorsionsstäben wie auch hinten, wo eine Starrachse mit Kurbellenkern geführt wurde. Der 503 würde somit relativ groß ausfallen, andererseits bescheidenen Platz für zwei weitere Passagiere offerieren.Noch in einem weiteren Punkt dämmte man des Grafen Kreativität ein: Die Höhe der Scheinwerfer war festgeschrieben, so daß er nicht, wie er es gern getan hätte, die vorderen Kotflügel im Abschwung weiterführen konnte. Obwohl sich das Resultat, eine Stahlblechkarosse mit einem Kofferraumdeckel und einer sich gegen die Fahrtrichtung öffnenden Motorhaube aus Leichtmetall, dem Auge des Betrachters recht flächig darbot, erfreute sie den auto, motor und sport-Beobachter auf der Frankfurter Automobilausstellung 1955, wie ihm überhaupt der Besuch des BMW-Stands zum "beglückendsten Erlebnis" der Messe gereichte.

Der 503, merkte er an, sei ein Auto, das kein Protz sein wolle, sondern edle Rasse hinter beinahe bescheidenen, aber nichtsdestoweniger begeisternden Formen verberge. Diese seien ein Äquivalent zu dem herrlichen Motor – gemeint war der 3,2-l-V8, der in diesem Gewande 140 PS bei 4800 Umdrehungen je Minute hergab. Er war zunächst noch getrennt vom Viergang-getriebe des 503, das bis zum September 1957 unter der vorderen Sitzbank sein Dasein fristete und von der Lenksäule her geschaltet wurde. Zwei Hinterachsuntersetzungen wurden angeboten und überdies eine Fülle von Extras wie Hydrovac-Bremsverstärker, Becker-Autoradio, Scheibenräder mit Zentral-Schnellverschluß, elektrisch-hydraulische Verdeck- und Fensterbetätigung, Metallschiebedach beim Coupé, farbiges Fensterglas, Sealed-Beam-Scheinwerfer, Kupplomat und Scheibenwaschanlage.

Alle Weichen für eine lichtere Zukunft schienen damit gestellt. Und dennoch reichte der 503, der 1958 immerhin 31 500 Mark kostete (in beiden Versionen) nicht im entferntesten an die Faszination des Popularitäts-Primus 327 heran und erst recht nicht an dessen Stückzahlen: Während der Vorkriegssportwagen ungefähr

1900 Male aufgelegt wurde, ließ man es bei dem Goertz-Geschöpf mit 413 bewenden, bevor die Produktion 1959 gänzlich einschlummerte. Nur zum Vergleich: Bis 1962 hoppelten 160 000 Isetta vom Band. Ohne ihr komisch-praktisches "Motorcoupé" wären die Bayerischen Motoren Werke auf ihrem rauhen Weg zu den Sternen wohl auf der Strecke geblieben...

BMW 507, Bj. 1958 V8. 3168 cm³. 150 PS.
196,5 km/h. 11,1 . 0 - 100 km/h. Leihgeber: G. Frings-Naberschulte und Horst Minden

Dem eher stämmigen BMW 503 wurde auf der Frankfurter Automobilausstellung 1955 das Los zuteil, das von der Natur ungleich bedachten Geschwistern sattsam bekannt ist: Der Blick des Betrachters wanderte binnen kurzem zu

seinem attraktiveren Bruder 507 ab oder kehrte zu diesem zurück, magisch angezogen von einer zeitlos schönen Form. Zweimal hinschauen mußte man auch, um an die gemeinsame Vaterschaft des Designers Albrecht Graf Goertz zu glauben.

Ein Maßanzug für einen puren Zweisitzer, ruhte die von ihm gezeichnete filigrane Aluminiumkarosserie des 507, auf der Höhe des Cockpits auf Taille gearbeitet, auf dem trutzig-monumentalen Kastenrahmen des Tourenwagens 502, nur daß dessen Radstand um 355 mm auf 2480 mm verkürzt worden war. Das Fahrwerk war tiefergelegt, die starre Hinterachse an Zug- und Schubstreben geführt anstelle der Schublenker und durch einen Panhardstab stabilisiert. Das V8-Triebwerk bezog seine 150 PS aus 3168 cm³, war folglich mit einer Literleistung von 50 PS keineswegs überfordert. Es agierte seidenweich und ließ bereits bei 1000 Umdrehungen der Kurbelwelle pro Minute bulliges Drehmoment spüren. Zwischen 60 und 130 km/h zog der 507 im vierten Gang seinem Mercedes-Konkurrenten 300 SL leicht davon, mußte sich diesem aber ansonsten beugen. Denn obwohl er grundsätzlich wie eine Trumpfkarte in der Prestige-Partie gegen seinen schwäbischen Konkurrenten ausgespielt wurde, glänzten beide an verschiedenen Fronten.

Als besänftigter Rennsportwagen mochte der SL seine Herkunft nicht verleugnen, während er dem BMW den Vortritt lassen mußte, was Straßenbetrieb und Alltagsverträglichkeit anbelangte. Das hielt indessen das weißblaue Leichtmetalltriebwerk nicht davon ab, ein Machtwort zu sprechen, sowie man den Zündschlüssel umgedreht hatte. Das markante Gebrabbel am Ende eines Leitungsnetzes, das links und rechts am Wagenheck ins Freie mündete, wurde dann akustisch noch überlagert von dem scharfen Schlürfen, mit dem die dürftig dimensionierten Naßluftfilter der beiden Solex-Vergaser seine Atemluft passieren ließen.

Von vorneherein bildeten Motor und Getriebe eine Einheit, und der Ganghebel wuchs etwas links von der Mitte aus dem Boden, nicht zuletzt weil zum Sportwagen als Zeichen echter Rasse eine Knüppelschaltung gehört. Sie wollte mit einigem Nachdruck betätigt werden wie auch das Vierspeichenlenkrad, die Kupplung und das Bremspedal. Es wirkte zunächst auf vier riesige Trommeln mit einer Gesamtbremsfläche von 1300 cm², die sich in den 16-Zoll-Rädern breitmachten. Später, zugleich mit der 160 PS starken S-Maschine, wurden dem 507 vorn Scheiben spendiert, und die Möglichkeiten des hybriden Systems reichten durchaus an einen erst heute üblichen Standard heran.

Mit drei Untersetzungen konnte seine Hinterachse dem individuellen Gusto nach kräftigerer Beschleunigung oder höherer Endgeschwindigkeit angepaßt werden. Bedrängt fühlten sich hochgewachsene Tester von der qualvollen Enge im Cockpit, und Anfang der siebziger Jahre beichtete der Berichterstatter des größten deutschen Motormagazins nach einem nostalgischen Ausritt im 507, dessen große Rundinstrumente hätten ihn "bleich und ratlos" angeschaut.

Prominente wie Elvis Presley, John Surtees, Hans Stuck der Ältere oder Schorsch Meier zeigten sich gern in ihm. Er pflegte das Image der Bayerischen Motoren Werke – und er leerte ihre Kassen. Und so befand man vier Jahre und 251 BMW 507 nach jenem Show-Stück in Frankfurt, nun sei's genug...

MGA Roadster Twin Cam, Bj. 1960. Vierzylinder-Reihenmotor. 1588 cm³. 108 PS. 179 km/h. 12,9 s 0 - 100 km/h. Leihgeber: Jürgen Kracht und Albert Aemisegger

Gäbe es ein Barometer für Betriebsklima, es hätte bei MG im Juni 1954 dauerhaften hohen Druck angezeigt. BMC-Papst Leonard Lord, im Umgang mit der Diözese in Abingdon-on-Thames bislang reichlich stiefväterlich, hatte das Projekt EX 175 abgesegnet. Im Klartext: Dem Bau des MGA stand nichts mehr im Wege, nachdem man sich bereits in die ebenso undankbare wie unrentable Rolle einzuleben begonnen hatte, ewig Gestriges in Gestalt der altehrwürdigen T-Modelle zu bewahren.

Das höchstrichterliche Plazet hatte eine lange und qualvolle Vorgeschichte. Nach zwei Starts in Le Mans 1949 und 1950, bei denen sich der Fahrtwind in den Ecken und Kanten seines MG TC verfangen hatte, gab George Phillips, der stämmige Cheffotograf der Fachzeitschrift Autosport, in Abingdon für den dritten 1951 ein Stromlinienfahrzeug auf der Basis des TD in Auftrag. Über den sportlichen Erfolg des Prototyps mit dem polizeilichen Kennzeichen UMG 400 schweigt des Sängers Höflichkeit. Seine Form indessen, ausgetüftelt von Syd Enever, wußte zu gefallen. Folglich überarbeitete man ihn ein bißchen, ließ ihn unter der Nummer HMO 6 registrieren und führte ihn 1952 Lord als potentiellen Nachfolger des TD zur Begutachtung vor. Dieser verschmähte jedoch den Kandidaten und entschloß sich, an seiner Statt den Austin-Healey 100 in das BMC-Programm hineinzunehmen.

Im Sommer 1954 lag der Vorgang zur Wiedervorlage auf Lords Tisch, nur daß EX 175 jetzt mit Motor und Übertragung aus BMC-Regalen den Rationalisierungswünschen des Konzern-Oberen entgegenkam. Als der MGA 1500 im September 1955 leicht verspätet auf der IAA in Frankfurt vorgestellt wurde, war bereits ein wenig der publizistische Lack abgeblättert, da drei in englischem Renngrün livrierte Vorläufer im Juni jenes Jahres am 24-Stunden-Rennen von Le Mans teilgenommen hatten wie einst Urahn UMG 400.

Die Stoßstangenmaschine des Roadsters mit 1489 cm³ und 68 PS war aus der BMC B-Serie abgezweigt worden. Der Kastenrahmen mit Traversen wurde bei der John Thompson Motor Pressing Ltd. in Wolverhampton vorbereitet, und der schlanke Aufbau – Türen und Hauben waren aus Leichtmetall – stammte vom Morris Bodies Branch zu Coventry.

Im Oktober 1956 stellte man der offenen Version eine geschlossene mit Kurbelfenstern und einer an den Ecken gekrümmten Windschutzscheibe zur Seite. Bei manchen erregte ihr wie der obere Teil eines Bowler-Huts gerundetes Festdach Anstoß. Es vergewaltige die reine Roadster-Form des MG regelrecht, schrieb etwa Reinhard Seiffert 1960 in auto motor und sport. Nachdem sich die beiden Varianten bis zum Mai 1959 mit 58 750 Exemplaren zu neuen und nie erwarteten Absatzrekorden aufgeschwungen hatten, segnete der MGA 1500 das Zeitliche.

Er erstand umgehend wieder als MGA 1600 mit 1588 cm³ und 79,5 PS, erkennbar an revidierten Heckleuchten und, bei näherem Hinsehen, an Girling-Scheibenbremsen vorn, wo die Räder an Querlenkern mit Schraubenfedern aufgehängt waren, während sie hinten an einer Starrachse mit Blattfedern hingen. 31 501 Einheiten waren gebaut, als im Frühjahr 1961 ein Mark II mit 1622 cm³ und 86 PS folgte, dessen Kühlergrill fast lotrecht stand. Er brachte es, wiederum mit Klappverdeck oder in Coupégestalt, bis zum Juli 1962 auf eine Verbreitung von 8719 Stück.

MGA Coupé Twin Cam, Bj. 1959. Vierzylinder-Reihenmotor. 1588 cm³. 108 PS. 179 km/h. 12,9 s 0 - 100 km/h. Leihgeber: Hannes Obermayr

Die magische Zahl 100 000 war bereits im März des gleichen Jahres erreicht worden. Als kleines, nicht aber unbedeutendes Kontingent waren in ihr 2111 MGA Twin Cam enthalten, die zwischen dem Frühjahr 1958 und dem Frühjahr 1960 entstanden. Eine aufgeschlossene Klientel erhielt in Gestalt von 108 PS wesentlich mehr Kraft für ihr Geld – 1958 in Deutschland zum Beispiel 11 750 Mark (Roadster). Grundlage war das B-Triebwerk von der Stange mit 1588 cm³ Hubraum. Allerdings hatte man den Zylinderkopf völlig neu konstruiert. Anstelle der seitlichen Nockenwelle des Standardmotors rotierte mit halber Kurbelwellendrehzahl eine Zwischenwelle. Sie bediente den Unterbrecher und trug an ihrem vorderen Ende das Zahnrad für die Duplex-Rollenkette, die die beiden obenliegenden Nockenwellen betätigte, das Twin Cam der Typenbezeichnung. Der Kurbelantrieb wurde erheblich verstärkt, und die Maschine erhielt eine große verrippte Ölwanne, die sieben Liter faßte.

Ihre Charakteristik war imposant: Schon bei 5000 U/min gab sie 97 PS ab, während die Höchstleistung bei 6700 U/min erreicht war. Diesen indessen sich auch nur zu nähern, verbot gewissermaßen der Anstand, denn schon bei 6000 U/min vermittelte der Vierzylinder den Eindruck, er habe hart zu arbeiten. Mit Unbehagen gedachte der einfühlsame Fahrer überdies der Kombination von hoher Drehzahl, Verdichtung von 9,9:1 und Dreilager-Kurbelwelle. Und da Vertrauen gut, Kontrolle aber besser ist, konnte er sich vermittels eines gut sortierten Instrumentariums über die jeweilige Verfassung des komplexen Trieblings informieren.

Der Blick auf den Tourenzähler und den (nur wenig optimistischen) Tachometer vor ihm war von den saitenartig-federnden Lenkradspeichen kaum behindert. Um eine Lautsprecheröffnung in der Mitte des Armaturenbretts zu Häupten des kleinen, direkt auf dem Getriebe thronenden Schalthebels gruppiert waren ein Ampèremeter, ein Ölmanometer sowie ein Wasserthermometer, welches selbst unter brütender Sonne 80 Grad nie überschritt.

Einhelliges Lob spendete man allgemein den vier Scheibenbremsen des Twin Cam. Es handelte sich um eine Dunlop-Neuentwicklung mit sektorförmigen Bremsbelägen, die indes relativ breit baute und daher die Verwendung von Speichenrädern vereitelte. Aber auch seine gelochten Preßstahlräder – ebenfalls Dunlop-Produkte – mit Rudge-Verschlüssen standen dem MG gut zu Gesicht.

Wie das Volant in Längsrichtung verstellbar waren seine Ledersitze, die ansonsten lediglich mit gemäßigtem Komfort aufwarteten. Ihre Schaumgummikissen waren etwas dünn geraten, und auch der seitliche Halt ließ zu wünschen übrig. So veranlaßte schärfere Gangart Chauffeur und Beifahrer zu ermüdendem Bodenturnen, und man vermied es besser, den mit markigem Auspuffbrummen daherkommenden Briten länger Zeit im Grenzbereich zu inkommodieren, wo er gewöhnlich leicht übersteuerte, allerdings auch breitseits wegsprang, wenn die Straßenoberfläche schlecht war.

Werkseitig wenig Aufsehens machte man um die 395 De Luxe-Modelle zwischen dem Juni 1960 und dem Mai 1962, Hybriden mit dem Fahrwerk des Twin Cam und den Stößelmaschinen des 1600 beziehungsweise 1600 Mk II. Um so emsiger bemühten sich später die Sammler. Schließlich hatte jeder De Luxe gegenüber 100 686 anderen MGA einen handfesten Vorzug – eine Rarität zu sein aus einer riesengroßen Serie...

Morgan 4/4 1600, Bj. 1976. Vierzylinder-Reihenmotor Ford 2254E. 1598 cm³. 84 PS. 164,1 km/h. 9,8 s 0 - 60 mph. Leihgeber: Erwin Renkes

Wer zum 75. Geburtstag der Morgan Motor Company im Jahre 1984 den Kaufvertrag für einen 4/4 unterschrieb, tat damit einen energischen Schritt in die Vergangenheit, den Blick fest in die Zukunft gerichtet – und voller Ungeduld. Bevor er nämlich sein neues altes Auto anfassen und mit ihm spielen durfte, mußte er mindestens zwölf Monate warten. Aber was zählte das schon angesichts der Patina, die dieses mobile Stück gute alte Zeit seit 1936 angesetzt hatte!

Echt antik war schon der Name 4/4, ein diskret verschlüsselter Hinweis darauf, daß es sich um einen Vierzylinder auf vier Rädern handele. Na und? Aber wer solche bohrenden Fragen stellte, hatte einfach nichts kapiert. Zweimal wurde die Laufbahn des Morgan 4/4 unterbrochen, das erste Mal rüde durch die 1939 ausbrechenden globalen Kampfhandlungen, das zweite Mal, 1950, unsanft auf Grund marktpolitischer Erwägungen. Mit dem Zweiliter-Vanguard-Triebwerk, das Motorenlieferant Standard ausschließlich anbot, wäre er zu teuer geworden, und in der Tat stieg sein auf die neue Konstellation zugeschnittener Nachfolger Plus 4 sehr rasch in eine gehobene Preisklasse auf. Folglich ließ man, das heißt Vater Henry Frederick Stanley und Sohn Peter Morgan sowie George Goodall, der seit den Spätdreißigern die Geschäfte führte, den 4/4 1955 in einer zweiten Serie wieder aufleben, mit Ford-Maschinen unter der schmalen Haube, die sich in ihrem Oberteil nun nicht mehr in Lufteinlässen aufwarf.

Auch sonst war behutsamer Fortschritt vor allem kosmetischer Natur eingezogen, analog zum Plus 4 seit 1953/54. Die Scheinwerfer, die bei der ersten Serie auf einer Stange gehockt hatten, wuchsen nun aus den Mulden zwischen dem gerundeten Kühlergrill und den Kotflügeln hervor, und das Heck, das nur noch ein Reserverad zu schultern hatte, fiel sanfter ab als zuvor. Der Radstand betrug 2440 mm statt der 2230 mm der früheren Generation.

Ansonsten rüttelte man nicht an Altbewährtem. Nach bester Vorkriegsgepflogenheit wurde der Morgan handgeschmiedet, -gebogen und -geschreinert, denn unter dem Karosserieblech verbarg sich ein mit dem tiefgelegten Kastenrahmen verschraubter Aufbau aus belgischer Esche, hart wie die Aufhängung, durch die sich der Morgan-Ritt als Frühsport empfahl. Hinten gewährleisteten dies eine Starrachse mit Halbelliptikfedern und Kolbenstoßdämpfern, während vorn Teleskopdämpfer, Schraubenfedern sowie senkrechte Führungsrohre, denen eine Zeitlang vermittels eines fast unzugänglichen Pedals alle 300 Kilometer ein

Schuß Motorenöl zugeführt werden mußte, das Gröbste von den Insassen fernhielten.

Der Traditionalismus Peter Morgans, der seit 1959 die Geschicke des kleinen Unternehmens in Malvern Link lenkte, machte zwangsläufig halt vor den Maschinen, die der 4/4 anfänglich in raschem Wechsel beherbergte. Ursprünglich war

Morgan 4/4 Tourer, Bj. 1982. Vierzylinder-Reihenmotor Ford CVH. 1598 cm³. 96 PS.
173,9 km/h. 11 s 0 - 100 km/h. Leihgeber: Thomas Uebel

ein Ford 100E von 1172 cm³ und 36 PS gepaart mit einem Dreiganggetriebe, dessen Schalthebel aus dem Armaturenbrett hervorragte und in einem sinnreichen Zug-Druck-System bedient wurde.

Die 39 PS des 105E mit 997 cm³ wurden ab 1961 (Serie III) den Hinterrädern über vier Fahrstufen mitgeteilt. In der Serie IV ab 1962 lösten Girling-Scheibenbremsen vorn die Trommelbremsen des gleichen Fabrikats ab, und der 109E schöpfte 56,5 PS aus 1340 cm³. Wieder ein Jahr später folgte die Serie V, zunächst mit dem aus dem Cortina GT bekannten 116E (1498 cm³, 64 PS).

Von dem gleichen Spender, später aus dem Escort, stammte jenes auf 1598 cm³ vergrößerte Triebwerk mit erst 74, dann 88 PS, das im Morgan 4/4 1600 vom Frühjahr 1968 an bis 1982 eine dauernde Bleibe fand. In einer Competition-Variante leistete es noch ein bißchen mehr. Es gab den 4/4 als rares Drophead-Coupé, als häufigeren 2+2-sitzigen Tourer und als zweiplätzigen Roadster – den klassischen klassischen Morgan sozusagen.

Der 1600, stellte der allseits geschätzte Autosport-Redakteur John Bolster im März 1974 erfreut fest, überspringe als erster Morgan 4/4 die magische 100-Meilen-Barriere. 43 Prozent der insgesamt 3512 Exemplare waren Viersitzer, deren Eigner indessen die zweite Reihe eher als zusätzliche Gepäckablage denn zum Transport sprießender Familien nutzten.

Den italienischen Seitensprung zwischen 1981 und 1983 mit dem Motor des Fiat Mirafiori, der immerhin zwei obenliegende Nockenwellen vorzuweisen hatte, honorierte lediglich eine Minderheit von 96 Käufern, und so verkümmerte er zur Kuriosität und zur Episode in der Dauerbeziehung zwischen Morgan und Ford. Mit dem CVH (für Compound Valve Hemispherical), mit 1597 cm³ vom gleichen Volumen und mit 96 PS fast ebenso stark wie der anstößige Importartikel, kehrte bereits 1982 die Norm zurück und setzte sich ab 1991 fort mit dem 1600 EFI (für Electronic Fuel Injection), der die Pforte in eine bleifreie Zukunft aufstieß.

Ein weiterer Schritt in diese Richtung stellte der 1800 Zetec ab 1993 dar. Von den vollmundig angegebenen 128 PS brachte man indessen sehr rasch 14 PS in Abzug, nicht zuletzt in Hinblick auf den wichtigen deutschen Markt, wo man mit Leistungsangaben ja eher kritisch-behutsam umgeht. Ebenfalls 1993 ersetzten Lockheed-Bremsen die bisherigen von Girling, was entsprechende Retuschen am Chassis zur Folge hatte.

Schon viel früher war dem 4/4 zugänglich gemacht worden, was zunächst typisch für den Plus 8 gewesen war, wie neue Heckleuchten, eine Zweikreis-Bremsanlage, ein unfallfreundlicheres Armaturenbrett, zu dem sich im Sommer 1997 Airbags als weiterer Sicherheitsfaktor gesellten. Mitte der Siebziger folgten serienmäßige Schalensitze, 1986 ein besserer Rost- und Wetterschutz, 1999 eine Zahnstangenlenkung.

Im selben Jahr unterzog man den Tourer einer vergleichsweise einschneidenden Modellpflege: Die Passagiere im zweiten Glied saßen 150 mm tiefer als vorher und somit weniger ungeschützt dem schneidenden Fahrtwind preisgegeben, und die Handhabung des nunmehr einfach klappbaren Verdecks war wesentlich unkomplizierter geworden. Und die Legende Morgan 4/4 lebt, belegt durch 11 880 Einzelexemplare bis zum Juni 2004. Anno 2006, man höre und staune, wird sie 70 Jahre alt.

Porsche 356 A 1600 Speedster, Bj. 1955. Vierzylinder-Boxermotor. 1582 cm³. 60 PS. 157,8 km/h. 13,3 s 0 - 60 mph. Leihgeber: Gerhard Mische

In einem Konvolut von acht Schreibmaschinenseiten war bei seinem Debüt auf der Frankfurter IAA im September 1955 schwäbisch-penibel aufgelistet, was den Porsche 356 A von seinem Vorgänger unterschied. Die etwas größere Windschutzscheibe war nun gleichmäßig gekrümmt und fügte sich im Ansatz der obwaltenden Panorama-Mode.

Die vorderen Blinker hatte man jeweils außen in horizontale Schallgitterchen eingelagert. Der um 35 mm abgesenkte Wagenboden, mit Bouclé-Teppichen ausgelegt wie Längsträger und Fond, gestattete einen bequemeren Zugang zum Arbeitsplatz. Drei große Rundinstrumente, voll überschaubar durch das obere Segment des Zweispeichenlenkrads, wurden wie der Rest des Armaturenbretts überwölbt von einem schaumgummigepolsterten Blendschutz. Links unter dem Zündschlüssel ragte eine Stockbremse hervor, ohne das Knie des Fahrers zu gefährden. Die zur Ladefläche umklappbare Lehne der hinteren Behelfssitze konnte durch ein Expanderband arretiert werden.

Der 356 A, per definitionem eher auf traute Zweisamkeit zugeschnitten, war dennoch gleichsam innen größer als außen. Wunsch und Wille, einen zu besitzen und diesen Besitz unter fast allen Umständen sich zu erhalten, waren längst zum Format einer Weltanschauung gediehen, bekräftigt dadurch, daß Porsche-Piloten aller Länder sich durch freundliches Anblinken auf den Straßen zu einer neuen Klasse von Privilegierten vereinigte.

Und so blieben den Vätern knospender Familien unter ihnen im wesentlichen drei Möglichkeiten. Dem natürlichen Ablauf der Dinge folgend waren dies: a) in Begleitung der Angetrauten zu reisen, weit, komfortabel und mit viel Gepäck; b) einen leicht beengten Halbtagsausflug anzutreten mit Weib, Kind und einem angemessenen Picknick unter der vorderen Haube; c) mit Gattin, zwei Sprösslingen und einem Imbiß zusammengepfercht einen Abstecher in die nähere Umgebung zu machen. Eine besondere Variation bot Fritz Sittig Huschke Baron von Hanstein an, dem Hause Porsche treu in vielfältigen Funktionen verbunden: Ihm gelang es, zeitweise zwei deutsche Doggen zum Zusteigen in sein Cabriolet zu bewegen.

Völlig durchgeforstet war das Fahrwerk, der 356 A somit insgesamt handlicher und verträglicher geworden. Eine weichere Federung erreichte man vorn durch Torsionsstäbe, die aus je acht Blatt oben und unten bestanden (bisher: sechs beziehungsweise fünf), am anderen Ende durch um 74 mm auf 627 mm verlängerte Drehstäbe. Der vordere Querstabilisator, seit 1954 Teil der Serienausrüstung, wurde um einen Millimeter auf 15 mm verstärkt wie auch das Quartett der Stoßdämpfer, die hinten senkrecht montiert waren.

In schnell gefahrenen Kurven hatten frühere Modelle ungestüm mit dem Heck nach außen gedrängt. Versierte Chauffeure stellten sich darauf ein und befleißigten sich eines Fahrstils, den Haus-Ideologe Richard von Frankenberg, selbst in dergleichen Kapriolen nicht unbewandert und Chefredakteur der Porsche-Postille Christophorus, verbalisiert hatte: Auf das Wegwischen der Hinterräder habe man mit "Sägen" und Gegensteuern zu reagieren.

Porsche 356 A 1500 GS Carrera Cabriolet. Vierzylinder-Boxermotor. 1498 cm^3. 100 PS. 198,3 km/h. 11,8 s 0 - 100 km/h.

Auf diese Weise, schrieb Heinz-Ulrich Wieselmann 1956 in auto motor und sport, sei der Adept "ganz barbarisch schnell" um die Ecken gekommen. Mit dem neuen Chassis umrunde man eine gegebene Biegung ebenso zügig, aber gemütlich und wie auf Schienen, nach Art einer bayerischen Vizinalbahn. Wer allerdings Wieselmanns Umgang mit Automobilen kannte, dem drängte sich der Verdacht auf, er habe von Gemütlichkeit und dem Tempo bajuwarischer Kleinbahnen nur verschwommene Vorstellungen gehabt.

Die Porsche-Flottille lief in das Modelljahr 1956 aus mit den Typen 1300 (1290 cm^3, 44 PS), 1300 S (1290 cm^3, 60 PS), 1600 (1582 cm^3, 60 PS) und 1600 S (1582 cm^3, 75 PS). Auch mit dem neuen 1,6-l-Motor nutzte man nun die Möglichkeiten des internationalen Reglements für Grand-Tourisme-Fahrzeuge. Das Dickschiff des Verbandes aber war der Carrera GS, in dessen Heck das Triebwerk des 550 Spyder mächtig waltete, wenn auch mit einer von 9,5 : 1 auf 9 : 1 zurückgenommenen Verdichtung und 100 PS, wo er sich in dem erfolgreichen Rennsportwagen für 115 PS stark machte.

Diese Bilderbuchmaschine war eine Kreation des Diplomingenieurs und späteren Professors Dr. Ernst Fuhrmann, geboren 1918, der seit 1947 im Porsche-Sold stand. Im Sommer 1952 hatte sie auf dem Reißbrett Gestalt angenommen und lief auf dem Prüfstand zum erstenmal aus eigener Kraft am 2. April 1953.

Kurbelgehäuse, Zylinder und Köpfe bestanden nach Art des Hauses aus Leichtmetall, und Zuffenhausener Standard entsprachen auch die hartverchromten Laufflächen. Die zusammengesetzte Hirth-Kurbelwelle war rollengelagert, und ebenfalls auf Rollen liefen, wie im 1300 S und 1600 S, die vier Pleuelstangen. Mit 85 und 66 mm für Bohrung und Hub war das 1498-cm^3-Aggregat stark überquadratisch ausgelegt, was sich in geringen Kolbengeschwindigkeiten niederschlug, bei 100 km/h in der vierten Fahrstufe zum Beispiel 7,7 m/s.

Die in den Zylinderköpfen im Winkel von 78 Grad angeordneten Ventile wurden durch Schlepphebel über je zwei obenliegende Nockenwellen gesteuert, die ihrerseits durch Königswellen angetrieben wurden. Als aufwendige Konzeption wiesen Fuhrmanns Filigranwerk auch die Doppelzündung mit zwei Kerzen pro Zylinder, zwei direkt von den Einlaßwellen betätigten Verteilern und zwei Zündspulen sowie zwei Doppel-Fallstromvergaser aus.

Zum Bordwerkzeug gehörte ein um etliche Ecken verlaufender Sonderschlüssel, mit dem sich die Zündkerzen der hinteren Verbrennungseinheiten grundsätzlich wechseln ließen, artistisches Geschick, gummiartige Gelenkigkeit, Resistenz gegen Verbrennungen und, falls möglich, ein Spezialkurs in Zuffenhausen.

Die Affinität zum Rennmotor zeigte sich fernerhin in der Trockensumpfschmierung. Dessen Kapricen allerdings hatte man ganz und gar ausgemerzt. Vielmehr gab er sich im Bürgergewand des Straßensportwagens elastisch, laufruhig

Porsche 356 A 1500 GS Carrera, Bj. 1957. Vierzylinder-Boxermotor. 1498 cm³. 100 PS. 198,3 km/h. 11,8 s 0 - 100 km/h. Leihgeber: P. E. Strähle

und ausgeglichen. Mit dem zweiten Gang konnte man ruckfrei einen Bereich zwischen 15 und 115 km/h bespielen, mit dem dritten von 25 bis 166 km/h. Das kam einem ungewöhnlich breiten Drehzahlspektrum mit den Eckwerten 1500 und 7500 U/min gleich, (empfohlen wurden 2500 und 6500 für den Alltagsbetrieb) wobei der wohlerzogene Vollblüter zwischen 6000 und 7000 U/min zu seiner Höchstform auflief. Natürlich ließ er sich dann auch akustisch entsprechend vernehmen. Aber dies geschah mit einem jener Fortes, die denen, die ein Ohr dafür haben, auch ins Ohr gehen, insbesondere wenn es durch den wie ein Kanonenrohr unter der Heckschürze mündenden Sebring-Sportauspuff entwich. Selbst ohne Kaltstartvorrichtung ließ sich Porsches stärkstes Stück nicht einmal von heftigem Frost einschüchtern: Nach dem Einschalten der elektrischen Brennstoffpumpe brauchte man lediglich das Gaspedal zwei- bis dreimal langsam voll durchzutreten und dann mit Halbgas zu starten, und schon sprang der bullige Boxer, dessen durch Keilriemen mit Kurbelwellendrehzahl über die Lichtmaschine getriebenes Kühlgebläse ihm bei Nennleistung 1100 Liter Luft pro Sekunde zuschaufelte, unter allen Bedingungen unverzüglich an.

Auch in der Hand des Privatfahrers taugte der Carrera zum formidablen Sportgerät. So gingen Klassensiege ohne Zahl auf das Konto des hier abgebildeten silberblauen Coupés, zugelassen am 24. April 1957 mit dem internationalen bestens eingeführten Kennzeichen WN-V 2, und bei Langstreckenrennen schob sich der Schorndorfer Paul Ernst Strähle, sein Besitzer damals wie heute, auch schon einmal bis in die vorderen Ränge insgesamt vor.

Porsche 356 A 1500 Carrera GT Speedster, Bj. 1958. Vierzylinder-Boxermotor. 1498 cm³. 110 PS. 201,9 km/h. 11,1 s 0 - 60 mph. Leihgeber: Jörg Steidinger

Noch besser paßte das Etikett wettbewerbsfähig auf den Carrera GT mit 110 PS, der vom Mai 1957 an neben dem GS de Luxe (100 PS) als Coupé oder Speedster angeboten wurde, abgemagert und ohne die benzinelektrische Heizung der komfortableren Reise-Variante. Von kontinuierlichem Feilen am Detail zeugten die Porsche-Exponate bei der IAA jenes Jahres.

Um Bodenfreiheit zu gewinnen, hatte man den Doppelauspuff der 1600er durch die Enden der hinteren Stoßstangenhörner geführt. Blinker, Brems- und Schlußleuchten waren in gemeinsamen tränenförmigen Gehäusen untergebracht. Die Kennzeichenbeleuchtung illuminierte das Nummernschild nun von unten. Die Heckscheibe, am Cabriolet nach 1952 ein weiteres Mal vergrößert, war sphärisch gewölbt. Für beide offenen Versionen konnten bequem zu montierende und zu demontierende Hardtops geordert werden. Eine Lenkung mit Schnecke und Finger von ZF ersetzte die bisherige Spindellenkung.

Auch was die Motorkapazitäten anbelangte, ging man mit der Zeit. Das Auslaufen der beiden 1300er signalisierte deutlich, daß die Ansprüche der Kundschaft und mit ihnen deren Kaufkraft gestiegen waren, während das Hinscheiden des Speedsters 1958 als Symptom dafür gelten mochte, daß sich das Interesse an der reinen Fahrmaschine zu erschöpfen begann. An seiner Statt wurde das Convertible D (D war die Initiale der Spenglerei Drauz in Heilbronn, die mit der Fertigung des Aufbaus betraut war) ins Programm aufgenommen, das, beim Pariser Salon vorgestellt, ab August auf den Markt gelangte.

Sitzriesen und Flügelleute brauchten sich jetzt nicht mehr hinter einer allzu niedrigen Windschutzscheibe zu ducken, und Kurbelfenster sowie ein aufwendiger gestaltetes Faltdach stellten sich den Unbilden der Witterung unnachsichtiger entgegen als die Provisorien an dem asketischen Vorgänger. Gelegentlich nahm ein Doppelgitter über dem Motorenabteil spätere Stilelemente bereits vorweg.

Das Einfachgrill des neuen Carrera mit 1588 cm³, den man als GS de Luxe mit 105 PS oder GT mit 115 PS erwerben konnte, war in letzterem, wie schon am 1500 GT, flankiert von jeweils sechs Beatmungslamellen.

Die Kurbelwellen beider Triebwerke rotierten in Gleitlagern wie schon 1957 im 1600 S. Auf Accessoires wie Stoßstangenhörner mußte der figurbewußte Lenker des Carrera GT verzichten, und weiterer Marsch-Erleichterung dienten Hauben und Türen aus Aluminium ebenso wie Lederriemchen zum Heben und Senken der Seitenscheiben. Summa summarum erfuhr der Porsche 356 A eine Verbreitung von 20 626 Exemplaren, dazu 419 Carrera.

Triumph TR3A, Bj. 1960. Vierzylinder-Reihenmotor. 1991 cm³. 100 PS. 166 km/h. 12,7 s 0 - 100 km/h. Leihgeber: Bernd Maurus

Daß die Triumph Motor Company auch im Automobilbau das Sport-Diktum beherzigte, man solle eine siegreiche Kombination nicht antasten, ließ sich an dem TR2-Nachfolger TR3 im Oktober 1955 nachweisen. Jedenfalls im

Prinzip: Der Reihenvierzylinder leistete nun 95 PS; und hinter den schmalen Lehnen der Vordersitze hatte man, falls der Extra-Wunsch bestand, eine Behelfsunterkunft für einen möglichst quer zur Fahrtrichtung Mitreisenden eingerichtet.

Wo früher ein grobmaschiges Grill am Ende des trichterförmigen Schachts zwischen den vorderen Stoßstangenhörnern das Gröbste vom Kühler fernhielt, versperrte nun bündig in seine Umgebung eingefügtes verchromtes Gitterwerk diesen Einblick. In den nächsten Wochen wurden Erkenntnisse, die die agile Sportabteilung des Werks etwa beim 24-Stunden-Rennen von Le Mans gesammelt hatte, erstaunlich rasch in die laufende Serie eingespeist, zu Beispiel im Umkreis des Zylinderkopfs.

Im August 1956 spendierte man dem TR2 eine kräftigere Hinterachse und Girling-Scheibenbremsen vorn, wobei letzteres eine britische Premiere darstellte, denn der Jensen 541 zog erst ein paar Wochen später nach. Nach 13 377 Einheiten erschien im September 1957, klammheimlich und gewissermaßen ohne jegliches Triumph-Geschrei, der TR3A – nur daß er zunächst so nicht genannt wurde. Die Bezeichnung stammte nämlich von einer einfühlsamen Kundschaft und wurde schließlich – ein Beweis für die normative Kraft des Faktischen – von der Herstellerfirma adoptiert. Optisch ließ sich der TR3A an seinem bis unter die Lampen in die Breite gegangenen Kühlermund erkennen und an den außen angebrachten Griffen für Kofferraum und Türen, wie sie bislang nur für eine sogenannte GT-Version (mit Stahl-Hardtop) geliefert worden waren, die in die Zuständigkeit des Renningenieurs Ken Richardson fiel.

Die Maschine setzte jetzt 100 PS frei, und Reinhard Seiffert äußerte 1958 in auto motor und sport den Argwohn, sie tue dies nicht nur auf dem Papier, sondern münze ihre Stärke auch, durchaus gewusst und gewollt vom Produzenten, in deftiges Getöse um. Zu winzig seien die Luftfilter der beiden Vergaser, und der Auspuff scheine ebenfalls nur das Nötigste zu dämpfen, akustische Imagepflege sozusagen.

Ab 1959 konnte man wahlweise ein Triebwerk mit 2138 cm³ (mit 86 mm Bohrung) bestellen, das seine Feuerprobe in diversen Sporteinsätzen bestanden hatte, solide und gelassen wie der Standard-Motor. Im Winter 1959/1960 überarbeitete man das Bremssystem und retuschierte Details an Cockpit, Windschutzscheibe und Befestigung des Dachs. Zur am häufigsten georderten Sonderausstattung zählte das Overdrive von Laycock de Normanville, den oberen drei (und synchronisierten) Fahrstufen vermittels eines Kippschalters in unmittelbarer Nähe des Lenkrads elektrisch zuschaltbar, so daß der TR3-Pilot über sieben Gänge verfügte.

Im Oktober 1961 kam die Produktion nach 58 236 Exemplaren zum Stillstand. Die Übernahme des an chronischen Geldnöten laborierenden Konzerns durch Leyland Motors stand bevor. Aber

noch einmal gab es einen Nachschlag, den TR3B, von dem zwischen März und Oktober 1962 3331 bei der Forward Radiator Company gebaut wurden – alle für den Export. In den letzten 2831 zeugten bereits 2138-cm³-Maschinen des Nachfolgers, in fast allen dessen vollsynchronisierte Vierganggetriebe von den Dingen, die da kommen sollten. Dann war der TR3 tot – es lebte der TR4 ...

Leihgeber: P.F. Schouwenburg

Fiat-Abarth 1000 Bialbero GT Zagato, Bj. 1963. Vierzylinder-Reihenmotor. 982 cm³. 91 PS. 208 km/h. Leihgeber: Leo Aumüller

Der Fiat 600, vorgestellt im März 1955 auf dem Genfer Salon, galt rasch als der "Volkswagen des Südens": Wie sein käferförmiges nordisches Gegenstück machte er die Massen mobil. Daß die Dinge zehn Jahre nach Kriegsende insgesamt rosiger ausschauten, dazu trugen nicht zuletzt die Abrüstungsverhandlungen bei, zu denen sich Amerikaner und Russen zur gleichen Zeit in der Rhônestadt zusammengesetzt hatten.

In seinem Büro am Turiner Corso Marche sann unterdessen Carlo Abarth, gebürtig 1908 in Wien, aber bekennender Wahlitaliener mit einschlägiger Vergangenheit bei Cisitalia, über Aufrüstung nach. Der Volks-Fiat eignete sich als erstes Großserienfahrzeug trefflich für die leistungssteigernden Eingriffe, die Abarth als "PS-Zauberer von Turin" berühmt gemacht hatten. Er veränderte Herzstücke des Triebwerks wie Kurbel- und Nockenwelle, Kolben und Ventile, vergrößerte die Bohrung von 60 auf 61 mm, den Hub von 56 auf 64 mm und somit den Hubraum von 633 auf 747 cm³, was die Potenz der milden kleinen Limousine mit nunmehr 41,5 PS auf fast das Doppelte anschwellen ließ. Weitgehend unangetastet blieb ihre Einzelradaufhängung, vorn an oberen Trapez-Dreiecklenkern und untenliegender Querblattfeder, hinten an schrägen Dreiecklenkern und Schraubenfedern.

Inmitten des wimmelnden Heeres von Normal-600 kam die muntere Abarth-Variante als Wolf im Schafspelz daher. Nur ein seitlicher Zierstreifen sowie der Abarth-Skorpion – heraldischer Ausdruck von des "Zauberers" Sternzeichen – verrieten, daß dieser seicento gleichsam auf dem Kriegspfad wandelte. Manifester wurde dies, wenn der Eigner die hintere Haube auf einem filigranen Rohrgeflecht lagernd hochstellte, was der Kühlung des Triebwerks, der Aerodynamik und einem martialischen Auftritt gleichermaßen dienlich und bei den zahlreichen Sporteinsätzen des Modells gang und gäbe war.

Die Nachfrage nach dem kleinen Renner war überwältigend, vor allem bei gut betuchten jungen Männern wie dem Prinzen Victor Emanuele von Savoyen oder Umberto Agnelli. Aber auch Kritik schlug Abarth entgegen bis hinein in hitzige Debatten im Parlament: mit dergleichen Mätzchen verführe er die Jugend zum Rasen. Von cholerischem Temperament und durchaus nicht unempfindlich gegen solche Rückmeldungen, stellte er dem flinken Viersitzer gleichwohl flugs ein von Zagato in Leichtmetall eingekleidetes Coupé mit dem charakteristischen Doppelhöcker zur Seite, welcher den Insassen mehr Kopffreiheit einräumte, vor allem wenn sie einen Sturzhelm trugen wie etwa Alfonso Thiele, der sich vor seinem Klassensieg bei der Mille Miglia 1957 einer ganze Horde von Artgenossen erwehren mußte.

Seinem Spitznamen "Double Bubble" zum Trotz gab es den Fiat 600 Derivazione Abarth 750 Carrozzeria Zagato auch mit glattem Dach, offen und mit diversen anderen Maschinen. Die genaue Stückzahl blieb im dunkeln. Schätzungen schwanken zwischen 600 und 1800. Denn während Carlo Abarth über die von ihm produzierten Auspuffanlagen pingelig Buch führte – 1959 zum Beispiel waren es 164 607 – verfuhr er bei der Auflistung seiner Automobile vergleichsweise fahrlässig.

Die Beziehung zu den Gebrüdern Zagato endete schließlich im Zorn, nachdem die beiden Formkünstler als letztes Auftragswerk des Zauberers von Turin die Evolutionsstufe Fiat-Abarth 1000 Bialbero (italienisch für zwei Nockenwellen) mit einer ihrer hübschen Karosserien versehen hatten. In glücklicheren Tagen war Elio Zagato für Abarth sogar Rennen gefahren.

Chevrolet Corvette, Bj. 1959. V8. 4637 cm³. 270 PS.
196 km/h. 8,6 s. 0 - 100 km/h. Leihgeber: Manfred Lauter

Unmittelbar nach seinem Stapellauf 1953 driftete der Corvette in eine Absatz-Flaute, die ökonomisch kaum noch zu vertreten war. So blieb als einziger Wind in den Segeln der Enthusiasmus seiner Schöpfer, auch als der Erzrivale Ford 1955 pro verkauften Corvette fünf Thunderbird absetzte. Für den Fall, daß Äußerlichkeiten potentielle Kunden vergrämten, machten sich die Chevrolet-Designer unter Harley Earl daran, sein Polyesterkleid für den Jahrgang 1956 zu überarbeiten. Als Vorlage dienten ihnen zwei Schau-Schönheiten der Motorama-Ausstellung 1955, der Biscayne, ein kompakter Viertürer, dessen vertikales Kühlergrill und seitlich-horizontale Taillierung Elemente der künftigen Linie antizipierten, und der LaSalle II, bei dem sich diese Auskehlungen bereits von vorn bis etwa zur Wagenmitte hin verjüngten.

Zarte Impulse kamen auch über den Ozean. So wuchsen auf der Motorhaube des neuen Corvette zwei leichte Wölbungen analog denen beim Mercedes SL, nur daß sie nun auf die Funktion reduziert waren zu gefallen. Vom Heck verschwunden waren zwei fühlerartige Auswüchse, die ursprünglich die Brems- und Rückleuchten aufgenommen hatten. Wollte man das als Extra verfügbare Hardtop aufsetzten, bedurfte es der helfenden Hand des Beifahrers.

1958 wurden die Einbuchtungen der Flanken hinter den Vorderrädern teilweise abgedeckt, und aus der so entstandenen Hutze stach ein Chrom-Dreizack in die Richtung der Türen. Modische Doppelscheinwerfer standen jetzt dem Corvette nicht unbedingt gut zu Gesicht, und er war breiter, länger sowie 45 kg schwerer geworden. 1961 wich der grobschlächtige Front-Grill einem feiner gegliederten Netzwerk, und das entenschwanzförmige neue Heck verriet den Einfluß des Chefstilisten Bill Mitchell, der ein Jahr später den Zier-Dreizack durch eine Vielzahl von kurzen Gitterstäben ersetzte.

Geradliniger als dieser den Launen des Zeitgeschmacks unterworfene Slalomkurs verlief die motorische Aufrüstung des Corvette im erbitterten Kampf um immer höhere PS-Zahlen. 1955 hatte ein neuer V8 von 4,4 l und 195 PS den in Ehren ergrauten Sechszylinder fast schon

verdrängt (im Verhältnis 668 : 6). Ab 1957 wurde eine 4,6-l-Maschine in fünf Variationen angeboten: für 220, 245 und 270 PS bereiteten Vergaser den Kraftstoff auf. 250 und 283 PS versorgte eine Einspritzung. Um vor allem beim Prestige-Sprint auf die magischen 60 Meilen je Stunde nicht ins Hintertreffen zu geraten, steigerte man die Leistung der beiden Injection-Versionen bis 1960 auf 275 beziehungsweise 315 PS. Die Rochester-Benzineinspritzung des 5,3-l-Aggregats von 1962 ernährte deren 360 gegenüber den 250 PS, zu denen ein Fallstrom-Vierfachvergaser dessen schwächste Abart beflügelte.

Ab 1956 thronte ein Schalthebel auf einem mechanisch zu betätigenden Dreiganggetriebe, und 1957 wurden vier Fahrstufen offeriert, in der Liste der Sonderausstattungen wie die bisherige Powerglide-Automatik. Trotz des Wortgefunkels der Werbung, glitzernder Zahlen und unbestritten deftiger Kraft fanden nur wenige der 64 203 Corvettes zwischen 1956 und 1962 den Weg nach Europa. Die Wildbahn deutscher Autobahnen und die vergleichsweise qualvolle Enge sich schlängelnder Landstraßen und -sträßchen deckten gnadenlos ihre Schwächen auf – Bremsen, die den Motoren nicht gewachsen waren, und ein seit den Anfängen kaum verbessertes Fahrwerk, das eigentlich schon ins Museum gehörte...

Ferrari 250 GT (Boano), Bj. 1957. V12-Colombo. 2953 cm^3. 240 PS. 203,5 km/h. 6 s 0 - 100 km/h. Leihgeber: Engel & Rheinard, Bad Breisig

Mario-Felice Boano und Luciano Pollo, zwei ehemalige Ghia-Angestellte, gründeten 1954 zusammen mit Boanos Sohn Gianpaolo in der Turiner Via Collegno ein eigenes Karosseriewerk. Der emanzipatorische Akt trug Früchte, die zu den schönsten Hoffnungen berechtigten. Auf dem Genfer Salon im März 1956 etwa befand sich ein von Boano kostümierter offener 250 GT in der erlauchten Gesellschaft des 410 Superamerica und eines 250 GT Prototyps von Pinin Farina.

Ferrari, so meldete Auto Italiana, habe die Produktion der beiden Dreiliter in der vorgeschlagenen Form und durch das jeweilige Haus abgesegnet. Es kam ganz anders. Mit dem Renommee von Farina wuchs dessen Bedarf an Raum. Längst hatten sich die alten Lokalitäten am Corso Trapani als unzulänglich erwiesen. Einen modernen, 40 000 Quadratmeter großen Betrieb an der Peripherie des bisherigen Standorts Turin aufzubauen brauchte Zeit.

Aufträge mußten vergeben werden, so etwa der für die Fertigung des Genfer Prototyps an die Carrozzeria Boano. Es handelte sich um ein Coupé, das Farina in einer Nullserie von sechs Stück aufgelegt hatte, wie so häufig gleichsam eine Sonde, mit der Geschmack und Reaktion des Publikums erforscht werden sollte. Das Echo war ermutigend. Ungefähr 69 Exemplare des 250 Gran Turismo stellte Boano innerhalb reichlich eines Jahres in anerkannt akribischer Handarbeit her, wobei jeglicher Hinweis auf seine Identität – etwa durch ein entsprechendes Emblem – unterblieb.

Man habe es, gab die offizielle Ferrari-Werbung zu verstehen, mit einem Serienauto zu tun, in das die Erfahrungen aus der Konstruktion von Sportwagen eingebracht worden seien. Fahrgestell und Motor (die "kurze" Colombo-Maschine) entsprachen denen des 250 Europa GT. Bei einigen Modellen wurden die vier Fahrstufen des vollsynchronisierten Getriebes von Porsche spiegelbildlich zum üblichen Schema geschaltet, was das Befremden nicht nur der amerikanischen Publikation Sports Cars Illustrated auslöste.

Ungewöhnlich hoch war die Gürtellinie, ungewöhnlich niedrig das Dach, und kleine Ausstellfenster schlossen sich an die dünne A-Säule an. Mitte 1957 trat Mario-Felice Boano in die Dienste von Fiat und übergab das Unternehmen an seinen Kompagnon Pollo und seinen Schwiegersohn Ezio Ellena, nach dem es fortan benannt wurde. Den rund 50 Coupés, die unter dessen Ägide entstanden – Premiere war die Turiner Ausstellung im November 1957 -, gab eine Reihe von Retuschen ein eigenes Gepräge. Die Dachpartie war fünf Zentimeter höher, was einer ausgewogeneren Linienführung zugute kam.

Größere Glasflächen verbesserten die Ringsumsicht, die Ausstellfenster fielen fort. Beim Wechseln der Gänge folgte die Hand des Piloten generell wieder den üblichen Wegen, und vermittels einer Schneckenradlenkung von ZF ließ sich die Ellena-Variante präziser dirigieren als ihr Vorgänger. Das war auch nötig, besonders beim Einparken, denn die papierzarten Stoßfänger gewährten lediglich symbolischen Schutz. Die schönen Rundinstrumente stammten, wie damals üblich, von Veglia, während einem Teile wie Heizung, Türgriffe, Scheibenwischer oder der Mechanismus der Fensterkurbeln auch bei zeitgenössischen Fiat oder Alfa Romeo begegnen konnten, was jenen zum Ruhme und den Ferrari nicht zur Schande gereichte und überdies die Ersatzbeschaffung erfreulich vereinfachte.

Ferrari 250 GT Berlinetta Tour de France, Bj. 1958. V12-Colombo. 2953 cm^3. 250 PS. 245 km/h. 7,6 s 0 - 100 km/h. Leihgeber: Georges Grey

Daß Armando Zampiero 1955 die italienische Sportwagenmeisterschaft mit einem Mercedes 300 SL gewann, war nur einer von vielen Anlässen für Ferrari, nun auch für die bislang stiefmütterlich behandelte GT-Kategorie eine wirksame

Waffe zu schmieden. Als Folge des Desasters von Le Mans im gleichen Jahr, als umherfliegende Teile des Mercedes 300 SLR von Pierre Levegh 90 Zuschauer töteten, hatte die Fédération Internationale de l'Automobile das Grand-Tourisme-Reglement neu definiert.

Auf dem Genfer Salon im März 1956 manifestierte sich, wie man in Maranello die Vorstellungen der Rennsport-Legislative auslegte: mit einer Leichtmetall-Berlinetta (Berlinetta = zweisitziges Coupé, in der Regel mit Fastback) von dramatisch-funktioneller Linienführung. Das Design stammte von Pinin Farina; mit der Ausführung war Scaglietti betraut. Als technische Basis diente das "Serien"-Coupé von Boano (später Ellena) mit seinem Radstand von 2600 mm, das sich überdies relativ rasch in der zur Homologation notwendigen Stückzahl von 100 Exemplaren nachweisen ließ.

Verwöhnten diese ihre Insassen mit allerlei Luxus, führten sich die ungefähr 84 Scaglietti-Renner vergleichsweise als rüde Gesellen auf. Perspex-Scheiben ersetzten solche aus Sicherheitsglas. Unanheimelnd-kahl, aufs Allernötigste reduziert, wirkte das Interieur wie ein ausgeräumtes Wohnzimmer, und fast ungehemmt durch schallmindernde Maßnahmen teilte sich der Colombo-Zwölfzylinder seiner Umwelt mit.

Um das niedrige Kampfgewicht von 1160 kg (einschließlich 130 l Sprit) auf die Waage bringen zu können, verzichtete man selbst auf Kleinigkeiten wie die Scharniere der Motorhaube. Anstelle der 14 sich in Dreieckform verjüngenden Lufteinlaßschlitze hinter den Seitenscheiben traten im Modelljahr 1958 drei große Öffnungen, die an einer weicher und rundlicher gezeichneten Interimsversion 1959 durch winzige Fenster abgelöst wurden. Gleichzeitig zogen sich die Scheinwerfer immer mehr aus der Rundung des Kotflügels zurück, die schließlich durch eine Perspex-Abdeckung erneut hergestellt wurde, bis man sich 1959 wieder zu einer

konventionelleren Anordnung entschloß.

Wie kaum ein anderer verkörperte dieser Ferrari die zwei Seelen, die in jedem Produktionswagen im Zeichen des sich bäumenden Pferdes wohnen. Am 12. Mai 1957 kam der Belgier Olivier Gendebien mit seinem 250 GT bei der 24. Mille Miglia, der letzten, als Dritter ins Ziel, nur acht Minuten und sechs Sekunden hinter dem Sieger Piero Taruffi auf dem Vierliter-Rennsportwagen 335 S aus dem gleichen Stall. Dasselbe Auto hätte ihn ein paar Tage später auf derselben Straßensequenz, die er nach dem Anlaufen des Scheitelpunkts in Rom auf der Ideallinie durchpfeilt hatte, im 17-Uhr-Stau nicht im Stich gelassen, wenn auch ungemein verwundbar auf Grund seiner fragilen Aluminiumkarosserie.

Die Erfolge des Scaglietti-Coupés waren Legion. Zweimal etwa, 1957 und 1958, gewann Gendebien mit seinem Landsmann Paul Frère das 12-Stunden-Rennen von Reims, dreimal, 1957, 1958 und 1959, die Tour de France, mit Lucien Bianchi als Copilot. Dieser Hat-Trick sowie der Sieg des spanischen Marquis Fon de Portago mit seinem amerikanischen Freund Edmund Nelson im Beifahrersitz bei der gleichen Veranstaltung 1956 brachte dem 250 GT Berlinetta seinen Nom de guerre ein – Tour de France.

Leihgeber: Matthias Ficht

Jaguar XK SS (D-Type mit SS-Spez.), Bj. 1955. Sechszylinder-Reihenmotor. 3442 cm³. 253 PS. 235 km/h. 5,4 s 0 - 100 km/h.

Er sei der archetypische Sportwagen – ein Abkömmling der Rennbahn, der sich mit den allernötigsten Konzessionen die Berechtigung zur Teilnahme am öffentlichen Straßenverkehr verschafft habe, schrieb die angesehene Fachzeitschrift The Autocar vom 3. Mai 1957.

Diese Standortbestimmung bezog sich auf den Jaguar XK SS, einen von 16, die den Weg in private Hände fanden. Es hätten viel mehr sein können, wäre nicht die Fertigungsstätte an der Browns Lane zu Coventry Mitte Februar jenes Jahres durch ein verheerendes Feuer verwüstet worden. Überdies handelte es sich beim XK SS bei einem moderaten Anschaffungspreis von lediglich 3878 Pfund um eine überaus attraktive Offerte – gerade mal doppelt so teuer wie das aktuelle XK 150 Coupé. An seiner Klasse und Rasse bestand nicht der geringste Zweifel: Die Familienchronik wies unter anderen die vier Le-Mans-Sieger 1951, '53, '55 und '56 aus. Der fünfte führte am 23. Juni 1957 zur Handvoll.

Der Denkanstoß für eine Straßenversion stammte vermutlich von einem der Stardompteure der Raubkatze, dem rotbärtigen Iren Duncan Hamilton. Dieser hatte seinen Werkswagen von 1954 mit dem polizeilichen Kennzeichen OKV 1 zwei Jahre später mit einer Windschutzscheibe und einem behelfsmäßigen Regenschutz auf die gelegentliche Runde um den Block eingestimmt. In Coventry nahm man seinen Geistesblitz günstig auf, schon weil im Vorfeld der Homologation des Rennmodells D-Type eine Reihe von Belegexemplaren vorzuweisen gewesen war.

Ein beträchtlicher Teil von dessen Substanz blieb denn auch naturbelassen, etwa das Aluminium-Monocoque mit vorderem Hilfsrahmen aus Vierkantrohr und die Aufhängung, vorn Querlenker mit längs liegenden Torsionsstäben, hinten eine Starrachse an Längslenkern, quer eingebauten Drehstäben und einem Stabilisatordreieck, mit servounterstützten Dunlop-Scheibenbremsen an allen vier Rädern.

Ebenfalls so gut wie unangetastet waltete unter der langen und vielfach durch Entlüftungsschlitze aufgebrochenen Fronthaube der Reihensechszylinder des rasenden Stars seines Amtes, mit 3442 cm³ Volumen, zwei obenliegenden Nockenwellen und Trockensumpfschmierung umsichtig auf seine Aufgabe vorbereitet. Dessen zweifelsohne vollzählig versammelten und gierigen 250 PS wurden von drei Weber-Vergasern des Kalibers 45 DCO 3 alimentiert. Seine Emissionen suchten sich durch einen Doppelauspuff, der unter der rudimentären Tür für den Beifahrer mündete, mit erheblicher Geräusch- und Hitzeentwicklung ihren Weg ins Freie. Daß der XK SS im Pulverdampf der Piste gezeugt worden war, belegte nicht zuletzt seine enorme Tankkapazität von 168 Litern. Auf einen Kofferraum mußte der Pilot dafür verzichten. Ein leichtes Sturmgepäck ließ sich allenfalls auf ein durch den Basispreis abgedecktes verchromtes Gestell auf dem Heck schnallen.

Auch sonst bedeckte ihn nur ein hauchdünner Firnis von Zivilisation. Mittels eigens für diesen Zweck angefertigter Leichtmetallpaneelen in Wagenfarbe waren die grazilen seitlichen Säulen der gewölbten Panoramascheibe in der Karosserie verankert, ohne im Fall eines Überschlags auch nur den geringsten Schutz gewähren zu können. Das knappe Barett aus Mohair durchdrang sehr wohl der eine oder andere Regentropfen, auf jeden Fall aber die brutale Sinfonie aus Motorengebrüll, Zischen des Fahrtwinds sowie Weinen der Dunlop-Rennreifen R1. Seine zarten Stoßfänger verdienen diesen Namen nicht.

Aber The Autocar bescheinigte ihm rauhbauzige Verträglichkeit, und Road & Track er-mittelte 5,2 s auf Tempo 96 und 13,2 s auf 160 km/h. Dafür nahm der wahre Enthusiast schon so manches in Kauf.

Alfa Romeo 2000 Spider (Touring), Bj. 1960. Vierzylinder-Reihenmotor. 1975 cm^3. 115 PS. 175 km/h. 14,2 s 0 - 60 mph. Leihgeber: André Borel

In einer hierarchisch orientierten Auto-Gesellschaft bedeutete für Alfa Romeo die Einführung der Giulietta 1955 einen ebenso entschiedenen wie einträglichen Schritt in Richtung auf die Basis. Vom entgegengesetzten Hang des Mailänder Hauses, Marktanteile zu besetzen, wo sich eine wohlhabendere und damit notwendigerweise zahlenmäßig kleinere Klientel für einen größeren, stärkeren und luxuriöseren Alfa interessieren mochte, zeugte das Modell 2000, das auf dem Turiner Salon 1957 vorgestellt wurde.

Der üppig ausgestattete Sechssitzer löste den 1900 ab, der äußerlich in die Jahre gekommen war. Wo rundliche Konturen in die Zeit vor dem Krieg zurückgewiesen hatten, regierten jetzt unumschränkt der rechte Winkel und glatte Flächen. Unter der zeitgemäß entrunzelten Blechhaut indessen verbargen sich keine Neuerungen. Der inzwischen fast schon klassische Vierzylindermotor mit zwei kettengetriebenen obenliegenden Nockenwellen entsprach mit 1975 cm^3 dem der Typen 1900 Berlina Super, TI Super und Super Sprint, leistete aber nur 105 PS, die auf Grund eines relativ flachen Drehmomentverlaufs bald verfügbar waren.

Das nun serienmäßige Fünfganggetriebe, noch immer durch Lenkradschaltung betätigt, war damit eher erfreuliches Accessoire als eine wirkliche Notwendigkeit. Nichts Neues gab es auch vom Fahrwerk zu vermelden: selbsttragende Karosserie, vorn Einzelradaufhängung an Querlenkern und mit Schraubenfedern, hinten Starrachse an Längslenkern, Reaktionsdreieck und ebenfalls Schraubenfedern. Den Gepflogenheiten des Staatsbetriebs entsprechend folgte eine Reihe von sportlichen Variationen zu diesem Thema, die allesamt wie ältere Geschwister ihrer Pendants in der Giulietta-Palette aussahen, nur erwachsener, seriöser, eher für den Mittvierziger bestimmt.

Pikante Züge bekam diese Ähnlichkeit im Falle des Spiders, von dem 1958 nach seiner Präsentation auf der Pariser Autoausstellung die ersten 62 Exemplare verkauft wurden. Sein Aufbau stammte von der Carrozzeria Touring in Mailand, war aber dem des Giulietta Spider von Pinin Farina so ungeniert nachempfunden, daß ein englischer Biograph der Marke Alfa Romeo ihn kurzerhand den Kreationen des Meisters Farina zuschlug.

Wie auch das viersitzige Sprint-Coupé von Bertone, das sich ihm 1960 auf dem Turiner Salon zugesellte, verfügte der Spider Superleggera über eine 115-PS-Maschine und zwei – allerdings knapp bemessene – Rücksitze, obwohl sein Radstand gegenüber dem des Berlina um 220 mm verkürzt worden war. Bei dem Coupé, dessen Achsen 80 mm weiter auseinanderstanden, handelte es sich praktisch um einen maßstabsgerecht vergrößerten Giulietta Sprint, nur daß das Plagiat im Hause blieb. Der einzige ins Auge fallende Unterschied bestand in den Doppelscheinwerfern, die ihm gut zu Gesicht standen.

Vom 2000 Spider waren 3443 gebaut, als das Modell 1961 auslief. Der Sprint, dessen Produktion ja später begonnen hatte, hielt sich noch ein Jahr länger, brachte es aber nur auf die bescheidene Stückzahl von 704.

Alfa Romeo 2000 Sprint Coupé, Bj. 1966. Sechszylinder-Reihenmotor. 2582 cm³. 145 PS. 199 km/h. 12 s 0 - 100 km/h. Leihgeber: Annette Hienzsch

Allerdings erfolgte die Wiederauferstehung der drei Top-Modelle von Alfa Romeo unverzüglich in Gestalt des 2600, ohne daß die Silhouette jeweils verändert wurde. Das neue Triebwerk von 2582 cm³ folgte genau der Philosophie hinter dem bisherigen Vierzylinder, schöpfte jedoch seine gut im Futter stehenden 145 PS aus zwei Zylindern mehr und hatte nasse Laufbüchsen sowie eine siebenfach gelagerte Kurbelwelle.

Sein Ölhaushalt war auf 6,5 Liter angewachsen. Chassis und Fahrwerk waren in allen Fällen identisch mit denen der Vorgänger, nur daß an den Vorderrädern Scheibenbremsen zum Einbau gelangten, deren Synchronisierung mit den hinteren Dreibacken-Trommelbremsen sich als diffizil erwies. Erst 1963 ging man von letzteren ab, offenbar liebgewordene Prinzipien zäh bewahrend.

1965 erhielten die beiden Salon-Sportler exotischen Zuwachs in Gestalt des 2600 SZ (für Sprint Zagato), von dem bis 1967 gerade 105 die kleine Werkstatt des Karossiers in Terrazzano di Rho verließen. Chassis und Aufhängung entsprachen denen des Spiders. Den Serienteilen setzte Zagato allerdings eine grimmig aussehende Karosserie mit rechteckigen Scheinwerfern und seiner eigenwilligen Interpretation des Alfa-Gesichts auf, ohne daß darüber die Anklänge an den Giulietta SZ verlorengingen. Im Inneren herrschten gnadenlose Funktionalität sowie beengte Raumverhältnisse trotz oder gerade wegen zweier Notsitze, und der normale 145-PS-Motor legte auf Grund fehlender Geräuschdämpfung plötzlich eine rüpelhafte Lärmentwicklung an den Tag – Preis einer spartanisch-sportiven Exklusivität.

Da die Zagato-Coupés an allen Ecken und Enden abgespeckt waren wie die Teilnehmerinnen an einer Mißwahl und überdies den Fahrtwind etwas schnittiger unterpfeilten als ihre Kollegen vom Fließband, liefen sie stattliche 210 km/h, was man besser vermied, wenn zarte Ohren zugegen waren. Während die Kundschaft für dieses Modell darauf bedacht war, ein sportliches Image zur Schau zu stellen – auf der Piste selbst konnte man mit ihm wenig anfangen -, war etwa der 2600 Sprint an einen Käuferkreis adressiert, der sich aus Exponenten des gehobenen Mittelstands zusammensetzte und nach einem Automobil Ausschau hielt, das die Wohnlichkeit einer Limousine mit dem Esprit eines Sportcoupés in Einklang brachte.

Der 2600 Sprint war nur halb so teuer wie ein Ferrari und rangelte sich mit den unmittelbaren Konkurrenten Fiat 2300 S und dem Lancia Flaminia Coupé um Gunst und Geld seiner Zielgruppe. Für 6000 Mark weniger bot der Fiat zum Beispiel vergleichsweise derbe Hausmannskost, etwa eine an Blattfedern aufgehängte Hinterachse und einen Stoßstangenmotor, während der Alfa Romeo den Auto-Gourmet auch in solchen Details zufriedenstellte. So schien das glattflächige, weit ausladende Nockenwellengehäuse mit seiner pedantisch bearbeiteten Oberfläche ein gleichsam – auch in der Geschichte des Fahrzeugbaus – klassisches Ideal zu erfüllen, daß nämlich äußere Schönheit adäquater Ausdruck innerer Werte zu sein habe. Der Anblick der drei Solex-Doppelvergaser 44 PHH in ihrer Monumentalität tat ein übriges.

Der Sechszylinder-Treibsatz bespielte mühelos und mit nahezu gleichmäßig zunehmender Kraft das Drehzahlspektrum zwischen 1000 und 7000 U/min bei großer Elastizität und Laufruhe und verschonte auch bei Drehzahlen, für die das entsprechende Instrument bei vielen heutigen Sportwagen bereits drohendes Rot bereithält, Ohr und Nervenkostüm des Piloten mit hässlichem Ventilschnattern. Der fünfte Gang war nicht als Schongang ausgelegt, sondern man konnte auf ebener Bahn in ihm tatsächlich die Höchstdrehzahl erreichen, ebenso wie die vom Werk angegebene Spitzengeschwindigkeit von 200 km/h, wobei die ansonsten sehr leise Maschine mit kernig-metallischem Ton auf ihr Werk aufmerksam machte.

Alfa Romeo 2000 Sprint Zagato, Bj. 1967. Sechszylinder-Reihenmotor. 2582 cm³. 145 PS. 210 km/h. 11,4 s 0 - 100 km/h. Leihgeber: Dr. F. Benthake

Für 180 km/h – bei relativ langsamem Verkehrsfluß auf schmalen Autobahnen damals bereits eine recht beachtliche Geschwindigkeit – reichten 5600 Umdrehungen der Kurbelwelle je Minute, und wer wollte, konnte in der fünften

Fahrstufe auch mit Tempo 50 dahintrödeln, ohne daß das Auto bockte. Der erste Gang war dafür zum Anfahren fast zu hoch übersetzt, so daß sich durchdrehende Räder nur mit viel Fußspitzengefühl vermeiden ließen, der zweite bereits zu niedrig für einen reibungslosen Start.

Unauffällig und effizient arbeitete die Porsche-Synchronisierung wie auch die bequem im Griff liegende Schaltung, auf die die Hand des Lenkers von dem schönen Dreispeichenlenkrad fast lotrecht herabfiel. Die Pedalerie gestattete es, wenn man es immer noch nicht lassen konnte, die Gänge nach dem System "Spitzhacke" zu wechseln, das heißt, die Bremse beim Herunterschalten mit der Fußspitze zu betätigen, während die Ferse Zwischengas gab, eine kultische Handlung, die den, der sie zelebrierte, als passionierten Autofahrer auswies – sonst nichts.

Die sehr schräg stehende Windschutzscheibe beeinträchtigte bei tief einfallendem Sonnenlicht und bei Nacht durch zahlreiche Reflexe die Sicht. Ständig von Spiegelungen heimgesucht wurden auch die Instrumente, die zudem so klein und unübersichtlich waren, daß man eigentlich jedes Mal hätte anhalten müssen, um sich etwa über Wasser- und Öltemperatur auf dem laufenden zu halten. Die Dosierung von Heizung und Belüftung vermittels Drehknöpfen erforderte sehr viel Tastsinn, und die Lehne des leeren Beifahrersitzes klappte bei scharfem Bremsen ungehemmt nach vorn – ein Vorgang von trister Symbolik.

Dafür war man in den mit Leder bezogenen Sitzen gut aufgehoben, vor allem, wenn man keine Rücksicht auf die Knie der Hinterbänkler zu nehmen brauchte. Waren Fahrer und Beifahrer bereit, sich

diesbezüglich einzuschränken, saßen auch jene recht komfortabel und kamen sogar in den Genuß einer herausklappbaren Mittelarmlehne, während mangelnde Kopffreiheit ihre Häupter zu einer permanenten Demutsgebärde veranlasste – auf längeren Touren schwer durchzuhalten.

Mit 2580 mm hatte der Sprint einen sportwagenmäßig kurzen Radstand, was sich bei langsamem Fahren auf schlechten Straßen durch ein verkraftbares Nicken bemerkbar machte. Bei schnellem Betrieb bügelte er Bodenunebenheiten kaum merklich aus, war richtungsstabil und windunempfindlich. Zwang man ihn in den Grenzbereich, so schob er über das kurvenäußere Vorderrad geradeaus, was sich allerdings schon einige Zeit vorher durch mörderisches Quietschen der in der Regel aufgezogenen Pirelli-Cinturato-Pneus avisierte.

Die Lenkung ging ihrer Funktion erfreulich leicht, stoßfrei und dennoch exakt nach, was dem Gefühl für den Fahrbahnkontakt zugute kam, das durch ihre ungewöhnliche Leichtgängigkeit im Vorgängermodell 2000 Sprint in bestimmten Situationen beeinträchtigt worden war. Insgesamt gesehen, verkörperten der Sprint und sein Spider-Gegenstück nicht den Typ des Bürgerschrecks und auch nicht des Wolfs im Schafspelz, sondern des Gebrauchssportwagens mit milddramatischen Akzenten. Schade, daß viele – die meisten – inzwischen dem Rostfraß anheimgefallen sind...

Berlinette Alpine Renault 1600 SX, Bj. 1977. Vierzylinder-Reihenmotor. 1647 cm³. 95 PS. 195 km/h. 10 s 0 - 100 km/h. Leihgeber: Bernd Gondorf

Den ersten Alpine stellte der Rallyefahrer Jean Rédélé 1955 in der Pariser Renault-Niederlassung Ets. Escoffier auf die Räder – ein winziges Coupé auf der Basis des Heckmotor-Modells 4 CV, den hierzulande der Volksmund respekt-

los-kulinarisch Cremeschnittchen taufte. Der A 108 von 1957, inzwischen in Dieppe an der französischen Westküste gefertigt, leitete sich her vom Renault Dauphine, während der A 110 von 1963 auf der gleichen Konzeption fußte, seine Vierzylinder-Reihenmotoren aber in verschiedenen Tuning-Stufen von den Typen 8 Major, 8 Gordini, 16 und 16 TS bezog.

Nachdem sich die Société des Automobiles Alpine viele Jahre mit dem ausdrücklichen Einverständnis des Präsidenten der Régie Renault Pierre Dreyfus an den Staatskonzern angelehnt hatte, wurde sie 1974 gänzlich unter dessen Fittiche genommen. Nicht zuletzt hatten sich Rédélé und seine Männer durch unzählige Sporterfolge ihre Sporen verdient, so etwa durch Le-Mans-Siege im energetischen Index 1964, 66 und 68. Der A 110 (auch Berlinette genannt) aber - im Grunde ein rauher Bursche, da ein notdürftig vertarntes Rennauto – wurde in unendlicher Detailarbeit, bis zu der relativ milden Variante 1600 SX verfeinert, mit der die Baureihe 1977 auslief, eine Generation nach ihrem Erscheinen.

Was alle A 108/A 110 gemeinsam hatten, war der Zentralrohrrahmen mit der knapp sitzenden Kunststoffkarosserie, vorn – wie später rundum – Einzelradaufhängung an Dreieckquerlenkern und Schraubenfedern, Querstabilisator, hinten bis 1973 Pendelachse an Längslenkern und Schraubenfedern. Ab 1966 kam serienmäßig ein Fünfganggetriebe zum Einbau. Im Nacken der Insassen hausten im Laufe der Zeit Stoßstangen-Triebwerke diverser Hubraumkapazitäten bis zu 1600 cm³ zur Untermiete, in Le-Mans-Spielarten gar ein kompakter V8-Motor von drei Litern, den Amédée Gordini entworfen hatte. Ein Verlies im Bug, wo man rudimentären Gepäckraum vermutete, war mit Tank, Reserverad, Batterie und Wasserkühler prall gefüllt, um die weit nach hinten ragende Heckmaschine auszubalancieren, was mit einer Gewichtsverteilung von 42 : 48 Prozent auch gelang.

Auffällig war der stark negative Sturz der Hinterräder, der der grundsätzlich vorhandenen Übersteuerneigung des Alpine entgegenwirkte und zugleich die

Tücke der Pendelachse entschärfte, sich bei hohen Querbeschleunigungen aufzustützen. Um dennoch das Heck zum Abwandern zu provozieren, mußte man sehr schnell sein – ein Verhalten, das Renn- und Rallyefahrer gern und spektakulär in die Wege leiteten. Die schärferen Motor-Versionen halfen den nur knapp über 700 kg wiegenden Coupés erst im oberen Drehzahlbereich so recht auf die Sprünge, während sie unterhalb des Halbwerts unwillig und demonstrativ röchelnd auf den Tritt des rechten Fahrer-Fußes reagierten.

Sich in das nur 1130 mm hohe Wägelchen einzufädeln verlangte eine gewisse choreographische Gewandtheit. Dann aber ruhten selbst hochgewachsene Insassen bequem, allerdings wie die Klischeevorstellung vom Yankee, der seine hochgelegten Beine auf dem Schreibtisch lümmelt. Die Fiberglaskarosserie, die auch zeitweise einem Cabriolet und einem Viersitzer gut zu Gesicht stand, strömte einen süßlichen Geruch aus, der nicht jedermanns Sache war.

Das gleiche galt für den Preis, vor allem, wenn man das jeweilige Konkurrenzmodell von Porsche oder Alfa Romeo zum Vergleich heranzog. So kam auto motor und sport 1966 zu der Schlußfolgerung, mit dem Alpine erwerbe man einen Haufen Leistung ohne das Auto, das diese normalerweise umgebe. 7176 Käufer ließen sich davon zwischen 1957 und 1977 nicht abschrecken.

Jaguar XK 150 Coupé, Bj. 1959. Sechszylinder-Reihenmotor. 3442 cm^3. 210 PS. 200 km/h. 10,8 s 0 - 100 km/h. Leihgeber: Andreas Keller

Der Testbericht über das Jaguar XK 150 Coupé in auto motor und sport endete auf einer nachdenklichen Note. Hätte man nicht anstelle dieser zehn Jahre alten Grundkonstruktion ein Auto auf die Räder stellen sollen, in das alle inzwischen mit dem Rennsportwagen gesammelten Erfahrungen eingebracht wurden, fragte dort 1958 der belgische Fachjournalist und Rennfahrer Paul Frère seine Leser. Eben dies war die erklärte Absicht von Firmenchef Sir William Lyons gewesen, nur daß die Ressourcen des Unternehmens für die erforderlichen neuen Maschinen einfach noch nicht ausreichten.

Zudem erwies sich ein Großbrand im Februar 1957 durchgreifender Innovation nichts weniger als förderlich, und eine erwartungsfrohe Klientel mußte sich im Mai jenes Jahres mit einem weiteren Sproß der XK-Familie begnügen, falls der Ausdruck gestattet ist angesichts einer so gereiften Leistung. Kreiert wurden zunächst nur Coupé und Drophead. Der Roadster, früher einmal der eigentliche Renner innerhalb des Programms, ließ noch bis März 1958 auf sich warten.

Die Männer um Lyons, der wie stets für die Linie verantwortlich zeichnete, hatten aus Geld-Not eine Tugend gemacht, indem sie mit einem Minimum an Aufwand Vorhandenes listig neu kombinierten. So nahm man zwar den charakteristischen Hüftknick zugunsten eines insgesamt höheren Gürtelniveaus zurück, verwendete aber kräftige Portionen der alten Kotflügel. Die zweigeteilte Windschutzscheibe nach Art der Alten war allerdings dem Fortschritt in Gestalt der unvermeidlichen Panoramaverglasung unterlegen, während das große Kühlergrill dem des Tourenwagens MK I entsprach. Sein unteres Ende wurde durch eine kesse Ausbuchtung in der Stoßstange dem Blick des Betrachters und dem Fahrtwind gleichermaßen anheimgegeben.

Auch der hintere Rammschutz bestand jetzt aus einem Stück, und das polizeiliche Kennzeichen hatte folglich wieder auf seinen angestammten Platz am Ende des Kofferraumdeckels umsiedeln müssen. Fragil und raschem Verschleiß unterworfen waren die Griffe, die den Zugang zum breiter gewordenen Inneren des Jaguar eröffneten. Die Türen selbst ließen sich im Winkel von 90 Grad aufsperren, wurden indes durch keine Arretierung daran gehindert, ganz herumzuschlagen. Schon immer waren die XK-Modelle schnelle – und schwere – Autos gewesen, und noch im XK 140 geriet nach Höhenflügen jenseits der 200 km/h die Schlußphase einer Vollbremsung unter Umständen zum traumatischen Erlebnis. Mit dem XK 150 war dieser Mißstand abgestellt, denn mit Dunlop-Scheibenbremsen ringsum war nun dem Jaguar-Dompteur ein geeignetes Mittel zu des Widerspenstigen Zähmung an die Hand gegeben. An und für sich zählten diese zu den gehobenen Extras, aber kein einziges Exemplar wurde mit Trommelbremsen ausgeliefert.

Die Pionierarbeit von fünf Jahren – auch auf der Piste – zeitigte damit ihre Früchte: Die 24 Stunden von Le Mans 1953 gewann ein C-Type mit den vergleichsweise frei im Wind liegenden Dunlop-Discs. Im übrigen blieb das Fahrwerk, wie es war, ein Kastenrahmen mit rechteckigen Längs- und Querträgern, vorn Einzelradaufhängung mit Querlenkern und Drehstäben in Längsrichtung, hinten Starrachse und Halbelliptikfedern.

Jaguar XK 150 Roadster (S), Bj. 1958. Sechszylinder-Reihenmotor. 3442 cm³. 250 PS. 219 km/h. 7,3 s 0 - 60 mph. Leihgeber: Rudolf Rüegg

Daß die Führung der Hinterachse bei ständig eskalierenden PS-Zahlen nicht mehr dem letzten Stand entsprach, machte sich durch Holpern des kurveninneren Rades bei scharfem Beschleunigen auf unebener Fahrbahn nachdrücklich bemerkbar. Die meisten XK 150 verließen übrigens die Werkhallen in Coventry im Special-Equipment-Trimm, also auch mit Drahtfelgen, zunächst mit 54, ab Juni 1958 mit 60 Speichen, und den dekorativen zweiflügeligen Zentralverschlüssen.

Viele Kunden optierten für die 210-PS-Version des langhubigen Sechszylinders mit dem sogenannten B-Zylinderkopf anstelle des Normalmotors von 190 PS. Zur Wahl standen ferner ein manuell zu betätigendes Moss-Vierganggetriebe, dessen erste Fahrstufe nicht synchronisiert war – Zwischengas empfahl sich auch, wollte man aus höheren Drehzahlen lautlos zurückschalten –, dasselbe mit Overdrive oder eine Automatik von Borg Warner, die sich wachsender Beliebtheit erfreute. Gleichzeitig mit dem Roadster, der auch bei geschlossenem Verdeck kaum an Attraktivität einbüßte, wurde die S-Maschine verfügbar, zu erkennen an den charakteristischen flockenförmigen Gehäusen dreier SU-Vergaser.

Die meisten ihrer 250 PS verdankte sie allerdings der Kopf-Arbeit von Harry Weslake, der, wie ein Varietékünstler seine Kaninchen aus dem Hut, Pferdestärken aus kaltem Metall zauberte, aus zahllosen Motorradtriebwerken, den Rennmotoren der Ford GT40 und Capri, seinem eigenen bildschönen Grand-Prix-Zwölfzylinder.

Für den Modelljahrgang 1960 wurde der Hubraum des XK 150 auf 3781 cm³ erweitert, in der Standard-Form mit dem B-Kopf und 220 PS, in der Weslake-Variante mit 265 PS, die offenbar prächtig im Futter standen: In der englischen Fachzeitschrift Autosport wußte John Bolster 1960 zu berichten, daß man damit in 19 Sekunden auf 160 km/h beschleunigen könne, ein Lusterlebnis, das durch den unmäßigen Spritkonsum des Prüflings jedoch beeinträchtigt wurde.

Zumindest aber was den Anschaffungspreis anbelangte, schonte die britische Wildkatze das Budget derer, die sie sich als Haustier zulegten. In Deutschland zum Beispiel kosteten das Coupé 1960 22 800 DM, ein Aston Martin DB4 45 000 Mark, ein Ferrari 250 Berlinetta 50 275 Mark. In vier Jahren aufgelegt wurden 2265 Roadster, 4462 Coupés und 2671 Dropheads, deren wohlgeformte Mohair-Dächer das wohnliche Fluidum der Jaguar-Limousinen aufkommen ließen, während die früher übliche Nußbaum-Furnierung der Armaturentafel nun gänzlich den Tourenwagen vorbehalten blieb, Opfer des sportlichen XK-Image und einer aufmerksamer werdenden Kalkulation.

Mit dem gedämpften Komfort eines Nagelbretts aber wartete das Fähnlein der 16 XK SS auf, kaum getarnten Straßenausgaben des D-Type und im Verkehrsalltag so richtig am Platze wie ein Ledernacken unter Blumenkindern. Schon ein kurzer Steckbrief weist aus, wo diese Autos eigentlich hingehörten: Monocoque, drei Weber-Vergaser, Trockensumpf, 250 PS, 915 kg, Beschleunigung auf Tempo 160 in 13,6 und auf 400 Meter in 14,1 s, Spitze 240 km/h.

Wer eine Zahnbürste mit auf die Reise nehmen wollte, mußte diese schon auf ein am Heck extern angebrachtes Gestell schnallen, denn ein Kofferraum war nicht vorgesehen. So wörtlich hatte Paul Frère seine Frage nun auch nicht gemeint.

Lotus Elite, Bj. 1961. Vierzylinder-Reihenmotor. 1216 cm³. 85 PS. 185 km/h. 10 s 0 - 60 mph. Leihgeber: Horst Jörg Auer

Dem Erscheinen des Lotus Elite ging allenthalben gespannte Erwartung voraus. Was würde sich Colin Chapman, dem seine Geistesblitze zum Beispiel in der Abgeschiedenheit seiner Badewanne zuteil wurden und der bereits verkrustete Denkklischees im Bau von Rennautos frisch aufgebrochen hatte, für einen Straßensportwagen einfallen lassen?

Nachdem Premierminister Harold Macmillan am 16. Oktober 1957 die 42. Londoner Motor Show eröffnet hatte, fand man die Antwort auf dem Stand der winzigen Manufaktur im Norden der Hauptstadt, die sich bisher mit Wettbewerbsfahrzeugen hervorgetan hatte, ein zweisitziges Coupé, das es in sich hatte. Sein Kunststoffmonocoque war aus Fiberglas und Polyester legiert und an einigen wenigen Stellen, etwa im Bereich der Türscharniere und der sehr schräg eingesetzten Frontscheibe, mit eingeklebten Metallbügeln verstärkt.

Es wurde aus drei Komponenten zusammengefügt, dem Boden, der eigentlich tragenden Struktur, der Außenhaut. Die Form stammte von Peter Kirwan-Taylor und John Frayling, war von Flugingenieur Frank Costin auf ihre Aerodynamik hin überprüft und dann von Chapman abgesegnet worden. Das horizontal lagernde Reserverad machte sich unmittelbar hinter den wohlgeformten Schalensitzen ungebührlich breit, und die Fenster ließen sich nicht herunterkurbeln, da ihre hintere Kante die

Schräge der Windschutzscheibe noch einmal nachzeichnete. Aber solche Ungereimtheiten im Detail taten dem Appeal des Elite keinen Abbruch, zumal er mit zahlreichen weiteren Qualitäten aufzuwarten hatte.

Girling-Scheibenbremsen rundum sorgten für exzellente Verzögerung des Leichtgewichts (vollgetankt 625 kg), für eine entsprechende Straßenlage die Radaufhängungen des Formel-2-Lotus 12: Querlenker mit Federbeinen vorn, hinten eine Kombination aus Schubstreben, Federbeinen und mittragender Antriebswelle. Unter der stark abfallenden Fronthaube kauerte in Gestalt des Vierzylinders von Coventry Climax ein besänftigter Rennmotor mit 1216 cm³ Hubraum, der in den Elite der Serie 1 bis 1960 75 PS abgab und dann, gespeist von zwei SU-Vergasern anstatt des bisherigen einen, auf 85 PS erstarkte. Zugleich mit dieser Leistungssteigerung ersetzte man das ursprüngliche BMC-Getriebe der Baureihe B durch eines von ZF, was mit einem deftigen Mehrpreis verbunden war.

Das Climax-Triebwerk, am Beginn seiner Karriere für stationären Einsatz in Feuerspritzen vorgesehen, wog nur knapp zwei Zentner und war in einem ganzen Spektrum von Tuningstufen verfügbar. Erst nach dem Umzug der Lotus Cars Ltd. in die Delamere Road zu Cheshunt, Herts, lief die Elite-Produktion richtig an, aber nach 988 Exemplaren und weiteren, die in Kit-Form verschickt wurden, versiegte sie bereits im September 1963, auch weil sich Chapmans Waffe gegen die Porsche 356 und Alfa Romeo Giulietta als zu ungeschliffen erwies und ihre Plastik-Verpackung rasch ermüdete.

Auf den Rennstrecken machte der Elite eine glänzende Figur, beginnend mit einem Gesamtsieg in Silverstone unter Ian Walker am 10. Mai 1958, und in Le Mans war dem Kunststoff-Coupé zwischen 1959 und 1964 der Rang des Klassen-Primus nicht zu nehmen, einem Umstürzler Chapmanscher Prägung in der Grand-Tourisme-Kategorie.

Die Revolution hatte übrigens nicht ohne Peinlichkeiten angefangen, und wie bei diesen Gelegenheiten üblich, betrafen diese das Königshaus. Als Prinzessin

Margaret, die die Elite-Premiere in Earls Court am 24. Oktober in Begleitung ihrer Mutter besuchte, in dem hastig zusammengezimmerten Prototyp probezusitzen wünschte, war der Zugang versperrt. Irgendjemand hatte beide Türschlösser verriegelt und den einzigen Schlüssel auf dem Zündschloß stecken lassen.

Lotus Super Seven S3, Bj. 1968. Vierzylinder-Reihenmotor Ford 2250E. 1599,1 cm^3. 84 PS.
160,9 km/h. 8,8 s 0 - 60 mph. Leihgeber: Rudolf Panchyrz

Zu Weltruhm gelangte Anthony Colin Bruce Chapman, gebürtig am 19. Mai 1928 in Richmond, vor allem als Vordenker, Neuerer und Enfant terrible der Grand Prix-Gilde. Aber bereits als ABC-Schütze träumte er davon, dereinst ein

Auto pur zu bauen, ein Motorrad auf vier Rädern für den Studenten und seine Freundin. Gedacht, getan – allerdings um einiges später, 1957.

Dieses Jahr hatte Chapman dazu ausersehen, seine Lotus Engineering Co. Ltd., No 7 Tottenham Lane, Hornsey, London N 8 im Kreise der seriösen Automobilfabrikanten zu etablieren, mit dem revolutionären Elite, dessen Konzeption entschieden marktaufwärts wies, und dem Seven als Butter-und-Brot-Fahrzeug, adressiert an den hartgesottenen, ziemlich mittellosen und möglichst wetterunempfindlichen Enthusiasten.

Unnötige Kosten wie etwa die Kaufsteuer umging man mit einem Kunstgriff, wenn der kleine Straßen-Renner ab Werk in der Form eines Baukastens verschickt wurde. Chapman hatte sich im Umfeld der Pisten schon einen Namen gemacht, und so lockte die Werbung einschlägige Interessenten mit dem Slogan: "ER hat ihn erdacht – SIE montieren ihn."

Bevor letzteres vollzogen war, vergingen in der Regel 60 Stunden stramme Heimarbeit inklusive ungeduldiger Nachtschichten. Es gab nämlich viel zu tun: Alles mußte ausgepackt, ein Schlachtplan ausgeheckt und eine Unzahl von Teilen zusammengeschraubt werden, der Gitterrohrrahmen, der mit den Bodenplatten, dem Tunnel für die Antriebswelle und Seitenteilen aus Aluminium ein Halbmonocoque bildete, und die Karosserie aus glänzendem Leichtmetall mit den Motorradkotflügeln und -lampen, die Aufhängung – vorn Querlenker und Federbeine, hinten Starrachse mit übereinanderliegenden Längslenkern – und die vier Trommelbremsen, Maschine und Übertragung nach Gusto.

Nicht immer bestellten die Versand-Kunden ihre Motoren mit, und die schlanke Nase des Seven diente im Laufe seines langen Modellebens selbst Sechs-, vor allem aber einer Unzahl von Vierzylindern als Herberge zwischen dem Ford-Motor 100 E von 1172 cm^3 und 40 PS der ersten Stunde und dem Zweinockenwellen-Triebwerk mit 1558 cm^3 im Super Seven Twin Cam, dem eine Holbay-Frisur zu 125 PS und damit kräftig auf die Sprünge verhalf. Mit 336 kg Trokkengewicht erwies sich natürlich auch schon der Ur-Seven als quicklebendiges Wägelchen, und da der spartanische Roadster wie ein Brett auf der Straße lag, gab es kaum ein geeigneteres Instrument für Clubrennen.

Er kam in vier Schüben und jeweils ungefähr 240, 1350, 350 und 1000 Exemplaren: der Serie 1 zwischen 1957 (Premiere: London Motor Show im Oktober) und 1960, der Serie 2 von 1960 bis 1968 mit Scheibenbremsen vorn ab 1963, der Serie 3 zwischen 1968 und 1970 und einer vierten Serie von 1970 bis 1973 mit Fiberglasaufbau und zwei Trapez-Dreieckquerlenkern vorn, um nur die wichtigsten Modifikationen zu nennen. Mit der Einführung der Mehrwertsteuer bimmelte das Totenglöcklein für das Kit-Prinzip, und überdies trübte der Seven das Image der Lotus Cars Ltd., die inzwischen nach Cheshunt und später nach Hethel umgezogen war, als das eines Produzenten von Sportwagen gehobener Preis- und Leistungsklasse.

Colin Chapman verkaufte folglich die Fertigungsrechte an die Caterham Car Sales in Caterham/Surrey, die fortan

den Frischluft-Klassiker in eigener Regie und ohne das gelbgrüne Emblem seines Schöpfers ähnlich der Serie-3-Spezifikation weiterbaute, ein volkstümliches Fossil, das immer mehr an Reiz gewann, als es immer weniger in die Zeit paßte...

Maserati 3500 GT (Touring), Bj. 1962. Sechszylinder-Reihenmotor. 3485 cm³. 235 PS. 235 km/h. 7,2 s 0 - 100 mph. Leihgeber: Dr. G. Wulff

Schon 1956 begann der Ingenieur Giulio Alfieri, der im Herbst des Jahres zuvor zu Maserati gestoßen war, den Zweinockenwellenmotor des Rennsportwagens 350 S für eine zivile Verwendung zu präparieren. Der Stammbaum des Sechszylinders wurzelte in den Zweiliteraggregaten, mit denen die Formel-2-Monoposti der Firma 1952 und 1953 um die Weltmeisterschaft stritten, und verästelte sich bis in die um 500 cm³ aufgebohrten Maschinen für die seit 1954 aktuelle Formel 1.

226 PS leistete die Version im Prototyp 3500 Gran Turismo, und die Besucher der Genfer Autoshow konnten sich ab 20. März 1957 davon überzeugen, daß es dem Fabrikat mit dem Trident im Wappen nun ernst mit der Absicht sei, auf die Straße zu gehen. Mit seinem Fahrwerk befolgte man die damals üblichen Richtlinien für Wagen seines Kalibers.

Den Rahmen bildeten Längsträger aus Hohlprofilen. Die Räder waren vorn einzeln an Trapez-Dreieckquerlenkern und Schraubenfedern, hinten an einer Starrachse mit Halbelliptikfedern aufgehängt. Zu einem vollsynchronisierten Vierganggetriebe und der Lenkung mit Schnecke und Rolle von ZF gesellte sich eine Vielzahl von weiteren Teilen fremder Provenienz, etwa die Salisbury-Hinterachse mit sechs Untersetzungen zur Wahl, Girling-Trommelbremsen oder Borrani-Räder.

Über diesem Sinnbild friedlicher Koexistenz erhob sich ein zweitüriger Coupéaufbau von Touring aus Leichtmetall entsprechend dem patentierten Superleggera-Prinzip der Mailänder Carrozzeria. Freudig begrüßt von einer traditionell patriotisch gestimmten Presse und mit nunmehr 230 PS unter der Haube machte der 3500 GT seine italienische Aufwartung beim Turiner Salon ein halbes Jahr später.

Nichtsdestoweniger exportierte Firmenchef Omer Orsi den Gegenstand vaterländischer Hochgefühle sehr rasch auch in die Vereinigten Staaten, wo er einen aufnahmefähigen und bereiten Markt witterte.

Die Fachzeitschrift Sports Cars Illustrated fühlte dem Exoten aus der Alten Welt im November 1958 auf den Zahn und ermittelte eine Höchstgeschwindigkeit von 209 km/h sowie 16,8 s für den Sprint auf die Viertelmeile. Im übrigen attestierte man dem 1350 kg (trocken) schweren "Vier"plätzer gesunde Härte, gute Sitzposition, bereitwilliges Übersteuern im Grenzbereich und biestiges Benehmen bei Nässe.

Maserati 3700 GTIS (Vignale), Bj. 1966. Sechszylinder-Reihenmotor. 3692 cm³. 245 PS. 235 km/h. Leihgeber: Dr. Paul Luder

Inzwischen bemühte sich Alfieri weiter um die Domestikation des rauhen Trieblings und fand dabei angeblich außer mehr Laufruhe und Geschmeidigkeit 30 weitere Pferdestärken. Scheibenbremsen vorn (1960) und 1962 auch hinten nahmen dem Piloten schrittweise die Angst, er könne den 3500 GT nicht rechtzeitig zum Stehen bringen.

Ab 1961 konnte er mit einer als Schnellgang ausgelegten fünften Fahrstufe Drehzahl- und Geräuschniveau sowie den Verbrauch kommod absenken, aber auf Wunsch stand auch die alte Schaltung zur Verfügung. Am 3500 GT Cabriolet von Vignale ab 1961 rühmte man die vortreffliche Handlichkeit, willkommene Begleiterscheinung des von 2600 mm auf 2500 mm reduzierten Radstands. Im Jahr darauf folgte ein entsprechendes Coupé, dessen Modellname Sebring darauf abzielte, Reminiszenzen an den Schauplatz diverser Maserati-Triumphe aufkommen zu lassen.

Gleichwohl brauchten die Insassen des ganz in Stahl livrierten 2+2-Sitzers, der später auch mit Motoren von 3,7 und 4 Litern Hubraum ausgeliefert wurde, die Segnungen der modernen Auto-Zivilisation nicht zu entbehren. Vielmehr pries der sonst mit Lob britisch zurückhaltende John Bolster in Autosport 1963 den Sebring als den Inbegriff eines luxuriösen Gran Turismo, aus dem man auch am Ende eines langen Fahr-Tages glücklich und zufrieden aussteige.

1962 lagerte sich der Typenbezeichnung 3500 GT ein I (für Iniezione) an und machte so darauf aufmerksam, daß der Maschine ihr Lebenselixier durch eine Einspritzpumpe (von Lucas) zugeteilt wurde. Wer den funktionell-ästhetischen Anblick der drei Weber-Horizontalvergaser nicht missen mochte, konnte indes eine Zeitlang noch die konventionelle Gemischaufbereitung ordern. Zwischen 1957 und 1965 entstanden 1975 der Coupés von Touring, und die Vignale-Werkstatt in Grugliasco verließen 242 Cabriolets (1959 – 1964), 348 Sebring der ersten (1962 – 1965) sowie 98 der zweiten Serie (1965 und 1966).

Einzelstücke kamen dazu, von Allemano, von Bertone, von Frua, von Boneschi, Spiele mit Formen nach einem

Maserati 3500 GT Spider (Vignale), Bj. 1962. Sechszylinder-Reihenmotor. 3485 cm^3. 220 PS. 220 km/h. Leihgeber: J. G. Jorgensen

Grundmotiv und eher Zeichen dafür, daß keiner der großen italienischen Couturiers zurückstehen wollte. Daß auch Orsi nicht bereit war, mit dem zweiten Rang hinter dem großen Rivalen Ferrari vorliebzunehmen, davon zeugten spätestens die 32 5000 GT zwischen 1959 und 1964, jeder von ihnen eine schlagfertige Antwort auf den spektakulären Superfast des anderen berühmten Modeneser Hauses und wie jener mit einem durchaus individuellen Profil ausgestattet. 20 stammten von Allemano, vier von Touring, zwei von Frua , je einer von Farina, Monterosa, Michelotti, Ghia und Bertone. Die Liste der Kunden liest sich wie ein Who's Who der internationalen Upper Ten, umfaßte den Schah von Persien, der stets bereit war, automobiler Schönheit zu huldigen, den Aga Khan, Briggs Cunningham und Lambretta-Chef Innocenti. In das entsprechend verstärkte Chassis des 3500 GT wurde offenbar der Restbestand von V8-Triebwerken mit vier obenliegenden Nockenwellen installiert, die für den furchterregenden Rennsportwagen 450S zurückgelegt worden waren und seit dem offiziellen Rückzug der Firma vom Sport 1958 arbeitslos herumlagen.

Auch auf diese Kraftwerke wirkte Alfieri mäßigend ein, bevor sie ihrer neuen Bestimmung zugeführt wurden, abgesehen wahrscheinlich von den ersten drei Exemplaren, die ihren Dienst noch in vollem Kampftrimm mit 345 PS antraten. Aber auch mit 310 PS waren spätere 5000 GT nicht eben untermotorisiert, wie der Genfer Journalist Bernard Cahier, später Präsident der International Racing Press Association, 1962 in der Motor Revue feststellte.

In Begleitung von Cheftester Guerrino Bertocchi beschleunigte er ein Ghia-Coupé auf der Autostrada von Mailand nach Florenz in 6,5 s vom Stand auf Tempo 100 und in 14,2 s auf 160. Die von ihm erzielte Spitzengeschwindigkeit von 248 km/h allerdings beeindruckte seinen Beifahrer wenig, denn Gelegenheitsrennfahrer Cahier mußte sich von Bertocchi darüber aufklären lassen, dieser habe eine leichtere Version unlängst zu 274 km/h animiert und mit einem Prototyp stattliche 14 Kilometer mit einem Schnitt von 272 km/h zurückgelegt...

Aston Martin DB4, Bj. 1959. Sechszylinder-Reihenmotor. 3670 cm³. 240 PS. 226,9 km/h. 8,5 s 0 - 60 mph. Leihgeber: H. Hötten

Wenn in Ihren Adern kein Lebertran fließt, müssen Sie diesem Auto verfallen", schwärmte ein Berichterstatter vom Star der London Motor Show 1958, dem DB4, mit dem Aston Martin den Anspruch auf einen Logenplatz neben Ferrari und Maserati geltend machte. Zwischen Januar 1959 und Oktober 1963 wurden davon in fünf Serien 1119 Exemplare hergestellt, einschließlich 75 DB4GT (1959/60) und 25 DB4GT Zagato (1960/61), die meisten bereits in der neuen Fabrik auf dem Gelände des ehemaligen Karossiers Tickford in Newport Pagnell, einige noch im alten Werk zu Feltham bei London. Der DB4 hob sich von seinem Vorläufer DB Mk III als konsequente Neukonstruktion deutlich ab.

Die ersten Arbeiten am Design gingen auf das Jahr 1954 zurück. Das Triebwerk, ein Sechszylinder-Reihenmotor mit zwei obenliegenden Nockenwellen und 3670 cm³, stammte von Tadek Marek, einem Polen, der 1941 über Casablanca nach England geflüchtet war. Zylinderblock und Kurbelgehäuse bestanden aus einem Aluminiumgußstück. Mit 240 PS war die Maschine, die 1956 zum erstenmal gelaufen und anschließend im Rennsportwagen DBR2 erprobt worden war, keineswegs ausgelastet und erfreute zukünftige Eigner mit einer hohen Lebenserwartung.

Robust war auch das Chassis, eine solide Stahlblechplattform, auf die ein fragil aussehendes Geflecht von dünnen Stahlrohren aufgeschweißt war. Gleichsam um die Italiener mit ihren eigenen Waffen zu schlagen, hatte man Touring in Mailand damit betraut, das britische Chassis mit seiner Superleggera-Karosserie aus Leichtmetall angemessen elegant zu bekleiden. Für das Fahrwerk – vorn Einzelradaufhängung an Querlenkern, hinten eine mit Längslenkern und Wattgestänge sorgsam geführte Starrachse, vorn und hinten Schraubenfedern – zeichnete Harold Beach verantwortlich, seit 1950 im Dienste der Firma. Serienmäßig waren nun vier Dunlop-Scheibenbremsen.

Als Extra zu dem David-Brown-Viergangetriebe wurde 1961 ein Overdrive von Laycock de Normanville angeboten. Im Oktober 1961 gab es Familienzuwachs in Gestalt eines Convertible (DB4C) und einer entsprechenden Hardtop-Spielart, und 1962 erschien eine Vantage-Version von 266 PS (Hauskürzel: SS = Special Series) auf dem Markt. Die Tester – vor allem englischer Zunge – feierten den DB4 als ein Nonplusultra in technischer wie in ästhetischer Hinsicht. So bescheinigte ihm Werksfahrer Roy Salvadori 1959 in der amerikanischen Fachzeitschrift Road & Track eine gespaltene Persönlichkeit – ein Kraftprotz sei er und ein williges Familienauto zugleich, dem man getrost eine Großmutter auch greiseren Alters anvertrauen könne. Salvadori erreichte mit einer Hinterachsübersetzung von 3,54 : 1 im ersten Gang 86, im zweiten 122, im dritten 173 und im vierten 225 km/h, ohne über 6000 U/min zu drehen.

Eine Tour de Force besonderer Art bestand der Kandidat mit Auszeichnung. Der Rennfahrer beschleunigte ihn auf Tempo 160 und stauchte ihn anschließend bis zum Stillstand zusammen, wobei die Großmutter indessen aus dem Spiel gelassen wurde. Als er diesen Gewaltakt unmittelbar darauf wiederholte, benötigte er die gleiche Zeit: 27,4 Sekunden, was den Bremsen des 1310-kg-Trumms ein glänzendes Zeugnis ausstellte. Das schnelle Fahren auf kurvenreichen Strecken bereite helle Freude, fuhr er fort.

Selbst auf nassem Untergrund könne man risikolos aufs Gas gehen, ohne daß das Heck sofort ausschwenke. Einschränkend muß angemerkt werden, daß Salvadoris Umgangsformen auf der Straße sich nicht wesentlich von denen auf der Rennstrecke unterschieden. Man sagte ihm nach, er hätte die Mille Miglia in einem Cadillac gewinnen können. Um den DB4 zum Übersteuern zu bewegen, bedurfte es schon eines beträchtlichen

Aston Martin DB4GT, Bj. 1959. Sechszylinder-Reihenmotor. 3670 cm³. 302 PS. 245 km/h. 6,4 s 0 - 100 km/h. Leihgeber: Koni Lutziger

Fahrkönnens – oder entsprechenden Leichtsinns.

Er tendierte bei geringerem Tempo eher zum Untersteuern, welches bei höherer Geschwindigkeit progressiv in ein neutrales Kurvenverhalten überging. Dabei neigte er sich wenig und stampfte kaum, obwohl die Aufhängung relativ weich ausgelegt war. Die Front-Fauteuils

waren üppig gepolstert und konnten gemäß den Bedürfnissen von Fahrern jeglicher Statur eingestellt werden. Bei Geradeausfahrt fiel der Blick des Piloten unbehindert durch die drei schmalen Speichen des Lenkrads auf die fünf wichtigsten Rundinstrumente, die ihm mit kräftigen Markierungen Auskunft über Wohlbefinden und Betriebsmoral der Maschine erteilten.

Die Rechte fiel ohne Umweg auf den schlanken verchromten Schaltstock, während der Hebel der Handbremse wie später etwa beim Porsche 944 ins Exil außen neben dem Lenker verbannt war. Die Fahrgastzelle wurde halbiert durch einen voluminösen Buckel zwischen den Sitzen, der Getriebe und Kupplung beherbergte. Das gesamte Interieur, auch das Leder der Polsterung und die Armaturentafel, war, den Gepflogenheiten der Zeit entsprechend, in mattem Schwarz gehalten. Jegliche Spiegelung in der großen gebogenen Windschutzscheibe war somit im Keim unterbunden. Man saß ziemlich hoch, und unter Umständen schob sich die mächtige Hutze auf der Motorhaube störend ins Bild.

Was der DB4 einigen seiner italienischen Konkurrenten voraushatte, war die Liebe zum Detail, die man aus ihm herauslesen konnte. So war etwa die umfängliche und umfassende Betriebsanleitung in Leder gebunden, und die Reichhaltigkeit des Werkzeugs übertraf die kühnsten Erwartungen. Der Zusatz Gran Turismo in der Typenbezeichnung DB4GT war keineswegs ein Epitheton ornans wie bei dubiosen "Sportwagen" späterer Machart, sondern zeigte an, welcher Bestimmung der Träger zugeführt werden sollte – dem Rennsport.

Man hatte den Radstand um 130 mm auf 2630 mm verkürzt, wodurch das Auto wendiger, um 82 kg leichter und etwas strömungsgünstiger wurde. Als Konsequenz waren die Türen, beim DB4 auf Grund der stabilen Rahmenkonstruktion ungewöhnlich breit, ein gutes Stück schmaler. Die beiden Notsitze im Fond, beim Basismodell eine Zeitlang durchaus komfortabel, fielen gänzlich fort. Die Scheinwerfer waren in den Kotflügeln versenkt, ein Gesichtszug, der später für den normalen DB4 übernommen wurde.

Mit drei Weber-Doppelvergasern leistete der GT, der mit fünf Hinterachsübersetzungen geliefert wurde, 302 PS. Im Dezember 1961 erreichte der englische Fachjournalist John Bolster 245 km/h Spitzengeschwindigkeit, wobei die Nadel des Drehzahlmessers gerade 6000 U/min berührte, und äußerte sich sehr angetan von der Kupplung des DB4GT sowie von seiner exemplarischen Richtungsstabilität. Mit einem Prototyp

gewann Stirling Moss das Jungfernrennen des Wagens um die International Trophy 1959 im Newport Pagnell benachbarten Silverstone. Aber wie in diesem Falle gingen die spärlichen Sporterfolge des DB4GT vor allem auf das Konto von erstklassigen Fahrern wie Moss oder Innes Ireland, und als 1962 der Ferrari GTO auf der Bildfläche erschien, stand der smarte Brite endgültig auf verlore-

Aston Martin DB4GT Zagato, Bj. 1961. Sechszylinder-Reihenmotor. 3670 cm^3. 314 PS. 247 km/h. 6,1 s 0 - 60 mph. Leihgeber: Richard Williams

nem Posten. Dasselbe galt mutatis mutandis für den DB4GT Zagato, der primär für die Piste bestimmt war. Einige Exemplare verirrten sich auch in die Niederungen des ordinären Straßenverkehrs, ohne sich mit den bei domestizierten Rennfahrzeugen üblichen Fouls für diesen Ausflug in die Zivilisation zu rächen.

Dem GT-Chassis wurde eine knapp sitzende Leichtmetallkarosserie, die unverkennbar die Handschrift von Zagato trug, aber trotz der Familienähnlichkeit zu anderen Kreationen des Italieners einen ganz eigenständigen Charakter bewahrte, vor Ort in Mailand übergestreift. Auf der Strecke blieben dabei ungefähr $2\frac{1}{2}$ Zentner gegenüber der Normalausführung, vor allem durch die Verwendung von Perspex-Scheiben und das Fehlen von Stoßfängern, was den DB4GT Zagato bei Nasenstübern oder Attacken von achtern höchst verletzbar machte. 314 PS waren das Resultat eines anderen Zylinderkopfs mit Doppelzündung und einer Erhöhung der Verdichtung von 9,0 : 1 auf 9,7 : 1.

Wie für den GT standen fünf Hinterachsübersetzungen zur Verfügung (4,09; 3,77; 3,54; 2,93 und 3,31 : 1). Mit der letzteren ließen sich im ersten Gang 80, im zweiten 128, im dritten 192 und im vierten 246 km/h erzielen. In den unteren drei Fahrstufen drang die Anzeige auf dem Drehzahlmesser dabei leicht in den bei 6000 Touren (empfohlen waren 5800) angesetzten roten Bereich ein. Für je 32 km/h mehr blieben beim Beschleunigen die Zeitintervalle ziemlich konstant. Andererseits konnte, wer wollte, im vierten Gang mit 1000 U/min dahintrödeln und anschließend das Gaspedal zu Boden treten, ohne daß das Triebwerk protestierte. Nur die Hinterachse beunruhigte dann das Ohr des Täters mit metallischen Geräuschen, während das Differential seiner Tätigkeit nie völlig lautlos nachging.

Solange das Getriebe neu war, setzte es sich der Hand des Lenkers etwas zäh zur Wehr, besonders beim Schalten vom ersten in den zweiten Gang. Brutal an die Kandare genommen werden wollten die riesigen Girling-Scheibenbremsen, denn auf eine Servohilfe war verzichtet worden, um besseres Dosieren zu ermöglichen und selbst hier abzuspecken. Nach männlichem Zugriff verlangte auch die Lenkung, die mit zweieinhalb Umdrehungen von Anschlag zu Anschlag direkt wie in einem Go-Kart arbeitete.

Das höchste Kompliment, das man Sitzen zollen kann, gebührte den von Zagato eigens gestylten Schalen: Auch nach längerer Reise merkte man sie nicht. Hinter ihnen begann eine Plattform, auf der sich etwas Gepäck transportieren ließ, das beim Bremsen und Beschleunigen haltlos hin- und herschlitterte. Wie der Bug durch die Maschine, deren Nockenwellendeckel der Motorhaube zwei sanfte Höcker abnötigte, so war das Heck durch das waagerecht liegende Reserverad und den 135-Liter-Tank bis an die Grenze vollgestopft. Eine Füllung reichte bei sportlicher Fahrweise für ungefähr 560 Kilometer.

Die Plexiglasscheiben wirkten wenig vertrauenerweckend, erfüllten aber ihre Aufgabe untadelig. Der DB4GT Zagato war kein lauter Geselle. Von einer bestimmten Geschwindigkeit an überwogen Wind- und die Abrollgeräusche der Standardbereifung Avon Turbospeed Mk II die Lebensäußerungen des Triebwerks. Trotz seiner Starrachse lag er besser auf der Straße als manches Auto mit unabhängig aufgehängten Hinterrädern.

Bevor das Hinterteil wegging, kündigte es diesen Akt der Insubordination rechtzeitig an. So viele Tugenden in einem Auto hatten ihren Preis: der Zagato kostete 5470 Pfund gegenüber den 4269 des GT und den 3976 für den DB4...

Austin-Healey Sprite Mk I, Bj. 1961. Vierzylinder-Reihenmotor. 948 cm³. 42,5 PS.
126 km/h. 29,7 s 0 - 100 km/h. Leihgeber: Burkhard Wiemers

Warum sollte man eigentlich nicht, regte BMC-Chef Leonard Lord in einem Gespräch mit Donald Healey und dessen Sohn Geoffrey Mitte der fünfziger Jahre an, einen preiswerten kleinen Sportwagen auf der Basis des Austin A35 bauen? Mit dieser Frage begann die Geschichte vom Froschauge. Ab 1956 nahm es Gestalt an, und am 31.1.1957 stellte man Lords künftigem Nachfolger George Harriman einen Prototyp des Modells AN5 vor, das hausintern unter der Bezeichnung Project 13 des ADO (Austin Drawing Office) gehandelt wurde. Am 31.1.1958 ließ man dem ersten von 48 999 Mk I den letzten Schliff angedeihen.

Der Name Sprite (=Kobold) war bereits leicht gebraucht, für einen Riley und einen Daimler, und wurde von Donald Healey vorgeschlagen. Die kecke Form des Winzlings, aus dessen im ganzen hochklappbarem Vorderteil impertinent die beiden markanten Scheinwerfer herausglotzten, war auf dem Reißbrett von Healey-Designer Gerry Coker entstanden, der bald darauf in die USA abwanderte und durch Les Ireland ersetzt wurde.

In technischer Hinsicht bot der Sprite für 455 Pfund Sterling wenig Delikates, eher derb-gesunde Hausmacherkost, nämlich eine selbsttragende Ganzstahlkarosserie, Einzelradaufhängung vorn mit Doppelquerlenkern, Schraubenfedern und Hebelstoßdämpfern, hinten eine an längsliegenden Viertelelliptikfedern (unten) und Längslenkern (oben) aufgehängte Starrachse mit Kolbenstoßdämpfern. Dem leicht modifizierten Vierzylinder-Reihenmotor des A35 von 948 cm³ hatte man 42,5 PS entrungen.

Den Auftrag zur Produktion des Sprite vergab Lord – mit der wohlwollenden Billigung des dortigen BMC-Statthalters John Thornley – an MG in Abingdon, wo er zu einer Collage sui generis zusammenwuchs: Der Unterbau stammte von den John Thompson Motor Pressings aus Wolverhampton, der Rest des Aufbaus von der Pressed Steel Company in Swindon, und Motor und Getriebe wurden aus Coventry angeliefert.

In Warwick, wo Healey residierte, blühte das Geschäft mit unzähligen Extras. Man offerierte sogar eine aufgeladene Maschine allen denen, für die es etwas mehr sein durfte, denn mit dem Standard-Triebwerk war der Mk I zwar flink, keineswegs aber schnell. Der Testwagen von auto, motor und sport, ein Blickfang in Gelb, bequemte sich 1958 zu lediglich 126 km/h, und seine Beschleunigung auf Tempo 100 in 29 s ließ gänzlich jene Faust im Nacken vermissen, die man bei seinen großen Brüdern so schätzte.

Dennoch spendete der gestrenge Reinhard Seiffert dem Prüfling freundliches Lob. Zwar teile sich den Passagieren auch bei geschlossenem Verdeck unwirtliche Witterung unweigerlich in verdünnter Form mit, dafür sei das Wägelchen aber in vergnüglicher Weise zu manövrieren. Nur $2^1/_3$ Umdrehungen des Zweispeichenlenkrads genügten zwischen den vollen Einschlägen, und auf Grund seines niedrigen Schwerpunkts liege der Sprite wie ein Brett auf der Straße, bei einer kaum merklichen Tendenz zum Übersteuern. Als gefundenes Fressen für die jüngere Generation sei er durchaus kein reines Spielzeug, und seine Schwächen sehe man ihm gerne nach. Eine davon, meinten viele, sei jener Basedow-Blick. Und so eliminierte etwa der Londoner Tuner Sprinzel an seinem Sebring-Sprite mit den kontroversen Hochscheinwerfern just das, was dem Mk I seinen Pfiff gab...

Elva Courier, Bj. 1960. Vierzylinder-Reihenmotor. 1798 cm³. 130 PS. 208 km/h. Leihgeber: Robb Horton

Poesie und Prosa – während sich das Logo Lotus aus irgendeinem zärtlichen Geheimnis zwischen Colin Chapman und seiner Gattin Hazel herleitete, wurzelte das Signet Elva, von Firmenchef Frank Nichols geprägt, eher im Humoristischen. "Elle va!", soll jemand in der englischen Lieblingssprache Französisch gestaunt haben, als sich ein Prototyp hurtig in Marsch setzte, der läuft ja. Und schon hatte das Kind einen Namen.

Gemeinsam waren den beiden Briten ihre Verankerung im Motorsport, die Entschlossenheit, sich mit verkehrstauglichen Kundenfahrzeugen ein paar Pfund Sterling zu verdienen, sowie das Verfahren: Ein federleichter Kunststoffaufbau wurde auf ein Chassis aus eigener Fertigung gesetzt. Der Rest fand sich in den prall und preiswürdig gefüllten Regalen der großen Serien überall im Lande. Nichols' Straßenrenner trug die Typenbezeichnung Courier, eigentlich doppelt gemoppelt angesichts der Eigen-Dynamik des Firmennamens.

Er kam gleich gut an, etwa bei den Berichterstattern von Sports Cars Illustrated, zumal ihr Testwagen das lebhafte und völlig unverhohlene Interesse einer attraktiven Rothaarigen erweckte. Man schrieb das Jahr 1958, und ihnen war das ziemlich hastig zusammengeschraubte und -geklebte Premieren-Exponat der New Yorker International Motor Show anvertraut worden. Kaum ein Mängel sei an ihm zu finden gewesen, wunderten sie sich, und es habe sich an die Straße gesaugt wie ein Blutegel. Die Erstauflage des Courier war im Nu vergriffen, praktisch kassiert vom amerikanischen Importeur Continental Motors Ltd., Washington, D.C. Erst ab 1960 konnte man den Bruder Leichtfuß aus Hastings/Sussex als Kit Car in den Versionen Mk I und Mk II auch im Vereinigten Königreich erwerben, wovon bis 1961 ungefähr 400 automobile Nonkonformisten Gebrauch machten.

Nicht ohne Selbstironie hatte Nichols gewarnt, der ideale Besitzer müsse einen pneumatischen Hintern und einen wasserdichten Schädel mitbringen. Letzteres kleidete die renommierte Fachzeitschrift The Autocar in gelassenes Understatement ein: Der Wetterschutz (ein krudes Zeltkäppchen) befinde sich nicht in vollem Einklang mit dem Standard, der auf diesen unberechenbaren Inseln wünschenswert sei. Für die von Nichols angesprochene Härte sorgte das Fahrwerk des Courier, das Macken der Rollbahn an die Insassen weitervermittelte, als trete ein Pferd von unten gegen das Wägelchen.

Das Rückgrat bestand aus einem mittels Verstrebungen verstärkten Rohrrahmen, mit Einzelaufhängung vorn an Querlenkern und Schraubenfedern und einer hinteren BMC-Starrachse mit Schraubenfedern, Längslenkern und einem Panhardstab. Als Kraftquelle bezog man BMC-B-Maschinen von 1489 bis 1798 cm³ Volumen mit 68 bis 95 PS, wie sie auch im MGA und MGA unverdrossen ihren Dienst versahen.

Die Karosserie, für die im Grunde genommen nur zwei Notunterkünfte, dafür aber überraschend reichlich Gepäckraum eingeplant waren, mochte sich nicht bei jedermann und nicht in allen Details einschmeicheln. Die Frontpartie sei durchaus ansprechend geformt, die Windschutzscheibe jedoch viel zu hoch und das Heck schlichtweg mißlungen – der Courier sehe irgendwie aus, als fahre er ständig bergab, nörgelte etwa Road & Track 1959.

Bergab ging es auch mit den Verkäufen. Überdies verlor Nichols die Lust an dem Projekt, nachdem seine American Connection wegen Gaunereien hinter schwedischen Gardinen gelandet war. Er verkaufte die Rechte kurzerhand an den früheren Konkurrenten Trojan Limited in Croydon, wo die Produktion des Courier zu allgemeiner Erleichterung 1968 versiegte.

Facel Vega HK500, Bj. 1959. V8 Chrysler. 5907 cm³. 360 PS.
235 km/h. 8,6 s 0 - 100 km/h. Leihgeber: Terry Brinker

„For the few who want the finest", besagte ein ebenso konziser wie anspruchsvoller Slogan über einem der Stände des rührigen Auto-Importeurs Max Hoffman auf dem New Yorker Salon 1958. Wie in einem Schaufenster dargeboten wurden Exponate der Forges et Ateliers de Construction d'Eure-et-Loir zu Colombes im Weichbild von Paris, der Fachwelt und einer entzückten Minderheit unter dem Kürzel Facel bekannt, zu dem Firmeneigner Jean Daninos den umständlichen Namen seines Unternehmens verknappt hatte.

Es bestand seit 1939 und hatte in der Vergangenheit so ziemlich alles hergestellt, was sich aus Blech pressen ließ, Werkzeuge, Flugzeugteile, schließlich, Anfang der fünfziger Jahre, auch Karosserien für Delahaye, Simca, Panhard, Ford France. Ungenutzten Produktionsmöglichkeiten und dem Ehrgeiz von Daninos verdankte eine handverlesene Klientel zwischen dem April 1955 und dem September 1964 3033 sündhaft teure Ausnahme-Automobile des Fabrikats Facel Vega, einige Viertürer, die meisten Zweitürer, normalerweise Coupés, gelegentlich Cabriolets. Die wenigen – das waren Rennfahrer wie Stirling Moss und Maurice Trintignant, politische Größen wie der Schah von Persien, Filmstars wie Robert Wagner, Danny Kaye, Tony Curtis und Ava Gardner, Schriftsteller wie Daninos' Bruder Pierre.

Und vom Feinsten war zum Beispiel das mächtige Coupé HK500, vor dem sich die Normalverbraucher auf der New

Yorker Ausstellung gleichsam die Nase plattdrückten. Die Typenbezeichnung stellte eine etymologische Kuriosität dar wie das Facel-Emblem eine heraldische, und sie sagte zugleich etwas aus über den Charakter ihres Trägers, bei dem nämlich jede Pferdestärke (Horse) lediglich 5 Kilogramm transportiere. Daß dem so sei, dafür sorgten die 360 PS aus dem Gestüt Chrysler, die ein V8-Triebwerk von 5907 cm³ bereitstellte.

Seit 1952 versorgte sich Daninos in dieser Beziehung aus den Regalen des amerikanischen Konzerns und sah sich deshalb der Mißbilligung durch eine patriotisch eingestimmte Presse ausgesetzt. Er trug sie gelassen – laufruhig und kraftvoll seien diese Motoren, eine ganz moderne Konstruktion, und überdies habe sich nicht einmal Rolls-Royce geschämt, bei General Motors wegen eines automatischen Getriebes vorstellig zu werden. Auch Daninos bezog den wahlweise verfügbaren Torqueflite-Automaten von Chrysler aus Detroit, aber normalerweise wurde die Urgewalt des amerikanischen Trieblings durch ein massives Vierganggetriebe von Pont-à-Mousson auf die Straße gebracht. Dies war nicht nur eine patriotische Tat, sondern empfahl sich auch zumindestens bis zum Ende des Jahres 1959, als serienmäßige Scheibenbremsen von Dunlop in Coventry den ungestüm vorwärts drängenden Zweitonner in den Griff nahmen.

Bei 170 km/h schaltete man in die vierte Fahrstufe, ohne daß das Geräuschniveau der Maschine im geringsten aufdringlich geworden wäre oder auch nur den Hörgenuß aus dem vorzüglichen Serien-Radio beeinträchtigt hätte. Tempo 220 wurde mühelos erreicht, in Beschleunigungsintervallen, die sich fast mit denen eines Mercedes 300 SL Roadsters deckten. Wollte man indessen all diese kinetische Energie wieder vernichten, war man in dem Schwaben entschieden besser aufgehoben, denn spätestens für die dritte Vollbremsung rächten sich die ursprünglich eingebauten Trommelbremsen des HK500 mit schlaffem Fading, und da erwies sich die Bremskraft des Motors als hilfreich bis lebenswichtig.

Die Karosserie war die Arbeit eines Teams, dem Jean Daninos selbst energisch auf die Finger schaute. Auffällig waren das unverwechselbare Facel-Gesicht, das über zehn Jahre konsequent beibehalten wurde, die ausladende Panoramascheibe sowie die filigranen A-, B- und C-Säulen. Die Räder hingen vorn an Dreiecklenkern mit Schraubenfedern. Die hintere Starrachse von Salisbury mit Halbelliptikfedern neigte auf schlechtem Untergrund zum Trampeln, und überdies wollte ihr das frühzeitig einsetzende wuchtige Drehmoment der großkalibrigen Kraftquelle mit Bedacht zugemutet werden. Der geschweißte Stahlrohrahmen wurde mit dem Aufbau in Colombes zusammengefügt, und das ganze Auto erhielt den letzten Schliff zu Dreux in einer Fabrik, die mit Henry Lauriac ein Freund von Daninos leitete.

Ferrari 250 GT Coupé (Pininfarina), Bj. 1958. V12 Colombo. 2953 cm^3. 240 PS. 201,6 km/h. 6 s 0 - 100 km/h. Leihgeber: Karl Foitek

In dezentem Dunkelgrau-Metallic – mit schwarzem Dach – war die jüngste Kreation von Pinin Farina auf dem Stand des Ferrari-Agenten Cattaneo & Cie beim Pariser Autosalon im Oktober 1958 livriert, ein Stufenheck-Coupé, das der Ära der bei Boano und Ellena gefertigten 250

GT auch optisch ein Ende setzte. Gleichwohl bediente man sich deren Technik: des Elliptikrohrrahmens, vorn Einzelradaufhängung an Querlenkern mit Schraubenfedern, hinten Starrachse mit Halbelliptikfedern und Doppellängslenkern, ringsum doppeltwirkender Houdaille-Stoßdämpfer, wie des vollsynchronisierten Viergang-Getriebes System Porsche und des "Kurzblock"-Aggregats Gioacchino Colombos. Dessen zwölf Zündkerzen saßen noch immer an den Innenseiten des V, das die beiden im Winkel von 60 Grad zueinander stehenden Zylinderreihen bildeten, und ein versierter Mechaniker konnte sie in 45 Minuten wechseln.

Mit ungefähr 350 Exemplaren sollte das neue Modell in den nächsten Jahren alle bisherigen Produktionsziffern von Ferrari-Sportwagen in den Schatten stellen. Pininfarina – 1961 zog Battista Farina seinen Spitz- und seinen Zunamen mit ausdrücklicher Billigung des italienischen Staatspräsidenten zur neuen Firmenbezeichnung zusammen – war glänzend gerüstet dafür, denn seine unlängst in Betrieb genommenen Werkanlagen in Grugliasco hielten reichlich Kapazität bereit.

Verschiedene Prototypen, deren letzter der Presse am 25. Juni 1958 in Mailand vorgestellt wurde, unterschieden sich bemerkenswert wenig von der schließlich festgeschriebenen Form des Pininfarina-Coupés. Das Design wirkte eher unaufdringlich-gediegen und favorisierte eindeutig die Horizontale, wobei eine niedrigere Gürtellinie und höhere Fensterflächen gewiß längst überfällig gewesen waren. Die Konturen eines synchron gebauten Cabriolets verliefen fast identisch. Besonderes Augenmerk hatte man, des rauhen Naturburschentums früher GT-Generationen eingedenk, dem Wohlbefinden der Passagiere geschenkt. Das begann mit üppiger Knie- und Ellbogenfreiheit und reichlich Stauraum im langen Heck. Zur Grundausstattung gehörten Frischluftheizung und Scheibenwaschanlage ebenso wie Liegesitze, Nebellampen und asymmetrische Beleuchtung, während mit Extras wie elektrischen Fensterhebern bereits Konzessionen an einen verwöhnteren Geschmack gemacht wurden.

Zum einschneidenden Datum in der Modellgeschichte geriet das Jahr 1960. Scheibenbremsen von Dunlop ersetzten jetzt die bisher üblichen mächtigen Trommelbremsen von 350 mm Querschnitt, die sich erst bei einer gewissen Betriebswärme zu ihrer vollen Leistung entschlossen hatten. Ein elektrisch als Schnellgang zuschaltbarer Overdrive, gepaart mit der niedrigsten Hinterachsübersetzung, ermöglichte eine Endgeschwindigkeit von 260 km/h. Die Zündkerzen indessen waren nach außen gewandert, in ein Exil oberhalb der Aus-

puffkrümmer, was den Umgang mit ihnen nicht unbedingt erleichterte. Dennoch stellte eine offizielle Broschüre die Retuschen am Jahrgang 1960 gleichsam als einen Akt von Basis-Demokratie heraus. Die Erfahrungen der Kunden, hieß es da, hätten dazu beigetragen, Eleganz und Komfort zu sublimieren und die Sicherheit noch einmal einer Prüfung zu unterziehen...

Ferrari 250 GT Spider California, Bj. 1961. V12 Colombo. 2953 cm^3. 280 PS. 248 km/h. Leihgeber: Ado Vallaster

Die Italiener, verwunderte sich die amerikanische Publikation Sports Cars Illustrated in ihrer Septemberausgabe 1959, hielten offenbar die Verteilung automobiler Schönheit in Erbpacht. Im

Sinn hatte man dabei vor allem den Ferrari 250 GT Spider California. Die Denkanstöße für seine Konzeption gingen von Luigi Chinetti aus, Ferrari-Statthalter in New York, und John von Neumann, dem Repräsentanten des italienischen Hauses an der Westküste.

Seit Mitte 1957 war ein etwas schwerblütigeres und luxuriöseres 250 GT Cabriolet von Farina auf dem Markt. Zu diesem würde man mit dem Spider in direkte Konkurrenz treten. Die Idee: ein offenes Leichtgewicht zu schaffen auf der Basis des Berlinetta Tour de France, verwendbar wie jener auf der ganzen Brandbreite zwischen dem sanften Dahinrollen auf einem Küstenboulevard und dem Stahlgewitter der Piste.

In der Tat ähnelte der Spider dem Berlinetta vom Gürtel an abwärts frappant, wenn auch das Fehlen des Dachs Retuschen an Windschutzscheibe und Kofferraumdeckel bedingte. Letzterer bestand aus Aluminium wie auch die Türen und die Motorhaube. Für das Design zeichnete, wie bei der geschlossenen Version, Pinin Farina verantwortlich. Die Ausführung besorgte, wie für diese, Scaglietti in Modena, und zwar in Schüben: zwischen dem Dezember 1957 und dem Februar 1960 (etwa 47 Exemplare) und vom Mai 1960 bis zum Februar 1963 in einer Auflage um die 50. Formell angekündigt wurde der Spider California auf der jährlichen Pressekonferenz Enzo Ferraris am 9. Dezember 1958.

Die zweite Generation entstand wiederum in Analogie zu einem Berlinetta, jenem 250 GT, der auf dem Pariser Salon im Oktober 1959 vorgestellt wurde. Sie beschränkte sich diesmal auf den technischen Bereich. Bei beiden Fahrzeugen war der Radstand von bisher 2600 mm auf 2400 mm gekürzt. Beide hatten Scheibenbremsen. Die Zündkerzen beider steckten in den Flanken des V, zu dem sich die Zylinderreihen zusammenfanden, und nicht mehr wie bisher häufig in dessen Innenseiten. Mit 280 PS wies der Katalog 30 Mehr-PS aus als beim Vorgänger, von dem sich der neue Spider äußerlich kaum abhob. Flink und wendig, war er geradezu für Wettbewerbe präsentiert, was eine aufmerksame Promotion auch gebührend herausstrich.

Was in dieser Beziehung in ihm steckte, zeigte zum Beispiel die Equipe Bob Grossman/Fernand Tavano, die das 24-Stunden-Rennen von Le Mans am 21. Juni 1959 an fünfter Position beendete, mit dem Leichtmetall-California des North American Racing Teams. Aber die meisten Kunden gefielen sich eher in der Rolle dessen, der könnte, wenn er nur wollte, oder scheuten sich, ein so attraktives Auto den Stößen und Knüffen der Rennbahn auszusetzen. Es war geschaffen für die blaugoldene Sonnenseite des Lebens – nicht nur geographisch gesehen.

Der Regisseur Roger Vadim fuhr eines und sein Star Brigitte Bardot ebenso wie die Schriftstellerin Françoise Sagan, letztere barfuß, wie es hieß, um ihm näher zu sein. Unverwechselbarkeit wurde gleichsam mitgeliefert, denn kein Spider glich völlig dem anderen, ob nun die Scheinwerfer abgedeckt waren oder ganz ans Ende der Kotflügel rückten, und in vielen anderen Details...

Lancia Flaminia GT 3C Cabriolet, Bj. 1963. V6. 2458 cm³. 140 PS.
187 km/h. 11 s 0 - 100 km/h. Leihgeber: Dr. Lothar Bungartz und Jan Martens

Der Flaminia von 1956 bildete die Konstante im Lancia-Programm zwischen der Übernahme des Konzerns durch den Cavaliere Carlo Pesenti 1955 und seiner Eingliederung in das Fiat-Imperium 1969. Dem für das Modell zuständigen Professor Antonio Fessia, einst Schöpfer des Fiat Topolino, fiel dabei mehr die Rolle des Gralshüters gestandener Tradition als die des Neuerers zu. Prinzipien wie die V6-Bauweise des Stoßstangenmotors, der Transaxle-Block oder die De-Dion-Hinterachse, die dem Aurelia zu höherem Ruhme gereicht hatten, blieben unangetastet, während sich mit der Führung der Vorderräder an Querlenkern mit Schraubenfedern vernünftiger Fortschritt durchsetzte.

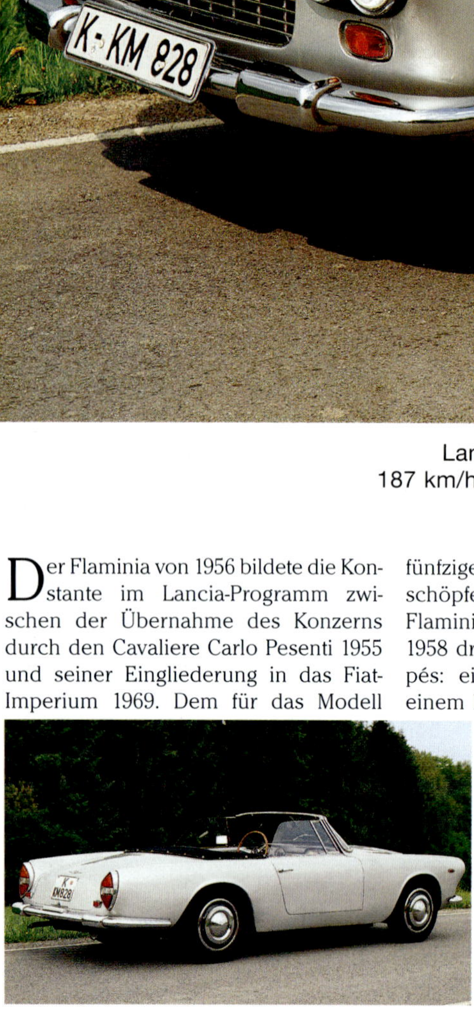

Im Automobilbau markierten die Spätfünfziger eine Phase verschwenderisch-schöpferischer Vielfalt, und so trieb die Flaminia-Zucht auf dem Turiner Salon 1958 drei weitere Blüten, allesamt Coupés: einen Viersitzer von Farina mit einem Radstand von 2750 mm (Limousine: 2870 mm), einen Zweiplätzer der Carrozzeria Touring und eine sportlich-entschlossen ausschauende Fastback-Variante von Zagato, deren Achsen wie die des Gran Turismo von Touring 2520 mm auseinanderstanden. Allen gemein waren der Leichtmetall-Triebling von 2458 cm³ und 119 PS, die Knüppelschaltung und, allerdings erst 1959, Dunlop-Scheibenbremsen.

Umgehend kristallisierte sich eine Art Hierarchie heraus, bei der die Farina-Kreation die Spitzenstellung innerhalb der gesamten Flaminia-Palette einnahm. Ihre mit dem Rahmen aus Kastenprofilen und Blechteilen verschweißte Karosserie vermöge, schrieb Reinhard Seiffert 1960 in dem deutschen Fachmagazin auto motor und sport, alle Sehnsüchte zu befriedigen, die moderne Serienautos bei Leuten erweckten, die mit den Qualitätsbegriffen einer verschollenen Handwerkerzeit aufgewachsen seien. Das Auto habe Stil, und wie bei allen Erzeugnissen wirklich guten Geschmacks liege das Geheimnis jenseits der erklärbaren und erlernbaren Grundsätze.

Das seriös anmutende Coupé bot vier Erwachsenen in der Tat reelle Sitzgelegenheiten. Allerdings verlangte der Einstieg zur zweiten Reihe nach etwas Fertigkeit, weil die Türunterkante durch den kräftigen Rahmenunterbau sehr hochgedrückt war. Trägerinnen enger Röcke stellte dieser Umstand vor Probleme, die es mit freizügiger Grazie zu bewältigen galt, was dadurch erleichtert wurde, daß die vorderen Fauteuils beim Umlegen der Lehne automatisch etwas nach vorne glitten.

Mochte man auch die Kutschwagenfedern an der Hinterachse als antiquiert belächeln, so trugen sie dennoch Auto und Insassen unerschüttert über gute und schlechte Straßen, über große und kleine Unebenheiten hinweg. Spielend leicht, gleichwohl ohne Servohilfe, ließ sich die Lenkung bedienen, während der Anzeige des Drehzahlmessers eine gewisse Aufmerksamkeit zu schenken war, denn unter 2000 U/min gab es im dritten und im vierten Gang nichts mehr zu holen. Ab 1962 verhalfen in einer 3B-Spezifikation Solex-Dreifachvergaser der bisherigen Maschine zu 128 PS, und ein Jahr später kamen noch einmal acht PS dazu, als aus dem ansonsten kaum veränderten Triebwerk mit einem Hubraum von 2775 cm³ das letzte Quentchen herausziseliert worden war. Auf über 500 Exemplare brachte es Pininfarinas sportliche Ausdeutung des Themas Flaminia, das der Star-Karossier mit der Limousine selbst angeschlagen hatte, einem Fahrzeug von gediegener Eleganz, das indessen in der gehobenen Klasse auf scharfe Konkurrenz seitens Mercedes und Jaguar stieß.

Fabrikat	Baureihe	Bauzeit	Typ (abgebildetes Fahrzeug)	Baujahr	Motor	cm_	Bohrung & Hub mm	DIN-PS SAE-PS*	km/h	s 0 - 100 km/h s 0 - 60 mph*	s 0 - 160 km/h s 0 - 100 mph*	s 0 - 200 km/h	Gewicht kg	Seite
Ford	Thunderbird Modell 1957		Thunderbird	1957	V8	5112	96,52 x 87,37	269	194	9,8			1420 (leer)	111
Frazer Nash	Mille Miglia	1950 - 1952	Mille Miglia	1952	6 R	1971	66 x 96	101	200				820 (trocken)	81
Healey	Silverstone	1949 - 1951	Silverstone	1949	4 R	2443	80,5 x 120	100	160				940 (trocken)	75
Hispano-Suiza	Alfonso XIII	1911 - 1913	Alfonso XIII	1912	4 R	3620	80 x 180	64	128				660	6
	J12 T68 und T68bis	1931 - 1938	J12 T68 Sport Torpedo	1933	V12	11310	100 x 120	220	175	12			2240	31
Horch	853/855 Spezial-Roadster	1937 - 1939	855 Spezial-Roadster	1938	8 R	4944	87 x 104	120	140	ca. 30			2400	57
	930 V Roadster-Cabriolet	1937 - 1939	930 V Roadster-Cabriolet	1938	V8	3823	78 x 100	92	ca.140				1960 kg	58
H.R.G.	1500	1939 - 1956	1500	1948	4 R	1496	68 x 103	61	126	18,7			736	63
Jaguar	S.S. 100	1936 - 1940	S.S. 100	1936	6 R	3485	82 x 110	125	163	10,9			1180 (trocken)	51
			S.S. 100	1937	6 R	3485	82 x 100	125	163	10,9			1180 (trocken)	52
	XK 120	1948 - 1954	XK 120 Coupé	1953	6 R	3442	83 x 106	160	194	9,9*	28,2*		1170 (trocken)	72
			XK 120 Roadster	1954	6 R	3442	83 x 106	160	185,1	12*	35,3*		1325 (leer)	73
	XK 140	1954 - 1957	XK 140 Drophead	1956	6 R	3442	83 x 106	210	208,4	11*	29,5*		1345 (trocken)	112
			XK 140 Roadster	1957	6 R	3442	83 x 106	210	195	8,4*	26,5*		1215	113
	XK 150	1957 - 1960	XK 150 Coupé	1959	6 R	3442	83 x 106	210	200	10,8	25,2		1420 (trocken)	143
			XK 150 Roadster (S)	1958	6 R	3442	83 x 106	250	219	7,3*	16,4*		1405 (trocken)	144
	XK SS	1956 - 1957	XK SS	1955	6 R	3442	83 x 106	253	235	5,4	13,2		916 (trocken)	138
Jensen	541	1953 - 1963	541 R	1960	6 R Austin	3993	87,3 x 111,1	152	198,7	10,6*	30,2*		1480 (mit 22,5 l)	114
Jowett	Jupiter	1950 - 1954	Jupiter Mk 1A	1954	4 R	1486	72,5 x 90	63	145	14,5			945 (trocken)	85
Lagonda	M45R	1934 - 1935	M45R	1934	6 R	4467	88,5 x 120,65	140	160				1800	42
Lancia	Aurelia GT	1951 - 1958	Aurelia B20 GT 2500	1955	V6	2451	78 x 85,5	118	182	14,8			1150 (trocken)	89
			Aurelia B24	1956	V6	2451	78 x 85,5	110	174	12,5			1060 (trocken)	90
	Flaminia GT	1958 - 1969	Flaminia GT 3C Cabriolet	1963	V6	2458	80 x 81,5	140	187	11	32,2		1400 (leer)	158
Lea-Francis	2 1/2-litre Sports	1949 - 1953	2 1/2-litre Sports	1950	4 R	2496	85 x 110	106	158	28,3			1168 (trocken)	76
Lotus	Elite	1957 - 1963	Elite	1961	4 R	1216	76,2 x 66,6	85	185	10*			625 (mit 63 l)	145
	Seven	1957 - 1973	Super Seven S3	1968	4 R Ford	1599,1	80,98 x 77,62	84	160,9	8,8*			460 (leer)	146
Maserati	A6G 2000	1951 - 1957	A6G 2000 Zagato	1956	6 R	1986	75,5 x 72	150	195				840 (trocken)	91
	3500 GT und Derivate	1957 - 1964	3500 GT (Touring)	1962	6 R	3485	86 x 100	235	235	7,2	19		1350 (leer)	147
			3700 GTIS (Vignale)	1966	6 R	3692	86 x 106	245	235				1555 (leer)	148
			3500 GT Spider (Vignale)	1962	6 R	3485	86 x 100	220	220				1350 (leer)	149
Mercedes	Simplex	1902 - 1910	Simplex	1903	4 R	9235	140 x 150	60	120				1100	3
Mercedes-Benz	630 K	1926 - 1930	630 K	1926	6 R	6240	94 x 150	160	145				2000	11
	S, SS, SSK, SSKL	1927 - 1934	680 S	1927	6 R	6800	98 x 150	180	165				1900	15
			710 SS	1930	6 R	7065	100 x 150	250	190				2000	18
			710 SS	1929	6 R	7065	100 x 150	250	190				2000	16
	Mannheim 370 S	1930 - 1933	Mannheim 370 S Cabriolet A	1931	6 R	3689	82,5 x 115	75	115				1550	28
	380	1933 - 1934	380 K Cabriolet A	1934	8 R	3823	78 x 100	140	145				2100	38
	500 K/540 K	1934 - 1939	500K/540 K Cabriolet A	1936	8 R	5401	88 x 111	180	170				2300	40
			540 K Sport-Coupé	1939	8 R	5401	88 x 111	180	170				2250	41
	300 S	1951 - 1958	300 S Roadster	1953	6 R	2996	85 x 88	150	175				1760	92
	190 SL	1954 - 1963	190 SL Roadster	1958	4 R	1897	85 x 83,6	105	170	14,3	58		1170 (mit 65 l)	115
	300 SL	1954 - 1963	300 SL Coupé	1955	6 R	2996	85 x 88	215	228	9,3	17,7		1310 (mit 130 l)	116
			300 SL Roadster	1962	6 R	2996	85 x 88	215	221,6	8,8	20,2	31,1	1420 (mit 100 l)	117
MG	J2	1932 - 1934	J2	1934	4 R	847	57 x 63	36	113				710	33
	TC	1945 - 1949	TC	1949	4 R	1250	66,5 x 90	54,4	124,9	21,2			788 (leer)	66
	TD	1949 - 1953	TD	1953	4 R	1250	66,5 x 90	54,4	132,9	21,3*			885 (trocken)	77
	TF	1953 - 1955	TF 1500	1954	4 R	1466	72 x 90	65	141,9	16,2*			885 (trocken)	102
	MGA	1955 - 1962	MGA Roadster Twin Cam	1960	4 R	1588	75,4 x 88,9	108	179	12,9	35,3		955 (trocken)	121
			MGA Coupé Twin Cam	1959	4 R	1588	75,4 x 88,9	108	179	12,9	35,3		972 (trocken)	122
Morgan	Threewheeler	1909 - 1951	Super Sports Aero	1932	V2	1996	85,7 x 95	25	130				451 (leer)	4
	4/4 Series I	1936 - 1950	4/4 Drophead Coupé	1948	4 R	1267	63,5 x 100	40	127	25,4			770 (leer)	56
	4/4	ab 1955	4/4 1600	1976	4 R Ford	1598	80,98 x 77,62	84	164,1	9,8*			735 (leer)	123
			4/4 Tourer	1982	4 R Ford	1598	80 x 79,5	96	173,9	11			830 (mit 45 l)	124
O.M.	665 Superba	1923 - 1934	665 Superba	1927	6 R	1990	65 x 100	80	138				825	8
Osca	1500	1954 - 1957	MT4 1500-2AD	1955	4 R	1490	76 x 76	120	208				530 (Chassis)	130
Pegaso	Z102/103	1951 - 1958	102	1954	V8	3178	85 x 70	195	215				1600 (fahrf.)	93
Porsche	356	1950 - 1954	356 Cabriolet 1300	1951	4 R	1286	80 x 64	44	148	24,1			830 (leer)	86
			356 Coupé 1500	1953	4 Zyl. Boxer	1488	80 x 74	55	146	17*			813 (mit 22,5 l)	87
	550/550 A	1953 - 1957	550 Spyder	1955	4 Zyl. Boxer	1498	85 x 66	110	225	7			530 (trocken)	103
	356 A	1955 - 1959	356 A 1600 Speedster	1955	4 Zyl. Boxer	1582	82,5 x 74	60	157,8	13,3*			760 (leer)	125
			356 A 1500 GS Cabriolet	1957	4 Zyl. Boxer	1498	85 x 66	100	198,3	11,8	29,8		840 (mit 52 l)	126
			356 A 1500 GS Carrera	1957	4 Zyl. Boxer	1498	85 x 66	100	198,3	11,8	29,8		840 (mit 52 l)	127
			356 A 1500 Carrera GT Sp.	1958	4 Zyl. Boxer	1498	85 x 66	110	201,9	11,1*	28,2*		839 (leer)	128
Riley	9 h.p. Brooklands Speed	1928 - 1932	9 h.p. Brooklands Speed	1930	4 R	1087	60,3 x 95	50	175				700 (trocken)	21
	12 h.p. Sprite	1935 - 1938	12 h.p. Sprite	1937	4 R	1496	69 x 100	45	137				915 (leer)	54
	Roadster RMC	1948 - 1950	Roadster RMC	1950	4 R	2443	80,5 x 120	100	156	19*			1356 (leer)	74
Singer	Roadster	1939 - 1955	9 h.p. Roadster	1939	4 R	1074	60 x 95	36	112				787 (leer)	65
Sunbeam	Alpine	1953 - 1955	Alpine	1953	4 R	2267	81 x 110	80	152,9	18,9*			1295 (trocken)	104
Talbot Lago	T150 SS	1937 - 1939	T150 SS	1938	6 R	3996	90 x 104	160	175				1400 (leer)	59
	Grand Sport	1947 - 1956	T26 Grand Sport	1952	6 R	4482	93 x 110	210	200				1450 (leer)	69
Triumph	1800 und 2000 Roadster	1946 - 1949	1800 Roadster	1948	4 R	1776	73 x 106	63	124,2	34,4*			1154 (leer)	67
	TR2	1953 - 1955	TR2	1954	4 R	1991	83 x 92	90	167,3	11,6*			900 (trocken)	105
	TR3	1955 - 1962	TR3A	1960	4 R	1991	83 x 92	100	166	12,7	48,8		940 (trocken)	129
Wanderer	W 25 K Roadster	1936 - 1938	W 25 K Roadster	85	6 R	1950	70 x 85	85	145				1000	55